Jochen Rädeker: Verkauf dich!

Jochen Rädeker

VERKAUF DICH!

PERFEKT PRÄSENTIEREN

VOR ORT & ONLINE

verlag hermann schmidt

Klassische Präsentations-situationen

Wettbewerbspräsentation*

DARUM GEHT ES: In den Creative Industries ist es vielgehasster Standard: Mehrere potenzielle Partner werden zum Pitch eingeladen und sollen ein Gremium davon überzeugen, dass sie das richtige Team mit den richtigen Lösungen oder Lösungswegen sind. Oft wird erwartet, dass die Kernidee bereits präsentiert wird.

DAS SOLLTEST DU BEACHTEN: Der beste Pitch ist der, den du vermeiden kannst. Es gibt auch andere Vergabemöglichkeiten, die du ins Gespräch bringen solltest. Wenn es dennoch dazu kommt, solltest du Schulterblicke einfordern, niemals Nutzungsrechte übertragen und ein faires Pitchhonorar einfordern. Und dann kommt es auf vor allem auf die klassischen Präsentationstugenden an: Ein kompetenter, logischer und stringenter Auftritt, ein eigenständiger Lösungsansatz, Überzeugungskraft, die glaubwürdige Vermittlung der eigenen Motivation, eine gute Teamvorstellung und -Leistung, Sympathie und Empathie.

DAS HILFT DIR WEITER:

35 *Briefing*
46 *Vergabebedingungen / Entscheidungen*
60 *Rechtliches*
68 *Wann du absagen solltest*
89 *Team*
116 *Konzeption*
123 *Typischer Aufbau*
141 *Medium und Medienwahl*
184 *Davor*
221 *Danach*

Externe Präsentation (auf Einladung)

DARUM GEHT ES: Du bist Spezialist:in für ein spezifisches Aufgabengebiet. Und wirst eingeladen, eine Lösung oder einen Lösungsweg für ein Problem zu präsentieren, das Dein Gegenüber nicht selbst lösen kann.

DAS SOLLTEST DU BEACHTEN: Es ist naheliegend, dass du zunächst deine Kompetenz für das Thema beweisen möchtest. Deine Auftraggeber wollen aber etwas über Lösungsansätze für ihr Problem hören. Ein guter Mittelweg können Best Practice-Cases sein, anhand derer Du sinnvolle Vorgehensweisen aufzeigen kannst. Wiederhole die wichtigsten Aspekte des Briefings und fasse deine Recherchen zusammen. Die Lösung kannst du ruhig als etwas Besonderes herausstellen, denn dafür bist du eingeladen worden. Und: verwende nicht die ganze Zeit für deine Erkenntnisse – lass ausreichend Raum für Fragen (und Antworten).

DAS HILFT DIR WEITER:

35 *Briefing*
75 *Erfahrung und Expertise*
96 *Die optimale Dauer*
112 *Recherche und Recycling*
116 *Konzeption*
123 *Typischer Aufbau / Dramaturgie*
141 *Medium und Medienwahl*
152 *Locationcheck*
206 *Während*
223 *Feedback*

* Die meisten Inhalte der Folgekapitel beziehen sich auf diese Situation, können aber problemlos auf andere Formate übertragen werden. Bei größeren Unterschieden sind diese explizit ausgeführt.

Besondere Präsentations-situationen

High-Level-Termin (z. B. Vorstand)

DARUM GEHT ES: Der Tag der Entscheidung. Ob intern oder extern: Du hast dich mit deiner Idee durch diverse Hierarchie-Ebenen bis ganz nach oben durchgekämpft. Aber die Chefetage möchte sich selbst ein Bild machen, bevor sie den Daumen hebt oder senkt.

DAS SOLLTEST DU BEACHTEN: Die meisten Menschen in Führungspositionen sitzen dort nicht ohne Grund. Top-Entscheider:innen wissen, um was es im Großen und Ganzen geht (nicht immer im Detail, aber dafür bist ja du zuständig). Auf dieser Ebene wird messerscharf gedacht und präzise analysiert. Du solltest dich also minutiös vorbereiten und kurz gefasst (lieber zehn als 30 Minuten!) sowie auf die wesentlichen Fakten und Punkte bezogen vortragen und am Ende um Entscheidung bitten. By the Way: Deine Ansprechpartner verbringen einen großen Teil ihres Tages in Präsentationsterminen. Ein überraschendes Momentum als Add-on kann ihnen deshalb den Tag retten – und deine Karriere beflügeln.

DAS HILFT DIR WEITER:

31 *Entscheider:innen*
33 *Aufgabenstellung und Briefing*
67 *Was habe ich davon?*
71 *Mentale Basis und Ausstrahlung*
83 *Sprache und Stimme*
99 *Executive Summary*
110 *Die goldenen Zahlen*
116 *Leitgedanke*
138 *Reduce to the Max / Selektion*
141 *Medium und Medienwahl*

Auftritt / Konferenz / Fachvortrag

DARUM GEHT ES: Für manche ist es täglich Brot, für andere eine Once-in-a-lifetime-Situation: Ein öffentlicher Auftritt vor einem oft stark diversifizierten Publikum, das neben deiner Expertise, Anregungen und neuen Ideen auch Entertainment erwartet.

DAS SOLLTEST DU BEACHTEN: Gegen Angst gibt es gute Hilfsmittel – das beste ist Kompetenz, und deshalb stehst du ja auf der Bühne. Denke daran, dass nicht jede:r mit dem Thema so vertraut ist wie du selbst, vermeide Komplexität und unnötige Fachwörter. Eine nachvollziehbare Struktur, anschauliche Beispiele und einige wenige, merkfähige Take-aways machen deinen Vortrag zum Highlight. Nutze die Gelegenheit zur Interaktion durch Fragen oder Umfragen. Und: Wenn Du auf einer Bühne stehst, bist du immer auch Entertainer:in. Ein bisschen Humor oder eine Anekdote über eigene Fehler machen dich menschlich und sympathisch.

DAS HILFT DIR WEITER:

71 *Dein Auftreten*
101 *Tonalität*
101 *Logik, Struktur, Stringenz*
102 *Positive Kommunikation, Humor, Ironie*
102 *Tabus akzeptieren*
110 *Die goldenen Zahlen*
115 *Cases, Best Practice, Referenzen*
117 *Level, Involvement, Kompetenz des Publikums*
152 *Vor-Ort-Präsentation*

Versammlung / Forum

DAS HILFT DIR WEITER:

Mentale Basis und Ausstrahlung 71
Sprache und Stimme 83
Fachsprache / Fachbegriffe 98
Gendergerechte Sprache 100
Tonalität 101
Wiederholung / Penetration 110
Die goldenen Zahlen 110
Verständnis fremder Dritter 137
Die Optik 160
Selbst- und Publikumsreflexion 207

DARUM GEHT ES: Eine (Betriebs)Versammlung ist meist keine harmonische Veranstaltung. Es geht darum, ein Publikum aus unterschiedlichen Zusammenhängen und Bildungsschichten abzuholen und im Idealfall von der eigenen Position zu überzeugen.

DAS SOLLTEST DU BEACHTEN: Klare Argumentation und klare Worte sind das Gebot der Stunde. Übersichtliche Slides mit kurzen Sätzen und überzeugenden Bildern helfen, beides bewusst auf plakative Fernwirkung angelegt. Zählt bei einem Fachvortrag eher die wissenschaftlich korrekte Analyse, dürfen es hier auch ein polarisierendes »Stimmungsbild von der Straße« oder andere psychologisch wirksame Methoden sein. Verschieße nicht alles Pulver sofort, sondern behalte ein Ass für die spätere Diskussion im Ärmel. Genauso wie auf einer Demo ein rhythmisch guter Satz eher im Sprechchor zitiert wird als eine intellektuelle Studie, ist ein pointierter Auftritt besser als eine komplexe Argumentation.

(Akademische) Vortragsserie

DAS HILFT DIR WEITER:

Sprache 45
Organisatorisches 55
Was haben meine Ansprechpartner davon? 68
Erfahrung und Expertise 75
Bescheidenheit 80
Sprache und Stimme 83
Live-Präsentation vs. Lese-Präsentation 99
Recherche und Recycling 112
Konzeption 116
Die Optik 160

DARUM GEHT ES: Eine gute Vorlesungsreihe ist wie eine Netflix-Serie: Es geht um ein großes Thema, das über viele Folgen spannend bleibt, aber auch darum, jeder einzelnen Episode genügend Inhalt zu geben, so dass sie eine eigenständige Geschichte erzählt.

DAS SOLLTEST DU BEACHTEN: Stelle die Struktur der gesamten Reihe im ersten Termin vor. Bei Folgeterminen fasse zusammen, was bisher geschah – nicht jede:r wird immer dabei sein können. Beachte unbedingt das Level deines Publikums und korrigiere ggf. dein Niveau! Als Dozent:in bist du immer auch Werbungtreibende:r für dein Fachgebiet – deine Vorlesung sollte deshalb unterhalten, involvieren und aktivieren – und im Idealfall Erkenntnisse bieten, für die man oder frau am Ball bleiben will, gerne auch mit vertiefenden Skripten und Verweisen. Und schließlich: Jede gute Serienfolge endet mit einem Cliffhanger – so auch hier.

Seminararbeit

DARUM GEHT ES: Eine Seminararbeit ähnelt einem Fachvortrag, geht aber deutlich weiter in die Tiefe und lebt mehr von Sachlichkeit und Detailkenntnis als von Dramaturgie und Begeisterung. Daneben gelten die Regeln für wissenschaftliches Arbeiten.

DAS SOLLTEST DU BEACHTEN: Bleibe fokussiert. Es ist zwar das Wesen der Wissenschaft, mit einer Frage zu beginnen und im Laufe der Recherche eine ganz andere für spannender zu halten, für eine Seminararbeit sollte der Bogen aber nicht zu weit gespannt werden. Apropos Recherche: Dokumentiere Quellen, Zitate und Gedanken Dritter bereits bei der Vorbereitung. Neben deiner Fragestellung stellst du zunächst bereits vorhandene Theorien dar, bevor du sie diskutierst. Schlussfolgerungen und Vermutungen solltest du klar trennen. Beschreibe deine Vorgehensweise und ende mit einem Fazit. Die Ergebnispräsentation kannst du mit der ein oder anderen Pointe oder Anekdote würzen, aber übertreibe es nicht.

DAS HILFT DIR WEITER:

33 *Konkrete Aufgabe*
95 *Folienanzahl*
98 *Foliensprache vs. Vortragssprache*
98 *Fachsprache / Fachbegriffe*
99 *Live-Präsentation vs. Lesepräsentation*
100 *Rechtschreibung*
112 *Recherche und Recycling*
139 *Übung und Vorbereitung*
165 *Lesbarkeit, Typografie, Schriftgröße*
222 *Abschlussfolie*

Abschlussprüfung / Thesis /Examen

DARUM GEHT ES: Jetzt gilt es! Nach sechs, sieben oder zehn Semestern werden die folgenden 20 oder 40 Minuten zu einem vorgegebenen oder selbst gewählten Thema fast genauso hoch bewertet wie die gesamte Arbeit zuvor. Und die Zeit ist strikt begrenzt.

DAS SOLLTEST DU BEACHTEN: Wenn du die Zeit davor gut strukturiert, Milestones gesetzt und die Präsentation Zug um Zug mit deiner schriftlichen Arbeit aufgebaut hast, kann jetzt nicht mehr viel schief gehen. Nie warst du stärker in der Materie – deshalb pass auf, dass du dein umfangreiches Wissen auf die wesentlichen Punkte reduzierst und deiner Präsentation eine glasklare Struktur gibst. Ob Lampenfieber oder nicht: Teste, teste, teste – und lerne die ersten Sätze auswendig. Die eindeutige Kennzeichnung geistiger Inhalte Dritter ist selbstverständlich. Präsentiere dich selbstbewusst, aber nicht überheblich, sachlich, aber nicht langweilig.

DAS HILFT DIR WEITER:

77 *Qualität vor allem*
78 *Perfektionismus*
83 *Sprache und Stimme*
95 *Folienanzahl*
99 *Live-Präsentation vs. Lese-Präsentation*
110 *Die goldenen Zahlen*
112 *Recherche und Recycling*
116 *Konzeption*
188 *Erste Slides*
196 *Adrenalin und Aufregung*

Präsentationen, die offiziell keine sind*

Chemistry Meeting / Kennenlernen

DARUM GEHT ES: Stimmt die Chemie? – Ein Chemistry Meeting ist eine gute Alternative zu einer Wettbewerbspräsentation. Potenzielle Auftraggeber und -nehmer kommen überein, sich vor einer Zusammenarbeit kennenzulernen, ohne dass eine konkrete Leistung eingefordert wird.

DAS SOLLTEST DU BEACHTEN: Dieses Format ist das einzige, in dem du Zeit für eine ausführliche Vorstellung deiner Fähigkeiten und Arbeitsbeispiele einplanen solltest. Den meisten Kunden ist es wichtig, dabei das Team kennenzulernen, das sie auch später betreuen würde. Heißt: Jede:r sollte einen Redeanteil haben, sich positionieren. Zeige mehr über dich als deine Website, gehe spezifischer auf die vermuteten Bedürfnisse des Kunden ein. Gib auch deinem Gegenüber Zeit, sich dir zu präsentieren. Einige Stunden Vorbereitung solltest du investieren – und gute, weiterführende Fragen dabei haben. Sind darüber hinaus konkrete Ansätze gewünscht, solltest du eine Aufwandsentschädigung ansprechen.

DAS HILFT DIR WEITER:

26 *Briefing und Zielgruppe*
71 *Mentale Basis und Ausstrahlung*
89 *Team*
95 *Folienanzahl*
96 *Die optimale Dauer*
101 *Tonalität*
101 *Logik, Struktur, Stringenz*
102 *Positive Kommunikation, Humor, Ironie*
115 *Cases, Best Practice, Referenzen*
123 *Typischer Aufbau / Dramaturgie*

Schulterblick

DARUM GEHT ES: Der Schulterblick durchbricht zunehmend die wochenlange Kommunikationspause zwischen Briefing und Präsentation und reduziert als Zwischenfeedback das Risiko, unter falschen Prämissen zu arbeiten oder auf eine falsche Fährte zu geraten.

DAS SOLLTEST DU BEACHTEN: Erfahrene New-Business-Fachleute wissen: Ein Schulterblick ist die eigentliche Präsentation. Zumindest werden dort die Wetten für den Endlauf abgeschlossen. Wird dir ein Schulterblick angeboten und du nimmst ihn nicht wahr, hast du so gut wie verloren. Hier kannst du noch mehrere Alternativen präsentieren, um dich dann im Finale zu fokussieren. Rede nicht nur über Analyse, Strategie oder erste Skizzen, sondern versuche, deinen Kunden emotional zu berühren, zu überraschen. Korrekturmöglichkeiten hast du ja immer noch. Und nutze die Gelegenheit, den Termin in deinen Räumen durchzuführen.

DAS HILFT DIR WEITER:

30 *Aufgabenstellung und Briefing*
52 *Nachfragen, Schulterblick*
71 *Mentale Basis und Ausstrahlung*
95 *Grundlagen, Vorbereitung*
101 *Logik, Struktur, Stringenz*
106 *Eine Lösung oder Alternativen*
108 *Abweichen vom Briefing*
123 *Aufbau / Dramaturgie*
138 *Perspektivwechsel*
223 *Abschlussfolie*

* Neben den bislang genannten Formaten gibt es auch Anlässe, bei denen das Wort Präsentation nicht fällt oder sogar bewusst vermieden wird – und dennoch handelt es sich genau darum.

Einkaufstermin

DAS HILFT DIR WEITER:

Vergabebedingungen 46
Rechtliches 60
Was habe ich davon? 67
Was haben meine Ansprechpartner davon? 68
Dein Auftreten 71
Logik, Struktur, Stringenz 101
Konzeption 116
Level, Involvement, Kompetenz des Publikums 117
Übertreibung und Ehrlichkeit 210
Wertschätzung, Sympathie, Offenheit 212

DARUM GEHT ES: In größeren Unternehmen kommt der Einkaufstermin nach der Präsentation bei einer Fachabteilung. Jetzt geht es darum, die Konditionen zu fixieren: Stundensätze, Projektaufwand, Rabatte etc. Ein reines Zahlenspiel? – weit gefehlt!

DAS SOLLTEST DU BEACHTEN: Der Einkauf muss deine Leistung richtig einschätzen. Vermittle deshalb deine Herangehensweise – damit nicht Äpfel mit Birnen verglichen werden. Aufgabe des Einkaufs ist es nicht, nach dem günstigsten Preis zu entscheiden, sondern nach dem besten Preis-Leistungs-Verhältnis. Wenn es sich nicht um ein:e Facheinkäufer:in handelt, versuche, die Inhalte in verständliche Zusammenhänge zu rücken und besonders den Nutzen herauszustellen. Dann geht es um die Zahlen – und um Verhandlungspsychologie. Einkäufer:innen sind bestens darin geschult, Preisverhandlungen zu führen – sie machen das den ganzen Tag. Setze dir klare Ziele und bleibe souverän.

One on One

DAS HILFT DIR WEITER:

Entscheider:innen 31
Was haben meine Ansprechpartner davon? 68
Dein Auftreten 71
Sprache und Stimme 83
Die optimale Dauer 96
Reduce to the Max / Selektion 138
Laptop zu – Klappe auf! 142
Actuality Check 187
Selbst- und Publikumsreflexion 207
Feedback 223

DARUM GEHT ES: Unter dem typischen Set-up stellst du dir meistens mehrere Personen vor, einen Konferenzraum oder Vortragssaal. Viele wichtige Präsentationen finden aber in viel intimeren Formaten statt: mit einer einzigen Person als Ansprechpartner:in.

DAS SOLLTEST DU BEACHTEN: Ein Tête-a-tête bietet mehr Gelegenheit zu Interaktion und fordert von dir mehr Flexibilität, Schlagfertigkeit, persönliche Offenheit und weniger Fokus auf Medien. Das höchste der Gefühle sollte es sein, kurz dein Laptop aufzuklappen – noch besser: Lass es zu und rede frei. Wichtig ist der persönliche Eindruck, den du hinterlässt: Bist du im Thema, bist du in der Lage, so zu kommunizieren, dass man dir folgen kann? Traut dein Gegenüber dir zu, sein Problem für dich zu lösen? Nutze die Situation ohne weitere Zuhörer besonders für offene Fragen und Antworten und dadfür, ein Vertrauensverhältnis aufzubauen.

Geschäftsessen

DARUM GEHT ES: Ein Geschäftsessen ist der perfekte Abschluss einer Präsentation. Und manchmal sogar die bessere Gelegenheit, zu präsentieren, auch wenn man mit vollem Mund nicht spricht.

DAS SOLLTEST DU BEACHTEN: In China gibt es die Business-Regel Guanxi (关系). Dabei geht es um das gegenseitige Schulden von Gefälligkeiten – für ein gutes Geschäft muss man mindestens gemeinsam Essen gewesen sein. Wir kennen das auch: Wenn du eingeladen wirst, revanchierst du dich irgendwann. Mitteleuropäer und Amerikaner tendieren leider dazu, schon bei Mineralwasser und Vorspeise über ihr Projekt zu sprechen – und vergeben sich dadurch manche Möglichkeit. Rede zunächst nur am Rande über euer Thema, sondern eher über die weichen Faktoren der Zusammenarbeit: Sympathie, gemeinsame Interessen, Persönliches. Warte mit deinen Inhalten wenigstens bis zum Kaffee. Und lass das Laptop in der Tasche – die Serviettenskizze tut es besser.

DAS HILFT DIR WEITER:

56 Uhrzeit
68 Was haben meine Ansprechpartner davon?
83 Sprache und Stimme
119 Inspiration
122 Executive Summary
142 Laptop zu – Klappe auf!
187 Actuality Check
187 Personen: Namen und Bilder
225 Diskussion und Moderation
227 Geschenke / Compliance

Medientermin

DARUM GEHT ES: Du wirst um ein Interview gebeten, ein Gespräch mit der Fachpresse, ein Statement im lokalen Fernsehsender.

DAS SOLLTEST DU BEACHTEN: Verwechsle Interesse nicht mit Wohlwollen. Gehe davon aus, dass du auf gut vorbereitete Gesprächspartner triffst. Vor allem, wenn es Konfliktpotenziale gibt. Möglicherweise interessiert deshalb genau das am meisten, worüber du am wenigsten sprechen möchtest. Sei also selbst exzellent vorbereitet und mache dir einen Plan mit den Botschaften, die du auf jeden Fall platzieren möchtest. Denke darüber nach, wie deine Headline lauten könnte, und versuche sie einzubringen. Rede so, dass du nicht missverstanden werden kannst, und niemals ironisch. Kurz: Sprich so, dass jeder Satz in der Tagesschau gesendet werden könnte. Bleibe ehrlich – Übertreibungen halten guter Recherche selten Stand. Und: Etwas Puder hilft immer.

DAS HILFT DIR WEITER:

71 Mentale Basis und Ausstrahlung
82 Kleidung und Accessoires
83 Sprache und Stimme
98 Fachsprache / Fachbegriffe
100 Gendergerechte Sprache
102 Tabus akzeptieren
109 Manipulation
110 Wiederholung / Penetration
208 Überzeugungskraft
210 Übertreibung und Ehrlichkeit

I.

Tritt fest auf, mach's Maul auf, hör bald auf.

Martin Luthers Aussage über
»die drei Stücke, so zu einem guten Prediger gehören«
stammt von 1532 – und ist auch
500 Jahre später noch
eine perfekte Präsentationsanleitung.

Zielgruppe und Briefing, Modalitäten und Auftreten:

Du und dein Publikum.

Dieser Teil des Buches widmet sich der Basis für eine gute Beziehung. Bevor du an deiner konkreten Präsentation arbeitest, solltest du dich ausführlich mit deinem Zielpublikum und dem Briefing beschäftigen, wenn du punktgenau präsentieren und gut verstanden werden willst.

Ein größeres Kapitel dreht sich um das Set-up: Wie sollten die organisatorischen, rechtlichen und finanziellen Rahmenbedingungen beschaffen sein, innerhalb derer du dich bewegst? Wie erfolgt die Entscheidungsfindung? Wie kommt es zu einem fairen Auftrag? Und wann ist keine Präsentation die beste Präsentation?

Schließlich geht es um dein persönliches Auftreten: Eigenmotivation und Ausstrahlung, Outfit und Sprache können manchmal mehr zum Erfolg einer Präsentation beitragen als der Inhalt selbst.

I.1

Briefing und Zielgruppe

Ansprechpartner:innen

Personenzahl

Viele Faktoren haben Einfluss auf Aufbau und Ablauf deiner Präsentation: Neben dem Thema und dir selbst ist es vor allem die Zielgruppe, die dabei eine wesentliche Rolle spielt und deinen Auftritt bei gleichem Inhalt und gleichem Ziel völlig verändern kann. Fangen wir mit der Größe deines Publikums an: Vom Medieneinsatz oder der Gestaltung der Slides über die Interaktionsmöglichkeiten bis hin zur Rhetorik gibt es gewaltige Unterschiede, ob du mit einer Einzelperson oder vor einem ganzen Saal sprichst.

1-4 Personen

Die Differenz liegt in *»mit«* und *»vor«* im letzten Satz: Bis zu einer Größenordnung von ca. vier Personen sollten wir nicht von einer Präsentation, sondern von einem Gespräch ausgehen, in dem du deine Inhalte vorstellst. Ein Gespräch lebt vom Miteinander, der Interaktion, vom Austausch von Meinungen, vom schnellen Hin und Her und ist davon getragen, gemeinsam ein Ziel zu erreichen. Oft stören in einer solchen Situation vortragstypische Barrieren wie eine Beamer- oder Bildschirmpräsentation, andere Formate wie eine rein sprachliche Argumentation in freier Rede oder die Nutzung eines Flipcharts sind adäquatere Medien. Auch bei einer Online-Präsentation wird es dir in einer solchen Runde mehr auf die Gestik und Mimik deiner Gesprächspartner ankommen, als darauf, deine Sätze auf einem großen Screen zu teilen und von deinem Publikum nur noch Stecknadelköpfe zu sehen. Ist es dennoch angezeigt, komplexe Sachverhalte oder exakte Formulierungen an den Mann oder die Frau zu bringen, solltest du schnell zwischen den Formaten wechseln und immer wieder direkten Blickkontakt und Austauschmöglichkeiten herstellen. Nur ganz selten wird es eine Situation geben, in der du in einer kleinen Gruppe alleine das Wort führst und für einen Vortrag nicht unterbrochen wirst. Entsprechend solltest du dich in deinem Präsentationsmedium auf die wesentlichsten Inhalte beschränken und dich darauf einstellen, mehr hinterfragt zu werden, mehr zu diskutieren und situativ zu reagieren. Präzise Formulierungen, eine gute Vorbereitung auf mögliche Nachfragen und ein empathischer Auftritt sind deine Mittel zum Erfolg.

5-10 Personen

Bei fünf bis zehn Menschen im Raum ist ein *»mit«* und ein *»vor«* in Kombination möglich: Konstruktives Miteinander und ein guter Austausch sind immer noch denkbar, sollten aber gesteuert werden, beispielsweise durch einen Impulsvortrag und anschließende Diskussion. Die meisten Präsentationen innerhalb von Geschäftsbeziehungen finden in solchen Größenordnungen statt, da sie auch die übliche Meeting-Größe definieren. Der oder die Einzelne hat genügend Gewicht, um sich einzubringen, und kann sich im Umkehrschluss auch nicht innerhalb der Gruppe verstecken.

Während die meisten Menschen, die eine Entscheidung herbeiführen wollen, bei Gruppengrößen oberhalb von fünf Personen Mehrheitsentscheidungen für legitim halten, wünschen sie sich bei fünf Personen das Finden eines Konsenses. Das ist bei bis zu zehn Personen mit etwas mehr Aufwand auch noch möglich. Auch ***für effektive Workshops gilt eine maximale Teilnehmerzahl von zehn Personen als zielführend*** – die Hierarchien können noch am Eingang abgegeben werden, es geht vornehmlich um die Sache und nicht um persönliche Eitelkeiten oder Hierarchiegeplänkel. 5-10 Personen lassen sich im Vorfeld gut recherchieren, persönlich begrüßen und ansprechen – du kannst deine Präsentation also an individuellen Bedürfnissen, Vorlieben oder No–Go's ausrichten. Auch bei der Gestaltung deiner Präsentationsfolien musst du noch keine Fernwirkung berücksichtigen.

10-40 Personen

Oberhalb dieser Schwelle, von mehr als zehn bis etwa 40 Personen, sprechen wir von Formaten wie Seminaren oder größeren Informationsrunden. Deine Präsentation wandelt sich hier deutlich vom Interaktionsimpuls zum Vortrag. Konkretes Feedback und Detailfragen darfst du bei dieser Publikumsgröße nur noch selten erwarten – es sei denn, es handelt sich um eine eingeübte Gruppe wie etwa die Teilnehmer:innen eines Seminars an einer Hochschule oder eine größere Abteilung in einer Firma. Bereite deine Präsentation so auf, dass du eine stringente Argumentation in strukturierten Blöcken und mit klarer Agenda ohne Unterbrechungen bis zur Problemlösung aufbauen kannst. Du solltest deine Key-Learnings zum Schluss zusammenfassen, da du nicht erwarten darfst, dass dir in einer solchen Gruppe stets ungeteilte Aufmerksamkeit zuteil wird.

40-500+ Personen

Wenn mehr als 40 Menschen zusammenkommen, dominiert eindeutig das *»vor«*: Du befindest dich in einer klassischen Vortragssituation. Es wird dir nicht mehr möglich sein, Individuen im Publikum gezielt anzusprechen oder dich auf bestimmte Ansprechpartner besonders vorzubereiten (Wer in der ersten Reihe sitzt, sollte dir trotzdem ungefähr bekannt sein – bei öffentlichen Auftritten gibt es immer noch viele Menschen, vor allem Amtsträger:innen, die eine Begrüßung alter Schule erwarten und beleidigt sind, wenn du sie nicht namentlich erwähnst).

Achte bei dem, was du sagst und wie du es sagst, auf die deutlich höhere Spreizung im Fachwissen deiner Zielgruppe und gestalte deine Slides so, dass sie auch auf die Ferne gut lesbar sind bzw. entschlüsselt werden können – *große Typo, klare Farben, kurze Aussagen und mehr Bilder als Text.* Bemühe dich, einige einfache Merksätze in deinem Vortrag unterzubringen, die die Menschen »mit nach Hause nehmen können« und lege mehr Wert auf Entertainment als bei einer kleineren Gruppe. Du bist relativ weit entfernt von deinem Publikum, oft herausgehoben auf einer Bühne. Bedenke, dass das unterbewusst Unterschiede schafft und versuche, dich durch Humor (keine Ironie – die wird in größeren Gruppen immer von einigen falsch verstanden!) und Lockerheit sympathischer zu machen und nicht als einsame:r Held:in zu erscheinen – es sei denn du willst das explizit.

Bei wirklich großen Veranstaltungen solltest du daran denken, dass du selbst für die meisten Gäste nur noch als entfernte Lichtgestalt, aber vor allem als Videobild erscheinen wirst, und ihnen damit in Gestik und Mimik dadurch wieder näher kommst als du vielleicht denkst. Kläre im Vorfeld ab, ob du durch entsprechende Übertragungstechnik deinen Bewegungsradius einschränken musst oder über die Bühne (und vielleicht auch mitten ins Publikum) wandern kannst. Und denke an einen gründlichen Soundcheck.

Level (Laien / Fachleute / Experten)

Ähnlich wichtig wie die Personenzahl ist das Level, das dein Publikum mitbringt: ***Wenn du verstanden werden möchtest, sprich die Sprache deiner Zielgruppe.***

Wirkliche Koryphäen auf ihrem Gebiet sind in der Lage, Sachverhalte so zu erläutern, dass ihnen auch ein Publikum, dem das Thema fremd ist, folgen kann. Sie benutzen wenige Fachbegriffe, erklären einfach und mit starken Bildern und erwarten nicht, dass man ihnen Respekt entgegenbringt, weil sie so viele komplizierte Fremdworte kennen, sondern weil sie sich auskennen und das so vermitteln, dass man es nachvollziehen kann. Es sind eher die Blender, die sich hinter Experten-Kauderwelsch verstecken. Das Gegenteil ist der Fall: Deine Zielgruppe versteht nur das, was sie kennt.

Passe deinen Vortrag dem Wissen deines Publikums an – und nimm dir bei einem gemischten Auditorium die Zeit, notwendige Fachbegriffe kurz auf einem Slide zu klären, damit dir alle folgen können. Wer schon Bescheid weiß, kann währenddessen seine Mails checken, die anderen werden dir dankbar sein (» *Fachsprache / Fachbegriffe 98*).

Entsprechendes gilt für die Verwendung von Fremdworten oder Anglizismen: In diesem Buch gehe ich davon aus, dass die meisten Leser:innen des Englischen mächtig sind und verwende z.B. Zitate ohne Übersetzung. Bei einem Zielpublikum mit einfacherem Bildungsniveau würde ich darauf verzichten. Kurz: Mache dich mit Niveau und Vorkenntnissen deines Zielpublikums vertraut – und nutze ihre Sprache, nicht deine.

Breite Öffentlichkeit

Sprich allgemeinverständlich und gehe nicht davon aus, dass dir alle Interessent:innen bis zum Ende zuhören – wenn du auf Medienresonanz hoffst erst recht nicht. Du wirst in der Regel gnadenlos zusammengekürzt. Reduziere deine Aussagen auf plakative Statements, wiederhole diese mehrfach an geeigneten Stellen, verwende möglichst wenig Fachbegriffe und Fremdworte und komm schon ganz am Anfang zum Punkt. Baue deine Präsentation so ähnlich auf wie einen Zeitungsartikel: Der triggert über die Headline, nennt alles Wesentliche im ersten Absatz und erläutert dann Hintergrundwissen in der weiteren Folge des Artikels – so können die Leser:innen alleine durch ein Überfliegen schon das Wichtigste mitbekommen.

Kolleg:innen / Vorgesetzte

Das Zauberwort bei Präsentationen im internen Unternehmenskontext heißt »wir«, nicht »ich«. In den meisten Fällen wird deine Präsentation Ergebnis von Teamwork sein oder die Vorarbeiten anderer mit einbeziehen. Würdige das! Einzelkämpfer sind in der Regel unbeliebt, und in den meisten Unternehmen wird ein kooperativer Führungsstil und die Wertschätzung von Kolleg:innen bevorzugt.

Deine Präsentation kann und darf, sofern sie sich nicht an andere Bereiche der Firma richtet, Fachvokabular beinhalten und – im Gegensatz zu jeder anderen Präsentationsform – auch unternehmensinterne Kürzel. Bedenke allerdings, dass gegebenenfalls auch externe Dienstleister mit den Ergebnissen deiner Präsentation (weiter)arbeiten müssen.

Entscheider:innen

Eine Präsentation für Entscheider:innen sollte vor allem kurz und klar sein. In manchen Firmen werden im Vorstand nur Onepager akzeptiert – Beschreibung des Themas, Erörterung des Problems, Lösungsvorschlag und Alternativen, Budget, Fazit, Bitte um Entscheidung. Ende. Ein paar Sätze oder Slides mehr dürfen es meistens schon sein – aber langwierige Analysen werden auf Top-Ebenen nicht geschätzt, sondern vorausgesetzt. Nimm sie ins Back-up oder ans Ende deiner Slides.

In großen Unternehmen sind Fünfzehn-Minuten-Slots durchaus üblich. Bekommst du mehr Zeit, bleibe dennoch präzise und versuche, nicht jede Minute mit Präsentationsinhalten auszufüllen – eine Diskussion kann wertvoller sein. (➳ *High Level Termin (z. B. Vorstand), 17*).

Praxisbeispiel

Meine kürzeste Vorstandspräsentation war die Vorstellung eines Geschäftsberichtskonzeptes bei einem bayerischen Unternehmen. Der CEO kam in den Raum und bat mich, die beiden Alternativen in je einem Satz zu erläutern. Währenddessen blätterte er kurz in die beiden Vorlagen hinein und entscheid sich dann für die erste Variante. Angesetzt war der Termin auf 60 Minuten, benötigt haben wir drei. Später noch einmal darauf angesprochen, meinte der CEO: *»Wir kennen uns, ich schätze Ihre Arbeit. Ich verlasse mich auch auf die Arbeit meiner Leute, mit denen Sie das vorbesprochen haben. Kurz: Ich kann davon ausgehen, dass Sie mir keinen Mist präsentieren. Da kommt es doch nicht auf die Details an, sondern auf den Grundgedanken. Den Rest werden Sie schon hinbekommen.«*

Vermittler / Präsentation zur Weitergabe

Ein paar Besonderheiten gilt es zu beachten, wenn du eine Präsentation vorbereitest, von der du annimmst, dass sie bei deinem Adressaten intern weiter präsentiert wird. Das ist häufig in Unternehmen mit mehreren Hierarchieebenen der Fall – beispielsweise präsentierst du vor einer Fachabteilung, die die Ergebnisse noch mit der Geschäftsleitung besprechen muss. Oder dein Sujet muss von unterschiedlichen Bereichen begutachtet werden, ohne dass sich ein gemeinsamer Termin finden lässt.

Für diese Fälle solltest du zwischen einer Präsenzpräsentation und einer Lese-Präsentation unterscheiden und beide aufbauend aufeinander vorbereiten – die meisten Präsentationstools bieten dir die Möglichkeit, Folien für eine Präsentation auszublenden. So kannst du vor Ort die wesentlichen Dinge in zentralen Slides zusammenfassen, frei und überzeugend vortragen und deinen Zuhörern dennoch die Möglichkeit bieten, sich für ihre eigene Weiter-Präsentation notwendiges Hintergrundwissen oder von dir nur mündlich Erwähntes noch einmal nachzulesen.

Eine weitere gute Option bieten Präsentationsprogramme, in denen du auf einem zweiten Screen Moderatorennotizen einblenden kannst. Auch diese eignen sich wunderbar, Hintergrundinformationen und nicht gesprochenen Text für die Weitergabe aufzuführen. Kläre allerdings vorher ab, ob deine Adressaten das gleiche Programm bzw. die gleiche Version verwenden wie du und so auch wirklich Zugang zu diesen Daten haben.

Eine dritte Option ist die Aufzeichnung deiner Präsentation zur Weitergabe als Film. So kannst du ganz sicher sein, dass exakt das, was du gemeint hast, auch andere erreicht. Besonders einfach ist dies bei online gehaltenen Präsentationen, du musst allerdings die Teilnehmer:innen vor der Aufzeichnung um ihr Einverständnis bitten. Aber auch die üblichen Präsentationsprogramme bieten die Möglichkeit, deine Slides zusammen mit einer Tonspur abzuspeichern.

Meist ist es allerdings so, dass diejenigen, die deine Präsentation weitergeben, auch eigene Akzente setzen, die Präsentation straffen oder um andere Themen ergänzen möchten. In diesem Fall ist es sinnvoll, mit dem Kunden das Präsentationsformat abzusprechen und auch nicht dein Standard-Layout zu verwenden, sondern von vorneherein die Präsentation auf den Layoutvorlagen deines Kunden aufzubauen. Bedenke: Den größten Erfolg hat eine Idee, von der dein Kunde glaubt, er hätte sie selbst gehabt. Verstecke also deine Eitelkeit und überlasse Ruhm, Ehre und interne Karriereaussichten deiner Ansprechpartnerin oder deinem Ansprechpartner.

Ich habe es oft erlebt, dass Kunden auch dank der gemeinsamen Arbeit intern aufgestiegen sind. Oft haben sie sich daran erinnert, wenn in der neuen Position Aufträge zu vergeben waren. Sebastian Turner, langjähriger Vorstandsvorsitzender der Agentur Scholz und Friends, formuliert das so:

»Wir machen nie Geschäfte mit Unternehmen – wir machen sie immer mit Menschen. Wenn wir das getan haben, was für unseren Ansprechpartner das Beste war, war das der beste Weg zum Erfolg.«

(Un)bekanntes Publikum / Recherche

Wenn du nicht vor einer großen Menschenmenge sprichst (➸ *Personenzahl* 27), gibt es kein unbekanntes Publikum. Es gibt nur mangelhafte Recherche. Meist kannst du Kenntnisstand, Bildungsniveau, Alter, Schwerpunkt-Interessen und andere Parameter deines Publikums allein aufgrund des Anlasses gut abschätzen und deine Präsentation darauf ausrichten. Bei kleineren Gruppen solltest du Namen und Hintergründe zu den einzelnen Anwesenden im Vorfeld recherchieren. Vielleicht ergeben sich gemeinsame Anknüpfungspunkte oder auch Stolperfallen – wenn dich etwa ein:e Teilnehmer:in bereits aus anderen Zusammenhängen kennt. Oder du hältst Präsentationen mit von dir immer wieder verwendeten Modulen – was bei Dozent:innen oder Spezialist:innen für ein Nischenthema häufig vorkommt – und stellst fest, dass ein Großteil deines Publikums von heute Abend bereits vor einem halben Jahr auf einer ähnlichen Veranstaltung war, bei der du einen nahezu identischen Vortrag gehalten hast. Dann wird es Zeit für Plan B und einen Beweis deiner Flexibilität – oder für einen peinlichen Abend.

Aufgabenstellung und Briefing

Wie konkret soll die Aufgabe sein?

Wie in jedem Bereich des Berufslebens ist es auch bei Präsentationen eine Charakterfrage, ob du persönlich eher in vorgegebenen Kontexten oder in einem freien Format brillierst. Es gibt Menschen, die dankbar für jede Vorgabe und Anweisung sind, und andere, die genau das einengt. Prüfe, wo du dich wohler fühlst – und versuche, eine Präsentationssituation herzustellen, die dem möglichst entspricht (oder Kollegen der anderen Couleur an der entsprechenden Stelle einzubinden).

Hilfreich ist es, den gewünschten Konkretisierungsgrad mit deinen Gastgebern abzustimmen. Bei Wettbewerbspräsentationen gibt es sowohl Gremien, die auf einer langen Liste von Briefinganforderungen mit einem komplexen Punkteschema hinterlegt bewerten, ob deine Präsentation dem

Gewünschten exakt entspricht, und solche, die auf das berühmte *»one more thing«* oder deine Bereitschaft hoffen, ihr Briefing komplett zugunsten einer besseren Idee infrage zu stellen.

Das drückt sich nicht immer in den Anforderungen aus – vor allem nicht, wenn du sie schriftlich entgegengenommen hast. Es empfiehlt sich daher, sich mündlich erläutern zu lassen, wie die Erwartungshaltung konkret aussieht. Nicht alles, was in einem Briefing steht, kann sinnvoll erfüllt werden, und nicht alles, was man sich wünscht, kann man in ein Briefing schreiben. Deshalb solltest du mindestens so viel Wert auf ein ausführliches Briefing legen wie auf die gesamte Vorbereitung deiner Präsentation. Ich habe sicherlich hunderte von Stunden mit der Arbeit an vermeintlich genialen Präsentationen verbracht, die bei meinen Kunden nach wenigen Minuten unter »Thema verfehlt« abgehakt wurden. Schuld daran war meist ein missverständliches Briefing – und damit beide Seiten.

Je komplexer eine Aufgabenstellung ist, desto wichtiger wird eine ausführliche schriftliche Dokumentation der Anforderungen. Einfache Themen lassen sich auch mal in einem kurzen Call besprechen – aber selbst dann empfiehlt sich eine kurze schriftliche Zusammenfassung.

Freies Thema

Ein Wort zu frei gewählten Themen: Achte auf dich, den Kontext und den möglichen Impact.

- Du solltest dich im Thema auskennen und im Idealfall davon fasziniert sein – so ist es am wahrscheinlichsten, dass du es auch faszinierend vorstellen kannst.
- Das Thema sollte in den Kontext passen oder passend gemacht werden. Denke kreativ! Wenn du z. B. zu einem Vortrag im Rahmen einer Konferenz »Zukunft gestalten« eingeladen bist, kannst du durchaus bereits vorhandene Case Studies vorstellen, solltest aber ihren innovativen und trendsetzenden Charakter herausarbeiten.
- Versuche, dich in dein Publikum hineinzuversetzen: Was nehmen sie aus deiner Präsentation mit? Was kann dein Vortrag bewirken? Wo kann das Thema berühren und bewegen? Nicht alles, was dich begeistert, ist auch für andere ein Quell der Erkenntnis.

Briefing

Mündliches und schriftliches Briefing; Rebriefing

Wenig im Leben ist ärgerlicher, als viel Zeit in die Vorbereitung einer punktgenauen Präsentation zu stecken, wenn du danach feststellen musst, dass der Punkt ganz woanders liegt. Das lässt sich mit einem strukturierten und ausführlichen Briefing in aller Regel vermeiden. Erfolgt die Schilderung deiner Aufgabenstellung mündlich, per Telefon oder Videocall, lasse deine:n Ansprechpartner:in gerne zunächst offen erzählen, versuche aber danach dennoch, das Gespräch strukturiert zu führen:

Fragen für ein strukturiertes Briefing

- → Was sind die konkreten Vorstellungen deines Auftraggebers?
- → Wie lässt sich das Problem, das gelöst oder für das ein Lösungsweg gefunden werden soll, exakt beschreiben?
- → Handelt sich um ein Detail eines größeren Prozesses oder um eine ganzheitliche Aufgabenstellung?
- → Gibt es Lösungswege, die in der Vergangenheit beschritten wurden und nicht zum Erfolg führten? Welche? Warum?
- → Was genau erwartet dein Auftraggeber von dir? Warum glaubt er, dass du der oder die Richtige bist, um diese Aufgabe zu lösen?
- → Gibt es einen Zeit- und Kostenhorizont für die Konzeption und für die konkrete Lösung?
- → Welche Hintergründe solltest du kennen (zum Beispiel Unternehmenshistorie, Persönlichkeit, Vorlieben oder Abneigungen, Werte, verwandte Projekte im Unternehmen)?
- → Wer ist Ansprechpartner:in für Rückfragen?
- → Gibt es die Möglichkeit für einen Schulterblick-Termin?
- → Befindest du dich in einer Wettbewerbssituation und wenn ja, wie sieht diese aus?
- → Wie wird die Präsentation vergütet?
- → In welchem Rahmen findet die Präsentation statt? (Ort, Zeit, Publikum)
- → Wer entscheidet über das weitere Vorgehen? Sind diese Personen bei der Präsentation anwesend oder wird intern weiter präsentiert?
- → Was gibt es sonst zu beachten? – oder meine Lieblingsfrage: *Was hätten Sie mir gerne noch erzählt, wonach ich nicht gefragt habe?*

Im spezifischen Fall können noch viele weitere Fragen hinzukommen – entsprechend sollte das Briefinggespräch kein kurzer Call aus dem Stau auf der Autobahn kurz vor dem nächsten Funkloch sein, sondern darf gerne ein bis zwei Stunden oder auch länger dauern.
Sofern deine Ansprechpartner zustimmen, kannst du das Gespräch aufzeichnen. Finde aber einen Punkt, an dem du die Aufnahme stoppst und nachfragst, ob es noch einige Informationen *»off the records«* gibt, die du berücksichtigen kannst – gerade das sind die Punkte, die oft im Nachgang bei der Entscheidung am meisten zählen. Der Begriff stammt aus dem Journalismus und wird verwendet, wenn ein:e Interviewpartner:in nicht möchte, dass eine bestimmte Information veröffentlicht wird, sie dem/der Journalist:in aber trotzdem zukommen lassen möchte, damit der Sachverhalt oder Kontext besser verstanden wird.

Praxisbeispiel

Ich wurde vor einigen Jahren für eine Präsentation gebrieft, in der es um ein Nachhaltigkeitskonzept für ein Unternehmen ging. Die gesamte Aufgabenstellung legte nahe, für die angefragten Medien visuell mit Grün- und Blautönen zu arbeiten. Auf meine Frage nach »off the records«-Informationen sagte mir der Marketingleiter, dass die Frau des Unternehmensinhabers ein großes Faible für Pink habe – und sie die entscheidende Stelle sei, wenn es darum gehe, in den Medien des Hauses geschmackssicher aufzutreten. Das erklärte einige Fragen, die sich uns aus dem Studium der vorliegenden Unterlagen bereits ergeben hatten ... In unserer Präsentation haben wir dann blaue und grüne Grundstimmungen mit einigen magentafarbigen Hervorhebungen kombiniert, was der Sache durchaus gut tat – und alle glücklich gemacht hat.

Unabhängig von der Qualität des Gesprächs solltest du das Gesagte verschriftlichen und zurückspiegeln. Kommunikation ist ein kompliziertes Geschäft, und nicht alles, was in den Augen des Urhebers hieb- und stichfest formuliert wurde, kommt beim Gegenüber auch so an. Das kann fachliche, kulturelle oder dialektspezifische Gründe haben, mangelnder Aufmerksamkeit beim Zuhörer oder mangelnder Präzision bei der Formulierung geschuldet sein. Letzteres ist häufig der Fall, gerade weil der/die Auftraggeber:in ja nur das Problem kennt und nicht die Lösung – wie soll er oder sie also korrekt beschreiben, was zu tun ist? Stelle dir einfach eine Situation vor, in der du den Klempner wegen eines Wasserschadens anrufst. Während du mit nassen Füßen berichtest, dass da ganz viel Wasser aus einem Loch in der

Wand kommt, wäre dem Klempner eher mit der Zollbreite des Rohres, einer Information zu defekten Muffen, Dichtungen, Ventilen oder Flanschen geholfen, um seinen Koffer effizient zu packen. Er wird das grundsätzliche Problem trotzdem verstehen und lösen können, aber im Zweifel wird es teuer.

Das gleiche gilt nach schriftlichem Briefing. Auch hier verwendet dein Auftraggeber auf Basis seines Kenntnisstandes und seines Wortschatzes oft Formulierungen, die du ganz anders auffasst, als er oder sie sie gemeint hat. Die Struktur seines Briefings entspricht seinem Verständnis der Situation, aber möglicherweise nicht allgemein üblichen Lösungswegen oder deiner Herangehensweise – oder aber deine Herangehensweise ist deshalb so erfolgreich, weil sie gerade nicht der allgemein übliche Lösungsweg ist.

Fasse also das Gespräch zusammen, bringe es in eine sinnvolle Reihenfolge und schicke die Schriftfassung mit Bitte um Korrektur oder Freigabe zurück. Falls dein:e Auftraggeber:in sich falsch verstanden fühlt, könnt ihr das Missverständnis jetzt klären und nicht erst nach deiner Präsentation feststellen, dass ihr unterschiedliche Auffassungen hattet.

Die Antwort auf ein mündliches oder schriftliches Briefing ist deshalb immer ein schriftliches Re-Briefing. Analog zu den oben aufgeführten Fragestellungen kann dafür das umseitige prototypische Schema für eine Wettbewerbspräsentation verwendet werden, natürlich mit entsprechenden Variationen für andere Aufgabenfelder. Es kann auch als Vorlage für ein gutes, erstes schriftliches Kundenbriefing dienen – auch dann ersetzt es aber das Re-Briefing nicht, in dem du bewusst mit eigenen Worten wiedergibst, was du verstanden hast.

Eine persönliche Empfehlung:
Kannst du einige der genannten Fragen nicht beantworten oder will dir dein Auftraggeber dazu keine Informationen geben, solltest du dir gut überlegen, ob du den Auftrag annimmst – oder die Beantwortung dieser Fragen als Teil der Aufgabenstellung versteht.

➸ Mehr dazu findest du im Kapitel »Modalitäten« ab Seite 46 unter: *Vergabebedingungen / Entscheidung; Organisatorisches; Rechtliches* und *Finanzielles.*

Schriftliches (Re-)Briefing

1. **AUSGANGSLAGE UND ALLGEMEINES UMFELD** (Gesamtsituation, in der das Problem gelöst werden muss?) – mit weiterführenden Informationen zu Branche, Historie, Unternehmensvision, -mission und -werten, internem und externem Projektumfeld, Marktsituation, Wettbewerb
2. **AUFGABENBESCHREIBUNG** (Was ist die Problemstellung?)
3. **ZIELSETZUNG** (Was genau wird gewünscht? Wie soll das ideale Endergebnis aussehen? Sind ein oder mehrere Lösungswege gewünscht? Was sollen die zukünftigen Nutzer:innen damit anfangen?)
4. **ZIELGRUPPE** (An wen soll sich die mögliche Lösung richten?)
5. **USP** (Unique Selling Proposition): was muss die Lösung können, um sich vom Wettbewerb zu unterscheiden?
6. **REASON WHY** (Was ist der Hauptgrund, ausgerechnet diesem Auftraggeber oder dieser Lösung zu vertrauen?)
7. **AUSSTRAHLUNG UND WERTE** (Wie soll die Lösung wirken, sich anfühlen, rezipiert werden – gibt es konkrete (Unternehmens-)Werte, auf die sie einzahlen soll?)
8. **ANWENDUNG DER LÖSUNG** (Wie und wo soll die Lösung eingesetzt werden?)
9. **SONSTIGE VORGABEN** (Vorlieben oder bereits vorgegebene Schritte etc.)
10. **TIMELINE** (Konzeption, Präsentation, Time-to-Market etc.)
11. **PROJEKTBUDGET** (oder konkrete Wünsche / Vorgaben zur Angebotserstellung)
12. **VERGÜTUNG DER PRÄSENTATION** (ohne Nutzungsrechte für die präsentierten Ideen)
13. **ANFORDERUNGEN AN HANDELNDE PERSONEN** (konkrete Vorstellungen zur Teamzusammensetzung, notwendige Skills)
14. **ART, UMFANG, TERMIN UND SET-UP** der gewünschten Präsentation, ggf. Schulterblick(e)
15. **VERGABEKRITERIEN** für den Auftrag
16. **ANSPRECHPARTNER:INNEN** auf beiden Seiten

Briefingtermin / Briefingworkshop

Die vorangegangenen Bemerkungen lassen es erahnen: ***Besser als jedes Telefonat oder schriftliches Briefing ist ein gemeinsamer Termin mit den Auftraggebern und Dienstleistern.*** Gut vorbereitet, kann ein solcher Briefing-Workshop schon weit in die Lösungsfindung hineinreichen – und ist der erste konkrete Arbeitsschritt. Wenn du gut zuhören kannst, erkennst du in einer ausführlich formulierten Frage meist schon einen Ansatz für ihre Lösung. Darüber hinaus ist die beschriebene Trennung zwischen offiziellen Angaben und *»off the records«*-Informationen weniger streng.

Neben aller gewünschten Ausführlichkeit geht es dabei auch um die Reduktion auf das Wesentliche. Bewährt haben sich für solche Aufgabenstellungen als »Ausgabemedium« neben Flipcharts leere Bierdeckel oder Post-its, auf die nicht allzu viele Informationen passen. In Online-Workshops sind es Notizzettel auf entsprechenden Boards. Dazu sollte eine sehr begrenzte Zeit für die Lösung einzelner Fragen zur Verfügung stehen, beispielsweise fünf oder zehn Minuten.

Der Hintergrund: ***Je mehr Zeit du gibst, desto »rationaler« werden die Informationen, die du erhältst. Bei wenigen Minuten dominiert noch das Bauchgefühl,*** die aus dem Unterbewusstsein geborene Spontanität – und genau das findet in offizielle Briefingpapiere kaum Eingang, ist aber eine wertvolle Informationsquelle. Die umfassende Umsetzung eines Briefing-Workshops sprengt den Rahmen dieses Formates, deshalb hier nur zwei Beispiele für die weiterführende Erarbeitung des Fragenkataloges.

Zielgruppendefinition durch Personas

Dabei gilt es, die gewünschte Zielgruppe nicht nur allgemein oder wissenschaftlich etwa in Form von Sinus-Milieus zu beschreiben, sondern ihr Personas zuzuordnen, also fiktive Personen, die archetypisch für sie stehen, und diese in ihrem Alltag, in ihrer Umgebung und ihren Vorlieben so genau zu beschreiben, dass wir sie auf der Straße wiedererkennen würden. Eine solche Aufgabe ist mit Vergnügen zu lösen, wird aber sehr komplex, wenn sie mit der Maßgabe gekoppelt ist, alle Zielgruppen für die betreffende Lösung in nur einer einzigen oder sehr wenigen Personas zu vereinen und sich im Zweifel entscheiden zu müssen (männlich, weiblich oder divers, alt oder jung, reich oder arm, progressiv oder konservativ, weit gereist oder Lokalpatriot:in, Kleidung von Gucci oder von H&M, …).

Moodboards für konkrete Anmutungskriterien

Collagen aus vorgegebenem Bildmaterial oder Internet-Sniplets können sowohl Kunden wie auch Kreativen helfen, abstrakte Begrifflichkeiten wie z. B. Firmen- oder Produktwerte zu diskutieren und zu einer gemeinsamen Interpretation zu gelangen. Gerade allegorische Bilder führen dabei zu wertvollen Diskussionen. Aufmerksam zuzuhören, führt besser als viele andere Methoden zu einem tieferen Verständnis der eigentlichen Probleme in einer Firma (und zu einem besseren Verständnis deines Kunden sowie seiner internen Strukturen).

Ebenso wie beim Briefing solltest du auch in der Nachbereitung des Workshops eine schriftliche Zusammenfassung erstellen, die dir dein Kunde freigibt oder korrigiert.

Für einen solchen Workshop solltest du einen halben oder besser ganzen Tag einplanen, berechnen und in dein Angebot integrieren – zuzüglich Vor- und Nachbereitung. Wenn es um die Vorbereitung einer kleinen Präsentation geht, ist das natürlich mit Kanonen auf Spatzen geschossen. Wenn die Präsentation aber grundsätzliche Fragestellungen deines Auftraggebers tangiert und der Auftakt zu einer tragfähigen Geschäftsbeziehung sein soll, ist das gut investierte Zeit.

Creative Brief

Eine hilfreiche interne Umsetzung des Briefings ist der sogenannte »Creative Brief«. Er kann als Ergebnis eines Briefing-Workshops oder aber durch interne Überlegungen entstehen und ergänzt das Briefing um Punkte, die bei der konkreten Lösungsfindung hilfreich sind.

Beispielsweise kannst du darin versuchen, Zielgruppen wie oben beschrieben als Personas zu beschreiben. Für Fragen, die schwer oder nur mit Fachbegriffen zu erläutern sind, werden Metaphern oder Assoziationen gebildet – so kannst du z. B. danach fragen, welche Headline und welche Einleitung ein Journalist schreiben würde, wenn das Projekt ein Zeitungsartikel wäre.

Manche Kreativdienstleister teilen auch den Creative Brief nochmals mit dem Kunden, um in den dort festgehaltenen Abweichungen zum Briefing ein Go zu erhalten. Gerade in kollaborativen und agilen Arbeitsformen wie Sprints ist das ein übliches und hilfreiches Verfahren. Da es jedoch sehr aufwendig zu erstellen ist, sollte es genau wie ein Briefing-Workshop bereits Teil eines bezahlten Prozesses sein.

I.2

Die Modalitäten

Set-up

physisch / online / hybrid

Spätestens seit der Corona-Pandemie haben wir drei gängige Optionen für Präsentationen: vor Ort, über digitale Medien oder hybrid. Vieles findet heute ganz selbstverständlich digital statt, lange Reisen für kurze Präsentationen am anderen Ende des Landes oder der Welt sind passé. So oder so solltest du die Art deiner Präsentation gleich zu Beginn klären, denn sie hat Auswirkungen auf dein gesamtes Set-up – und trotz aller Gewöhnung an Onlinetools spricht manches für einen Vor-Ort-Termin.

Präsentationen vor Ort

Vor-Ort-Termine bieten das volle Programm: Persönliches Kennenlernen mit allen Sinnen (Pandemie-online-gewöhnt unterschätzen wir allzu gerne wichtige Signale wie den Geruch eines Menschen oder die Art seines Händedrucks), Atmosphäre erzeugen und aufnehmen. Als Präsentator:in hast du dein Publikum stets im Blick, kannst Reaktionen auch am Rande des Geschehens abschätzen und direkt darauf eingehen. In Kaffeepausen können Inhalte zur Sprache kommen, die offiziell nicht gesagt werden sollen. Und nicht zuletzt spielen auch Begleiterscheinungen wie die Art des Empfangs, die Räumlichkeiten oder das Catering eine Rolle bei der (gegenseitigen) Beurteilung in einem Termin.

Dazu kommt: Durch die Anreise ergibt sich zwangsläufig mehr Zeit, sich auf die kommende Präsentation zu konzentrieren und einzustimmen. Manche mögen das für verlorene Zeit halten, für mich ist es Quality time, vorausgesetzt die Anreise dauert nicht zu lange und das Verkehrsmittel ermöglicht es mir, mich auf die Arbeit zu konzentrieren. Jedenfalls ist die Taktung entspannter als fünf wichtige Präsentationen online hintereinander mit dem Ende zur vollen Stunde und dem Beginn zur nächsten, im »Idealfall« auch noch mit unterschiedlichen Konferenztools. Denn so gilt: Vorbereitungszeit für den Aufbau des nötigen Adrenalinschubs: Die fünf Sekunden bis zur Einwahl. Nachbesprechung mit dem Team: Fällt aus. Protokoll: frühestens am nächsten Tag.

Ein Hoch also auf Vor-Ort-Termine und alles, was dazu gehört: Die Fahrt in eine fremde Stadt, der Eindruck des Gebäudes, der Blick in die Augen der Zuhörer:innen, vielleicht ein gemeinsamer Lunch mit dem Kunden, der Cappuccino oder das Bier danach im Café, der Austausch mit den Kolleg:innen auf der Rückfahrt. (➸ *Vor-Ort-Präsentation 154*)

Online-Präsentationen

Es ist dennoch sinnvoll, effizienter und nachhaltiger, auf manche Termine in Präsenz zu verzichten, wenn die Teilnehmer einer kurzen Präsentation ein Vielfaches dieser Zeit für die Anreise aufbringen müssen. Vieles läuft online sowieso effizienter, konzentrierter und pünktlicher. Geteilte Bildschirme zeigen eine Präsentation oft klarer als ein entfernter Monitor im Konferenzraum.

Gut moderiert, läuft eine Online-Diskussion geordneter ab als eine vor Ort. Über Kollaborationstools wie MIRO oder MURAL BOARDS sind Workshops nicht nur intuitiv umsetzbar, sondern auch gleich bestens dokumentiert. Feedback zu Präsentationsinhalten kann direkt in die Slides eingearbeitet werden, Breakout-Sessions verlaufen ohne nervige Suchen nach freien Konferenzräumen in der Nähe und Teilnehmer:innen, die gerade Besseres zu tun haben, können ungestört nebenher ihre Mails checken. Die Vorteile sind so offensichtlich, dass selbst innerhalb von Firmenräumen Online-Konferenzen stattfinden, obwohl alle Teilnehmer weniger als dreißig Meter entfernt voneinander sitzen. Kurz: ***Eine Online-Konferenz ist ein Effektivitätsbooster.***

Dennoch solltest du nicht vergessen, dass sie vieles wiedergeben kann, aber große Schwächen bei der Vermittlung von Stimmungen und Emotionen hat, besonders zu Beginn einer möglichen Zusammenarbeit. Auch für Feedback gilt: Online wird selten so frei gesprochen wie in Präsenz, da die digitalen Medien einerseits eine Distanz schaffen und andererseits manche Teilnehmer auch – bisweilen zurecht – fürchten, dass ihre Aussagen aufgezeichnet werden. (➻ *Online-Präsentation 147*)

Hybridpräsentation

Eine Hybridpräsentation ist für dich als Präsentator:in das mit Abstand anspruchsvollste Format: Du musst sowohl Menschen vor Ort als auch digital zugeschaltete Zuhörer:innen gleichberechtigt ansprechen, emotional abholen und begeistern. Das gelingt in den seltensten Fällen befriedigend, erst recht wenn es um eine Diskussions- oder Feedbackrunde geht. Oft genug scheitert das an nicht vorhandener Technik (Präsentations- und Saalmikrofon, Kameras auf Präsentator:in und ins Publikum, Screens für die Präsentation und für Online-Teilnehmer:innen) etc. In jedem Fall fordert es Multitasking-Fähigkeiten von dir *(»War der Beitrag im Chat jetzt vor der Wortmeldung aus dem Publikum?« »Könnten Sie Ihre Frage bitte mit dem Saalmikro noch einmal wiederholen, damit man sie auch online versteht?«* etc.), die zulasten deiner Konzentration und damit deiner Präsentationsqualität gehen. Nichtsdestotrotz ist das Format gerade bei Firmen mit mehreren Standorten beliebt – und

auch wir nutzen es gerne, wenn wir beispielsweise zu einer Präsentation anreisen, aber Spezialisten dazuschalten, die für wenige Minuten einen Beitrag leisten, ohne stundenlang anfahren zu müssen. Immerhin haben wir dann die passende Technik mit dabei.
Auch bei Konferenzen ist es mittlerweile häufig der Fall, dass dein Vortrag sowohl in den Saal als auch ins Web übertragen wird. Hier darfst du immer davon ausgehen (oder solltest dringend darum bitten), dass sich andere um die technische Abwicklung kümmern und nicht du selbst während deiner Präsentation.

Die unangenehmste Variante ist selbst digital zu präsentieren, während deine Zuhörer:innen gemeinsam zusammensitzen. Mein Rat: Lass es sein. Wenn du z. B. bei einer Wettbewerbspräsentation die Wahl zwischen Vor-Ort und Hybrid hast, zeigt die Wahl der zweiten Alternative dem Kunden auf der psychologischen Ebene dein mangelndes Interesse. Abgesehen davon: Dein Vortrag mag noch gut über die Bühne gehen, aber versuche gar nicht erst, eine Feedback-Runde zu moderieren, wenn du nicht selbst im Konferenzsaal anwesend bist. (➳ *Hybridpräsentation 160*)

Schriftlich / reine Daten

Ein Sonderfall ist eine Präsentation ohne deine Anwesenheit. Das kommt selten vor, ist aber nicht unüblich in Vergabeverfahren, bei denen ein Entwurf an eine Jury eingereicht wird, oder auch bei der Vorabprüfung öffentlicher Ausschreibungen, bei denen du gebeten wirst, deine Präsentation 14 Tage vor dem eigentlichen Termin einzureichen. Wo diese Verfahren nicht bindender Bestandteil einer Ausschreibung sind, solltest du versuchen, sie zu vermeiden. Wenn es nicht anders geht, denke daran, deine Präsentation aufzubereiten: Es gibt nichts, was du auf der Tonspur hinzufügen kannst, keine Rückfragen oder Kommentare, keine Erklärung, die du auf Nachfrage einschieben kannst. All das muss deine Präsentation bereits im Präsentationsformat enthalten.

Es ist hilfreich, hierzu spezifische Slides zu entwickeln, die durch eine klare Kennzeichnung (zum Beispiel andersfarbiger Hintergrund) die eigentlichen Präsentations-Slides um erläuternde Hintergrundtexte ergänzen, oder diese als Back-up ganz an den Schluss der Präsentation zu stellen. Verlasse dich nicht darauf, Besonderheiten in einem Begleitschreiben zu erwähnen – nutze die zweite Seite deiner Präsentation dafür, die Präsentationsstruktur zu erläutern. Formuliere keine Stichworte, sondern ganze Sätze.

Und nutze etwa 3-4 mal so viel Raum für schriftliche Information, wie du es bei einer von dir selbst gehaltenen Präsentation tätest. Oder aber: Du fügst das, was du sagen möchtest, als Video ein. Das kommt dann einer tatsächlichen Präsentation am nächsten. Allerdings bestehen manche Vergabeverfahren auf schriftlichen Ausführungen.

Location

Ein wichtiger Faktor für die Art und Weise, wie du deine Präsentation aufbereitest, ist die Location, in der du sie hältst. Neben deiner Nähe oder Entfernung zum Publikum und der Wahrscheinlichkeit von Rückfragen (nimmt ab, je größer das Publikum ist) ändert sich auch die Struktur deines Vortrages. Konkrete Auswirkungen hat der Raum auch auf deine Präsentationsslides: Etwa auf die Lesbarkeit (auf dem Laptop oder auf der Leinwand? Bildschirm oder Beamer? 3 m Lese-Entfernung oder 30 m?).

Am einfachsten ist eine Online-Präsentation einzuschätzen. Du gestaltest im Prinzip so, wie du deinen Bildschirm selbst am besten wahrnehmen kannst, denn deine Zuhörer:innen sind in der gleichen Position (siehe auch Locationcheck). Bedenke lediglich, dass die Fähigkeit zum Lesen kleiner Zeichen mit dem Alter abnimmt. Bei Vor-Ort-Präsentationen hilft es, dir die Atmosphäre vorzustellen, in der deine Präsentation wahrgenommen wird. In einem Büro würdest du anders mit deinem Gegenüber sprechen als mit dem Publikum eines gut gefüllten Saals. Kläre deshalb bereits beim ersten Kontakt, wie und wo genau deine Präsentation stattfinden wird. Und nimm dir wann immer es möglich ist, die Zeit, den Raum vorher einmal anzusehen (➳ *Locationcheck 152*).

Sprache

Relevant für die Entscheidung, wie eine Präsentation aufgebaut wird, ist auch die Sprache der Zielgruppe – und deine Fähigkeit, diese Sprache zu sprechen oder Team-Mitglieder zu akquirieren, die dies tun. ***Setze nicht vor aus, dass Deutsch selbstverständlich die Sprache ist, in der deine Präsentation gehalten werden soll, sondern kläre das im Vorfeld ab.***

In immer mehr Unternehmen des deutschen Sprachraums kann es dir passieren, dass einzelne Mitarbeiter kein Deutsch sprechen und erwartet wird, dass du die vorbereitete Präsentation auch spontan auf Englisch halten kannst. In großen Konzernen bauen wir unsere Slides deshalb von vorne herein auf Englisch auf und präsentieren nur dann auf Deutsch, wenn alle dessen mächtig sind.

Wenn du das Glück hast, eine Sprache sehr gut zu beherrschen, die dein Gegenüber besser versteht als Deutsch oder Englisch, nutze die Gunst der Stunde. Wir alle mögen es, wenn jemand unsere Sprache spricht und speichern das zumindest im Unterbewusstsein als freundliche Geste und Basis für eine weiterführende Beziehung ab. Aber lasse dich nicht darauf ein, nur aus Freundlichkeit dein wackliges Schul-Französisch auszupacken, wenn dir die entsprechenden Fachbegriffe für eine überzeugende Präsentation fehlen. Ein *»Bonjour mesdames et messieurs«* zu Beginn ist auch schon viel wert.

Vergabebedingungen / Entscheidung

In vielen Fällen dient deine Präsentation dazu, einen Auftrag zu akquirieren. Deshalb ist es sinnvoll, sich die unterschiedlichen Verfahren, die zu einem Auftrag führen, genau anzuschauen – denn auch sie haben einen erheblichen Einfluss auf den möglichen Erfolg oder Misserfolg einer Präsentation.

Öffentliche Ausschreibung

Ein gutes Beispiel hierfür ist die öffentliche Ausschreibung*: Wenn die öffentliche Hand Anschaffungen oberhalb eines bestimmten Wertansatzes vornimmt, muss sie diese öffentlich ausschreiben. Die Verfahren hierzu sind komplex und würden den Rahmen dieses Buches sprengen – es ist aber gut zu wissen, dass bei öffentlichen Vergaben die Kriterien zur Auftragsvergabe ebenso öffentlich einsehbar sind. Und dass das wichtigste Kriterium stets der Preis und nicht unbedingt eine gute oder weniger gute Präsentation ist. Im Behördendeutsch heißt das: ***»Das wirtschaftlichste Angebot muss gewählt werden«.*** Je nach ausschreibender Körperschaft können dabei die reinen Kosten unterschiedlich stark gewichtet werden, müssen aber zu mindestens 40 % in die Entscheidung mit einfließen.

Gut zu wissen: Ab einer Summe von 140.000 € (Bundesbehörden) bzw. 215.000 €* (alle anderen) muss die öffentliche Hand (obere Bundesbehörden bzw. alle anderen Behörden) europaweit ausschreiben. Du findest dich mit deiner Präsentation also unter Umständen in einem Bieterfeld von mehreren hundert Wettbewerbern wieder.

* https://www.haufe.de/compliance/management-praxis/anwalt-rehm-wann-muss-eine-oeffentliche-ausschreibung-erfolgen_230130_341890.html

Und schließlich: Während Angebote für öffentliche Ausschreibungen oft zwischen 60 und 100 Seiten umfassen (es werden diverse Versicherungen, Nachweise und Beglaubigung eingefordert), liegt die Angebotslänge für private Ausschreibungen eher zwischen drei und zehn Seiten. Entsprechend ist der Aufwand und auch das Risiko, Formfehler zu machen, viel geringer – und das bei einem deutlich reduzierten Teilnehmerfeld.

Solltest du häufig an öffentlichen Ausschreibungen teilnehmen, kannst du viele Standards immer wieder verwenden und dadurch Zeit sparen. Am Ende musst du deine Präsentationen jedoch so aufbauen, dass sie vor allem auf den Preis abzielen, und weniger auf deine eigentliche Leistung. Viele Tipps und Hinweise in diesem Buch werden dadurch obsolet, denn hier geht es um Beziehungsaufbau – und beim Geld hört eine Freundschaft ja bekanntlich auf – oder kommt erst gar nicht zustande.

Einladungsausschreibung

Bessere Erfolgsaussichten bietet eine beschränkte Ausschreibung oder Einladungsausschreibung. Bleibt die öffentliche Hand unter den oben genannten Schwellwerten, kann sie nach freier Wahl mehrere Anbieter zu einer solchen Ausschreibung einladen, in der Regel sind dies 3 - 5. Auch die meisten Privatunternehmen vergeben ihre Aufträge auf diese Art und Weise, sind dabei aber weder an die Schwellenwerte noch an den Formularkrieg gebunden, den die Behörden entfachen. Offen ist allerdings auch, wie es danach weitergeht: Üblich ist ein mehrstufiges Verfahren, in dem zunächst eine Longlist erstellt wird, in der eine größere Anzahl Anbieter im Hinblick auf ihre Eignung für den Job abgeprüft werden. Das kann über Referenzen, über ein Chemistry Meeting oder auch über ein erstes Angebot erfolgen. Danach wird eine Shortlist erstellt, für die sich einige wenige Unternehmen qualifizieren. Diese werden dann erst zu einer konkreten Präsentation eingeladen. Während vielen Unternehmen die Beschreibung einer Vorgehensweise und ein ausführliches Gespräch neben einem konkreten Angebot zur Auftragsvergabe ausreicht, vergeben andere einen Testauftrag oder führen mit den Parteien der Shortlist einen Workshop durch. Wieder andere bestehen auf einem Pitchverfahren, in denen die Anbieter gebeten werden, ihre Projektlösung konkret vorzustellen. Eine adäquate Honorierung ist in diesem Fall unerlässlich, wird aber oft dennoch nicht angeboten (➳ *Folgeseite*).

Entsprechend wird eine Longlist-Präsentation vor allem aus Case Studies und Best Practice bestehen, eine Shortlist-Präsentation sehr viel

* Stand 1.1.2022, die Beträge werden alle zwei Jahre angepasst

konkreter auf die Bedürfnisse des Auftraggebers eingehen und eine Pitch-Präsentation sich voll und ganz auf einen weitgehend ausgearbeiteten Lösungsweg konzentrieren. Ob und wie ausführlich auf das Pricing deines Angebotes eingegangen werden sollte, klärst du am besten mit dem potenziellen Auftraggeber. In großen Unternehmen ist es durchaus üblich, dass die Fachabteilung keine Einsicht in die Kosten erhalten soll.

Vorabeinreichung

Bei öffentlichen Auftraggebern ist die Bitte um eine Vorabeinreichung von Präsentationen weit verbreitet. Etwa um zu prüfen, ob alle Anforderungen aus juristischer Sicht erfüllt wurden, damit sich das Auswahlgremium ganz auf die inhaltlichen Aspekte konzentrieren kann. Oft gibt es auch in der Privatwirtschaft die Bitte, Präsentationsdokumente einige Tage früher zu erhalten, zum Beispiel um am Präsentationstag für reibungslose technische Abläufe zu sorgen. Es wäre sehr gutgläubig anzunehmen, dass in dieser Zeit nicht schon einmal von dem einen oder anderen Projektbeteiligten in die Daten hineingeschaut wird. Wenn du also in deiner Präsentation einen »Wow«-Effekt bereiten möchtest, versuche eine Vorabeinreichung zu vermeiden. Lässt sie sich nicht verhindern, solltest du die Datei im Prinzip wie eine Lesepräsentation aufbauen und beim tatsächlichen Vortrag kürzen.

Pitch (und Alternativen dazu)

Oft endet eine Einladungsausschreibung in einem Pitch. Für die Auftraggeber ist das vermeintlich eine komfortable Situation: Sie erhalten von drei, fünf oder sogar mehr Anbietern einen Lösungsweg für ihr Problem, können sich für den ihnen am meisten Zusagenden entscheiden und müssen nur einen Entwurf bezahlen – der Rest wird bestenfalls mit einem Pitchhonorar abgespeist, das selten mehr als die Reisekosten deckt und nur in rund 60% aller Pitches überhaupt bezahlt wird. Lass dich übrigens nicht verunsichern, gerade auch als Berufseinsteiger:in: ***Die meisten etablierten Agenturen treten grundsätzlich gar nicht ohne ein angemessenes Pitchhonorar an. Aus guten Gründen.***

Denn für die potenziellen Auftragnehmer ist ein Pitch zunächst eine betriebswirtschaftliche Herausforderung: Bist du bereit, für ein nur eventuell zustande kommendes Geschäft massiv in Vorleistung zu gehen? Diese

Rechnung beantworten die allermeisten Branchen mit einem klaren Nein: Kein Malermeister würde ein Zimmer einer Wohnung in der Hoffnung kostenlos streichen, den Gesamtauftrag für die Wohnung zu erhalten, während vier andere Maler vier andere Zimmer ebenso kostenlos streichen. Auch vernünftig kalkulierende Kreative werden alles tun, um eine Pitch-Situation zu vermeiden – oder sie konsequent absagen, zumal wenn sie nicht oder nicht ausreichend bezahlt ist.

Ein Rechenbeispiel: Eine größere Kreativagentur kostet eine Pitchteilnahme im Schnitt etwa 40.000 € – sagt mein Controller. Tritt sie dabei gegen vier ähnlich qualifizierte Agenturen an, liegt die Wahrscheinlichkeit, den Auftrag zu akquirieren, bei 20 %. Wenn sie an 25 Pitches im Jahr teilnimmt, kostet sie das rund eine Million € an Personal- und Materialkosten, die sie zudem nicht anderweitig gewinnbringend verkaufen kann. Gehen wir danach von einem durchschnittlichen Auftragsvolumen von 200.000 € aus, das je Pitch erreicht werden könnte, und multiplizieren das mit der Erfolgsquote von 20 %, hat sie mit einer Million Einsatz eine Million Umsatz generiert. Ein fettes Verlustgeschäft – mal ganz abgesehen von dem höchst motivierenden Nebeneffekt, für zwanzig andere Ideen voller Herzblut, Schweiß und Nachtschichten eine Absage zu erhalten. Deshalb sollten die hier aufgeführten Voraussetzungen für eine Pitchteilnahme gelten:

ZWINGENDE VORAUSSETZUNGEN ZUR PITCHTEILNAHME

1. **ATTRAKTIVITÄT:** Der Auftrag muss so verlockend sein, dass du überhaupt bereit bist, dafür ins Risiko zu gehen.
2. **HONORIERUNG:** Der Wettbewerb sollte mit einem adäquaten Abschlagshonorar abgegolten werden.
3. **RISIKO:** Der Aufwand sollte in einem sinnvollen Verhältnis zum Gesamtvolumen des Auftrags stehen (dafür muss dieses auch in etwa genannt werden!).
4. **TEILNEHMER:** Die Anzahl der Pitchteilnehmer sollte bekannt und in einem sehr überschaubaren Rahmen bleiben (zwei oder drei, maximal fünf Teilnehmer).
5. **NUTZUNGSRECHTE:** Mit dem Abschlagshonorar werden keine Nutzungsrechte an deinen Ideen abgegolten.

Ich füge in unserer Agentur noch drei weitere hinzu:

OPTIONALE VORAUSSETZUNGEN ZUR PITCHTEILNAHME
6. **WETTBEWERBER:** Wir möchten die Pitchteilnehmer kennen (zu oft wurden zwei lokale Agenturen mit bestehenden Geschäfts- oder sogar persönlichen Beziehungen und wir als »Joker« gebrieft – »Mal sehen, was die Großen so bringen«). Außerdem verhindert das einen Fake-Pitch (s. u.).
7. **RESSOURCEN:** Haben wir freie Kapazitäten dazu oder müssten wir Freelancer buchen? Haben wir ein Team, das sich dafür begeistern kann?
8. **BEGRÜNDUNG:** Eine klare Antwort auf die Fragen, warum der Auftraggeber überhaupt ausschreibt, warum die bestehende Betreuung infrage gestellt wird und warum gerade wir dafür angefragt werden.

Mehrstufiger Pitch

Allzu oft kann sich ein Kunde am Ende der Pitchphase zwischen zwei Dienstleistern, die beide gute Lösungen präsentiert haben, nicht entscheiden. Die Antwort der Marketingabteilung ist dann, eine weitere Runde mit einer zusätzlichen Aufgabenstellung einzuleiten – all das im Übrigen mit Zeitaufwand, der später im wirklichen Projekt fehlt. Spätestens diese zusätzliche Stufe schmeißt auch jede noch so wohlwollende Kalkulation auf Auftragnehmerseite über den Haufen. Du solltest daher, wenn du dich überhaupt auf einen Pitch einlässt, eindeutige (Honorar)Regelungen für den Fall einer zweiten Runde vereinbaren.

Besonders beliebt ist auch die Variante der Nachnominierung: Mehrere Agenturen kämpfen in der ersten Runde um den Sieg, und ganz plötzlich wird für eine zweite Runde noch eine Agentur nachnominiert – oder ganz ohne Pitch an sie vergeben. Das kann deine Nutzen-Risiko-Rechnung im Nachgang vollkommen über den Haufen werfen und ist im Zweifelsfall Anlass für einen deutlichen Protest – oder sogar rechtliche Maßnahmen.

Fake-Pitch

Besonders gefürchtet sind darüber hinaus sogenannte Fake-Pitches: Ausschreibungen, die der Auftraggeber aus formellen Gründen durchführen muss, sich aber längst für einen Anbieter entschieden hat (oder sie nutzt, um den bestehenden Partner unter Druck zu setzen). Deshalb gilt: Offen nachfragen. Recherchieren. Und sich in der Branche austauschen.

Alternativen

Für Alternativen zum Pitch gibt es viele Argumente. Für die Auftragnehmer dürften sie offensichtlich sein. Aber auch für den Auftraggeber ist ein Pitch nur vermeintlich eine gute Lösung. Nur die wenigsten Auslober machen sich ernsthaft Gedanken darüber, was ein Pitch wirklich heißt: Die Zeit für Briefingtermine, Schulterblicke, Rückfragen, Präsentationen und Verwaltungsaufwand verdrei- oder verfünffacht sich. In dieser Zeit wäre oft schon das gesamte Projekt abgearbeitet, hätte man ein anderes Auswahlverfahren gewählt. In der Praxis führt das auf beiden Seiten dazu, dass oberflächliche Briefings mit Schubladenkonzepten umgesetzt werden. Am Ende gewinnt ein Zufallstreffer, aber weil der Prozess so verkürzt war *(»Bitte haben Sie Verständnis, dass wir vor Ihrer Präsentation nur einmal für 30 Minuten für Rückfragen zur Verfügung stehen«)*, fängt man meistens bei Null wieder an – mit einem neuen Briefing und einer neuen Strategiephase. Was alles zusätzlich Zeit und Geld kostet. Dazu hat man vielleicht sogar den falschen Partner ausgewählt, denn von der tatsächlichen Arbeitsweise hat man im Pitch nichts mitbekommen.

Viel effektiver und viel besser, um sich wirklich kennen zu lernen, ist dagegen ein Chemistry Meeting (➵ *21*): Eine ausführliche Vorstellungsrunde, ggf. mit gegenseitigen Besuchen. Eine Diskussion über Best-Practice-Beispiele und mögliche Verfahren für die vorliegende Aufgabe. Mit dem Team, das später auch den Job machen soll. Mit guter Vorbereitung auf Auftragnehmerseite. Und mit verwertbaren Ergebnissen: Denn die erste prozessual sinnvolle Antwort eines Auftragnehmers auf das Briefing eines Auftraggebers ist das Rebriefing (➵ *35*), nicht die vermeintliche Lösung der Aufgabe in einer Pitchpräsentation. Die dazu nötigen, klugen Fragen lassen sich in einem Chemistry Meeting stellen. Und ein Gefühl dafür entwickeln, ob es passen könnte – der Rest lässt sich anschaulicher an Case Studies für vergleichbare Aufgabenstellungen bewerten als über einen pseudo-individuellen Schnellschuss.

Wer auf Nummer Sicher gehen möchte, vereinbart im Anschluss einen Probeauftrag für ein kleineres Projekt oder einen (bezahlten) Auftakt-Workshop zum Thema. Bei beiden Formaten lernt man die tatsächliche Arbeitsweise kennen, beide bringen nutzbare Ergebnisse, und beide kosten viel weniger Zeit und Geld auf beiden Seiten als ein Pitch.

Was das alles mit Präsentationen zu tun hat?

Nicht zuletzt die Erkenntnis, ***dass die beste Pitch-Präsentation die klare Absage an dieses Format ist.*** Das spart dir viel Zeit, um für eine fair zahlende Kundschaft nach ausführlichem Briefing und mit guter Abstimmung wirklich erfolgreiche Präsentationen zu erstellen. Dass sich dieses Buch dennoch ausführlich dem Szenario einer Pitchpräsentation widmet, liegt daran, dass sie trotz alledem sehr häufig vorkommt – zwischen 2014 und 2021 hat sich die Anzahl der Pitchteilnahmen von Agenturen verdoppelt*. Und daran, dass die Welt voller Dialektik ist. Du kannst den Preis dieses Buches deshalb aus zweierlei Gründen als gut angelegtes Geld betrachten: Folgst du der Empfehlung in diesem Absatz und sagst einen Pitch ab, hat dir der Kaufpreis ziemlich sicher viele Kosten erspart, außerdem sparst du dir die Lesezeit für die folgenden 200 Seiten. Folgst du den Tipps für eine optimale Pitchpräsentation, hat es zumindest deine Ausgaben dafür verringert– und mit etwas Glück sogar zum Erfolg beigetragen. No risk, no fun ...

Nachfragen und Schulterblick

Unabhängig vom Vergabeverfahren ist die Möglichkeit für Nachfragen und erst recht für einen Schulterblick während der Erstellung der Präsentation ein wichtiger Erfolgsbaustein.

Nachfragen

Bei manchen Ausschreibungen wird darauf hingewiesen, dass zur Wahrung der Chancengleichheit Rückfragen nur in einem bestimmten Zeitkorridor zulässig sind und diese dann für alle Pitchteilnehmer offen beantwortet werden. Gerade große Unternehmen legen Wert auf diese Art von Compliance-Strategie, die allerdings die Qualität der Fragestellungen massiv unterminiert.

Denn ähnlich wie in einem Rebriefing geht es ansonsten darum, durch kluge Fragestellungen eine mögliche Lösung auf ihre Stärken und Schwachstellen hin abzuklopfen. In einer individuellen Fragerunde kannst du so indirekt bereits deine favorisierte Konzeptidee präsentieren oder zumindest umschreiben – in einem gemeinsamen Termin mit den Wettbewerbern wirst du dich hüten, Ähnliches zu tun. Auftraggeber wie Auftragnehmer sind deshalb gut beraten, Fragen in einem individuellen Gespräch zuzulassen und ihnen ausführlichen Raum zu geben.

Schulterblick

Der Schulterblick ist oft entscheidender als die Präsentation selbst. Hier hast du die Möglichkeit, mehrere Optionen zu präsentieren und dich über Alternativen auszutauschen, die dein Auftraggeber attraktiver findet als die von dir präferierte Lösung, an der du ohne Feedback die nächsten Wochen sinn-

* https://www.cherrypicker.de/2021/11/04/branchen-barometer-besser-pitchen-2021/

los gearbeitet hättest. Hier erkennt dein Auftraggeber zum ersten Mal, wie du denkst und ob du ein geeigneter Partner für ihn sein könntest. Hier hast du noch die Chance, Fehlentwicklungen zu korrigieren – und durch den Austausch mit deinem Auftraggeber entsteht erstmals so etwas wie eine wirkliche Zusammenarbeit.

Dazu ist das Format schon wegen des Namens weniger angespannt als die eigentliche Präsentation. Dieses Gefühl solltest du dir auch nicht nehmen lassen – der Schulterblick ist viel eher eine offene Diskussion als eine von A bis Z durchgeführte Präsentation. Stelle zu Beginn eine kurze Agenda vor, und verwende dann modulare Formate, die genügend Zeit für Gespräche lassen. Schließlich geht es um Feedback, das dich weiter bringen soll.

Sofern ein Schulterblick nicht aktiv angeboten wird, solltest du darum bitten. Es ist für beide Seiten gut investierte Zeit, insbesondere dann, wenn er zu einem direkten persönlichen Treffen führt, nachdem etwa das Briefing nur digital erfolgen konnte.

Einkauf und Fachabteilung

Kosten in der Präsentation verständlich machen

Ein letzter Punkt, den du bei den Vergabebedingungen berücksichtigen solltest, sind zumindest in größeren Organisationen die verteilten Rollen zwischen Einkauf und Fachabteilung.

Die Regel ist, dass gemeinsam vor beiden präsentiert wird, die Zahlen somit auch kein Geheimnis sind und der Einkäufer oder die Einkäuferin das gleiche Verständnis deiner Präsentation entwickeln können, wie es die Fachabteilung tut – vorausgesetzt, du hältst sie so, dass sie auch für Nicht-Fachleute nachvollziehbar ist.

Während bei einem inhabergeführten Mittelständler Aufgabenstellung, Präsentation, inhaltliche Entscheidung und Kostendiskussion meistens mit einer Person oder einem Gremium geführt werden, ist es in Konzernen üblich, die finanziellen Prozesse von den inhaltlichen zu trennen, zum Teil sogar so dezidiert, dass die Fachabteilung nicht darüber informiert werden soll und darf, welche Kosten für das ihr unterbreitete Angebot entstehen. Das ist insbesondere bei Präsentationen wichtig, die nach einem inhaltlichen noch einen finanziellen Part beinhalten. An der falschen Stelle präsentiert, kann dieser zu richtig Ärger oder sogar zum Ausschluss vom Verfahren führen. ***Kläre daher im Vorfeld, wo und wem Informationen über die Kosten zur Verfügung gestellt werden sollen.***

Die Idee hinter dieser merkwürdigen Trennung: Die Fachabteilung soll unabhängig von den finanziellen Implikationen entscheiden, welche Anbieter die besten Lösungen präsentieren. Die Einkaufsabteilung verhandelt dann mit den zwei oder drei favorisierten Anbietern den besten Preis. Oft bringt das dich als Dienstleister in eine schwierige Situation: Der Einkauf sagt dir, dass du der klare Favorit der Fachabteilung bist, aber auch der teuerste unter den verbleibenden Anbieter. Und fordert 35 % Rabatt. Das kann die Wahrheit sein, aber auch reine Einkaufstaktik in der Hoffnung auf einen kleinen Nachlass – und den gleichen Spruch hören alle drei Anbieter. Hier kommt es auf Fingerspitzengefühl an – und darauf, wie der Einkauf agiert. Wenn die Termine getrennt sind, kann es nur von Vorteil sein, der Einkaufsabteilung deine Ideen noch einmal nahezubringen: ***Was besser verstanden wird, kann auch besser finanziell eingeordnet werden.*** Biete daher dem Einkauf noch einmal eine erläuternde Präsentation an, bevor es in die Verhandlungen geht, gerade wenn mögliche Konkurrenzangebote aufgrund unterschiedlicher Konzepte nur schwer vergleichbar sein können. Ablehnen können sie immer noch. Und bei aller Härte – auch Einkäufer sind Menschen, die einfach ihren Job so gut wie möglich machen wollen. Sie sind auf Preisverhandlungen allerdings viel besser vorbereitet als du, denn es ist ihr täglicher Job, Verhandlungen zu führen und nicht Lösungen zu präsentieren. Apropos präsentieren: Versuche einfach, einen Einkaufstermin als Präsentation mit Feedback zu verstehen und nicht als unsachlichen Angriff auf deine finanzielle Unabhängigkeit. Sei genauso positiv und überzeugend wie in deinem Kernjob – Aggressivität hilft dir nirgends weiter, und hier am wenigsten.

Leider ist auch das wahr: Ich habe in drei Jahrzehnten kreativer Arbeit sicherlich kumuliert ein oder zwei Jahre damit verbracht, Präsentationen zu entwickeln, die dann allein aufgrund zu hohen Preises nicht umgesetzt wurden. Das ist frustrierend. Umso wichtiger ist es, das Pricing eines Konzeptes gut zu durchdenken und nachvollziehbar in die Präsentation zu integrieren. Besonderheiten und besondere Aufwände entsprechend darzustellen und zu erläutern, scheinbar vergleichbares so aufzuschlüsseln, dass es wirklich vergleichbar wird und im Zweifel auch einfach Nein zu sagen, wenn für die angebotene Leistung kein adäquater Preis bezahlt wird: Haltung ist ohnehin unbezahlbar.

Richtig ärgerlich wird es deshalb eigentlich nur dann, wenn deine Präsentation aufgrund eines kostentechnischen Missverständnisses abgelehnt wird. Ein Beispiel: Das geschätzte Honorar für ein Fotoshooting war bei dir dreimal so hoch wie bei der Konkurrenz, obwohl weder über die Qualität des Fotografen noch über den Umfang des Shootings irgendwo etwas zu lesen war. Der Einkauf addiert die beiden Angebote mit den vergleichbaren sonstigen Honoraren, und du verlierst alles nur wegen eines Schätzpreises ohne jede Grundlage.

Wer daran schuld ist? Du! Dein Nicht-genau-Nachfragen und deine zu wenig aussagekräftige Präsentation beziehungsweise Lesepräsentation, in die diese Inhalte dezidiert eher hinein gehören als in den zeitlich meist eng bemessenen Haupt-Präsentationstermin.

Organisatorisches

Uhrzeit und Wochentag, Reihenfolge

Viel diskutiert – und letztlich Geschmackssache, aber durchaus mit Einfluss auf deine Präsentation: Der Zeitpunkt deines Auftritts. Oft wird dir ein Termin vorgegeben, dann erübrigt sich die Diskussion. Du kannst sie dennoch führen, wenn du glaubhaft versichern kannst, zu diesem Zeitpunkt echte Schwierigkeiten zu haben. Gehe aber bei einem üblichen Präsentations-Setup davon aus, dass es für den Veranstalter schon schwierig genug ist, die Termine innerhalb des eigenen Unternehmens zu koordinieren. Die Wahlmöglichkeiten sind also recht begrenzt. Bei einer Wettbewerbspräsentation mit mehreren Präsentationsslots kannst du dagegen versuchen, das für dich günstigste Format auszuhandeln. Dafür gibt es keine allgemein gültige Regel, mit der Zeit wirst du aber für deine Art zu präsentieren Präferenzen herausbilden.

Reihenfolge

Es gibt Menschen, die darauf schwören, ganz zu Beginn einer Präsentationsserie auftreten zu dürfen. *Vorteil:* das Publikum ist frisch und konzentriert. Du kannst mit Fachwissen besonders gut überzeugen, weil das Publikum alles zum ersten Mal hört. *Nachteil* des ersten Slots: Ich habe es oft erlebt, dass Teile des Teams auf Kundenseite entweder das Briefing gar nicht kannten oder so wenig im Thema waren, dass wir einen guten Teil der Zeit damit verbringen mussten, die Grundlagen des Jobs zu klären. Das geht von der Zeit ab, deine individuelle Lösung für das Problem zu erläutern. Aber auch das kannst du zum Vorteil wenden, indem du dich als kompetente:r Führer:in durch den Themendschungel positionierst.

Anders herum verhält es sich mit dem letzten Slot: Auch um diese Möglichkeit kämpfen viele. *Vorteil eins:* Die Kunden sind bereits im Thema drin, und können sich voll und ganz auf deine Lösung konzentrieren. *Vorteil zwei:* Bei der oft direkt folgenden Entscheidungsrunde ist der Eindruck deiner Präsentation noch am präsentesten, die Slots am Vormittag liegen in grauer Vergangenheit – denn ein ganzer Tag mit Präsentationen ist für das abnehmende Gremium extrem anstrengend. *Vorteil drei:* Baust du im Wissen um die Präsentationsreihenfolge deine Präsentation geschickt auf, kann sie wie eine Conclusio des Tages wirken: Besonders hilfreich ist es hier, mögliche alternative Lösungswege (von denen du vermutest, dass sie die Konkurrenz vor dir präsentiert haben könnte) mit ausführlicher Begründung zu verwerfen, um dann auf deinen Lösungsweg einzuschwenken. Damit nimmst du quasi die Schlussdiskussion des Entscheidungsgremiums vorweg.

Die *Nachteile* sind aber auch nicht ohne: Oft sind deine Zuhörer einfach zu müde, um dir noch folgen zu können, und auch nicht mehr begeisterungsfähig. Wahrscheinlich haben sie offenkundig sinnvolle Inhalte bereits zu oft gehört, um sie noch deiner Kompetenz zuzuschreiben. Und schließlich hast du mit einer kritischeren Fragerunde als zu Beginn zu rechnen, denn deine Zuhörer sind über den Tag selbst zu Experten geworden.

Die Bewertung, welche Vor- oder Nachteile für dich überwiegen, hängt von deiner persönlichen Einschätzung und Performance ab. Ich neige persönlich zum letzten Slot – zumindest dann, wenn nicht allzu viele Wettbewerber in einen Tag gepackt werden.

Uhrzeit

Es gibt Morgenmuffel und Frühaufsteher – auf Präsentator:innen- wie auf Kundenseite. Da du Letzteres kaum abfragen kannst, richte dich nach dir. Für mich sind zum Beispiel Präsentationen morgens um acht der blanke Horror, weil ich entweder noch nicht ausgeschlafen bin oder bis kurz davor an den letzten Charts gearbeitet habe, von der Anreise zu nachtschlafender Zeit mal ganz abgesehen, wenn das Meeting nicht online stattfindet. Ich habe aber Kolleg:innen, die um diese Zeit zur Höchstform auflaufen und mit ihrer Performance die Gute-Laune-Profis aus dem Frühstücksfernsehen blass aussehen lassen. Ein Vorteil jedenfalls gilt für alle: Die Präsentation wird vermutlich pünktlich beginnen. Bei einem Spätnachmittagstermin habe ich schon Wartezeiten von über 3 Stunden erlebt: Fast jede:r Präsentator:in davor hat überzogen, und zwischendurch kamen noch die unvermeidlichen wichtigen Dinge, die kurz eingeschoben werden müssen. Das kann nerven – und demotivieren. Wenn dies allerdings der einzige Präsentationslot am Tag ist, kann er auch Vorteile haben: Deine Ansprechpartner:innen haben ihr Tagesgeschäft erledigt und können dir entspannt folgen. Solltest du selbst mit der

Zeit nicht ganz zurechtkommen oder dein Publikum begeistert haben, ist eine Verlängerung anders als mitten am Tag nicht ausgeschlossen. Ich habe schon Präsentationen um 17:00 Uhr gehalten, die auf eine Stunde angesetzt waren, aber zwei gingen und in einem gemeinsamen Abendessen mündeten. ***Es gibt eigentlich nur einen Slot, den du auf jeden Fall vermeiden solltest: der direkt nach der Mittagspause.*** Hast du einen Kunden aus dem produzierenden Gewerbe, hat sein Team vermutlich in der Kantine gerade einen riesigen Teller Gulasch mit Nudeln gegessen und die nächsten zwei Stunden mehr damit zu tun, die schwere Kost zu verdauen, als dir zuzuhören. Vor Augen auf Halbmast zu präsentieren, ist eine der unangenehmsten Erfahrungen, die du machen kannst. Versuche deshalb, solche Termine auf den Vormittag oder Spätnachmittag zu verlegen, zur Not mit einer faulen Ausrede.

Wochentag

Auch hier kommt es darauf an: Präsentationen am Montag bieten dir zur Not die Möglichkeit, am Wochenende noch letzten Schliff anzulegen. Allerdings werden sie am häufigsten verschoben werden – der Montag ist in den meisten Unternehmen voll mit Jours fixes und dringenden Meetings, und tendenziell sind die Leute eher im Stress als an anderen Wochentagen. Erfolgversprechender sind deshalb Präsentationen an einem Freitag, da die Entscheider:innen die Eindrücke mit ins Wochenende nehmen und entspannter bewerten können. Und gar nicht so selten wird auch im privaten Umfeld die wichtige Präsentation diskutiert.

Asien: Kein Tag mit 4 im Datum

Eine Bemerkung noch zu Asien, besonders China: Hier ist die Zahl 4 so als Unglückszahl verschrien, dass du wichtige Präsentationen nicht an einem Datum halten solltest, in dem eine vier vorkommt (und auch nicht mit vier Personen zu einem Termin erscheinen solltest!).

Ansprechpartner:innen

Zur guten Organisation einer Präsentation gehören verlässliche und erreichbare Ansprechpartner:innen auf beiden Seiten. Ihr klärt die operativen Details wie Termin und Reihenfolge (siehe 55 ff.), Räumlichkeiten, vorhandene Technik, mögliche Wartezeiten an Pforte oder Empfang. Nutze diesen Kontakt aber nicht nur, um die harten Fakten zu klären, sondern um mehr zu erfahren. Am allerwichtigsten natürlich, wer an der Präsentation teilnimmt: Namen, Funktion etc. Nimmt dein:e Ansprechpartner:in selbst an der Präsentation teil, ist das organisatorische Vorgeplänkel umso wichtiger, denn hier gewinnst du bereits eine:n Kritiker:in oder eine Verbündete. Wenn es gut läuft, weißt du nach ein oder zwei vermeintlich organisatorischen Telefonaten, welche Priorität deine Präsentation innerhalb des Unternehmens hat, welche Stimmung vorherrscht, welche Menschen dem Thema gegenüber eher kritisch eingestellt sind und welche pushen, wer Project Owner ist und wer am Ende entscheidet (das muss nicht immer der oder die Chef:in sein). Das ist Wissen von unschätzbarem Wert für den Ablauf deiner Präsentation und die Interaktion mit dem Publikum. Auch wenn dein:e Ansprechpartner:in kein Teil des Teams auf Kundenseite ist: Bemühe dich um eine positive Kommunikation – du weißt nie, wer bei wem nachfragt, wie du eingeschätzt wirst.

Gewünschtes Team

In fast jedem Unternehmen, in jeder Agentur gibt es Präsentationsprofis. New Business Directors, Key Accounter, gerne auch die Geschäftsleitung. Ist diese Spezies am Ruder, läuft die Präsentation rund: Geballte Erfahrung, lockere Atmosphäre, smarte Bemerkungen, geschliffene Rhetorik. Kein Wunder: *That's the job!* Und genau deshalb wünschen sich viele potenzielle Kunden, dass eben nicht das Außenministerium, sondern die Workforce des potenziellen Auftragnehmers zum Termin antritt. Das Team, mit dem man später wirklich zu tun hat. Was nützt die Eloquenz der Chefin oder des Chefs, wenn die späteren Ansprechpartner den Mund nicht aufkriegen oder unsympathisch sind? Was nützen mir die Versprechen des Vertriebs, wenn das Projektteam abwinkt? Um so wichtiger sind Präsentationsskills auf jeder Hierarchieebene – und nicht zuletzt dafür gibt es dieses Buch.

Meist bewährt sich eine Mischung. Wichtig ist, dass die tatsächlichen Teammitglieder dabei sind und auch bei wesentlichen Präsentationsteilen zu Wort kommen. Trotzdem kann es förderlich sein (und wird von manchen Kunden auch erwartet), dass seniore Kräfte des Auftragnehmers mit von der Partie sind. Ist die Geschäftsführung des Kunden anwesend, sollte sie zumindest bei einem ersten Termin auch der Geschäftsführung des potenziellen Dienstleisters begegnen. Die Vorstandsvorsitzende eines Neukunden mit einem Junior Accounter zu konfrontieren, ist keine gute Idee. Ebenso wenig ist es aber sinnvoll, den Chefs die ganze Kommunikation zu überlassen und die Teammitglieder zu Statisten zu degradieren.

Eine gute Option ist eine Hybridpräsentation – zumal du nie mit mehr Menschen zu einer Präsentation erscheinen solltest als dein Auditorium zählt. Oft schalten wir Expert:innen online zu einer Präsentation dazu und haben damit gute Erfahrungen gemacht. Frage am besten gleich bei der Organisation deines Termins nach, welches Level gewünscht wird: Führungs- oder Arbeitsebene – oder beides.

Aufzeichnung, Streaming

Ob vor Ort, hybrid oder online: Manchmal ist es sinnvoll, eine Präsentation aufzuzeichnen, damit Inhalte später »im Original« weitergegeben werden können oder bei einem Vortrag ein größeres Publikum erreichen, indem das Video online gestellt wird. Drei Dinge solltest du, unabhängig vom Anlass, dabei in jedem Fall beachten.

ERSTENS: ***Eine Aufzeichnung ohne Zustimmung aller Beteiligten ist rechtlich nicht zulässig.*** Das gilt nicht nur für dich als Präsentator:in, sondern auch beispielsweise für eine Fragerunde aus dem Publikum. Bei größeren Veranstaltungen muss über Beschilderung im Saal auf die Aufzeichnung hingewiesen werden. Bei einer späteren Wiedergabe musst du auf die Persönlichkeitsrechte achten bzw. dir am besten die Genehmigung für eine anderweitige Verwertung vorab einholen. Das Video deines Vortrages mit einem kurzen Schnitt auf das fröhlich lachende Gesicht in der zweiten Reihe kann sonst unerwünschte Konsequenzen haben.

Umgekehrt wird ebenfalls ein Schuh daraus: Auch du selbst wirst es möglicherweise nicht wollen, dass deine übermäßig warmen Worte zum Lob deines Auftraggebers später verkürzt als Statement in einem Werbevideo auftauchen. Und es ist dein gutes Recht, bei einem Vortrag das Publikum zu bitten, keine Handyvideos zu machen – vielleicht willst du ähnliche Inhalte bei mehreren Veranstaltungen nutzen und hast kein Interesse daran, dass deine Kernaussagen schon vorab im Internet abrufbar sind.

ZWEITENS: ***Menschen, die gefilmt oder aufgenommen werden, agieren und reden anders.*** Möchtest du zum Beispiel eine offene Diskussion mit deiner Präsentation anregen, wirst du bei laufender Aufzeichnung weniger ehrliche Kritik oder Interna hören. Das ist auch ein Argument dafür, bei Workshops auf Aufnahmen zu verzichten – Mitschreiben stört nur wenige, Mitschneiden alle.

DRITTENS: ***Achte stärker auf deine Mimik und Gestik als sonst.*** Stehst du auf einer Bühne relativ weit entfernt vom Publikum, sieht das Zoom einer Videokamera trotzdem jede Regung in deinem Gesicht. Auch in einer späteren Wiedergabe sieht man dich auf dem Screen – und damit ganz nah.

Rechtliches

Copyright

Deine Inhalte gehören dir. Rechtlich gilt das aber nur, wenn du auch darauf hinweist. Aus diesem Grund findest du einen kleinen Copyright-Hinweis an vielen Logos©: Das mag bei gesundem Menschenverstand unsinnig erscheinen, die Rechtsprechung verlangt aber, dass bei jedem Auftritt einer geschützten Marke auf diesen Schutz explizit hingewiesen wird, weil sie ansonsten Allgemeingut wird.
Gleiches gilt für geistige Inhalte. Deshalb sollte das letzte Slide jeder Präsentation neben deinen Kontaktdaten einen Copyright-Vermerk enthalten. Am besten nur auf Englisch und zum Beispiel so:

Copyright-Vermerk

© FIRMENNAME ODER PERSONENNAME | ORT | JAHR

All rights reserved. No part of this presentation may be reproduced, stored in databases or transmitted in any form without permission of the publisher.

The copyright for the project(s) depicted in this presentation on page (1,2,3) is held by (Firmenname(n) / Personnename(n)).

The copyright for the images featured in this document is held by the photographers, illustrators or stock photo agencies mentioned.

Quellenangaben

Es geht einerseits um deine Rechte, andererseits um die Rechte anderer, deren Inhalte du verwendest. Dabei gilt wie für dich: Die Autor:innen müssen erwähnt werden. Am besten direkt dort, wo du eine Abbildung oder einen geistigen Inhalt (das kann auch ein abgewandeltes Zitat sein) verwendest. Stört es dort, musst du ein Quellenverzeichnis am Ende anfügen, z. B. so:

QUELLENVERZEICHNIS

Seite xxx, Abb. oben rechts:
© Autor, Jahr, Publikation mit Verlag / Webadresse mit Abrufdatum

Nutzungsrechte

Für dich selbst wie für andere gilt: Kostenfrei kann man Inhalte anderer immer dann verwenden, wenn es um eine nicht-kommerzielle Nutzung geht. Beispielsweise um eine Studienarbeit oder eine Layoutpräsentation für ein später zu publizierendes Projekt. Auch dann ist es aber sinnvoll, bereits Quellenangaben zu verwenden, um für eine spätere, ggf. auch unabsichtliche Veröffentlichung vorbereitet zu sein.

Gerade wenn du nicht lizenziertes Bildmaterial verwendest, solltest du peinlich genau darauf achten, dass deine Präsentation nicht abgefilmt, weitergegeben oder gar online gestellt wird. Große Bildagenturen gehen – zu Recht – davon aus, dass eine Präsentation, die jemandem in einem Business-Zusammenhang gezeigt wurde, ein kommerzielles Projekt ist. Und sie haben mächtige Tools, die unablässig Internet-Inhalte auf mögliche Lizenzverletzungen hin überprüfen.

Oft wirst du gebeten, deine Präsentation im Nachgang zur Verfügung zu stellen. Weise in diesem Fall darauf hin, dass sie, sofern sie Layout-Bildmaterial enthält, keinesfalls zur Veröffentlichung bestimmt ist, und kümmere dich ggf. bei den entsprechenden Autor:innen oder Bildagenturen um eine günstige, oft auch kostenlose Layout-Lizenzierung.

Ebenso gilt für deine eigene kreative Leistung, dass diese vor anderweitiger Verwendung geschützt ist (deshalb der Copyright-Hinweis). Du selbst kannst und solltest bestimmen, wem deine Inhalte zugänglich gemacht werden dürfen und wem nicht (z. B. anderen Wettbewerbsteilnehmern).

Vor allem anderen gilt zum Selbstschutz: ***Bei einer Wettbewerbspräsentation, in der du Inhalte präsentierst, für die du ja erst den Zuschlag erhalten möchtest, solltest du niemals Nutzungsrechte einräumen.*** Das steht leider oft im Kleingedruckten oder wird generös verpackt: *»Wir zahlen Ihnen ja ein ordentliches Abschlagshonorar, dafür möchten wir auch die Nutzungsrechte an Ihrer Präsentation erwerben.«* Warum sollte dir ein Auftraggeber später noch ein Konzeptionshonorar überweisen, wenn er deine Ideen bereits für ein Abschlagshonorar eingekauft hat? Vorsicht also bei solchen Klauseln, die sich z. B. gut versteckt in »Allgemeinen Einkaufsbedingungen« finden. Und ein klares Nein dazu.

Übrigens: Manche Unternehmen verweisen dann gerne darauf, dass diese Bedingungen schon von tausenden von Dienstleistern unterzeichnet wurden und nicht geändert werden können. Meine Erfahrung: Können sie doch! Und sollten sie auch!

Solltest du einen Wettbewerb verlieren, lohnt sich im einen oder anderen Fall auch ein Blick auf später veröffentlichte Ergebnisse.

Praxisbeispiel

Ich erhielt vor einigen Jahren den Anruf eines Marketingleiters, bei dessen Firma wir wenige Monate zuvor vergeblich um eine Kampagne gepitcht hatten. Er informierte mich darüber, dass er das Unternehmen zum Jahresende verlassen würde, nicht zuletzt, weil er mit den Geschäftspraktiken nicht einverstanden sei. So habe der Inhaber des Unternehmens unsere Pitch-Präsentation aufmerksam verfolgt und ihn danach angewiesen, uns zwar eine Absage zu erteilen, die Präsentation aber an die hauseigene Agentur weiterzuleiten mit der Bitte, sich bei der Umsetzung der Kampagne daran zu orientieren.

Genau für solche Situationen sind Hinweise auf Nutzungsrechte wertvoll – ob ein Gericht, dessen Richter sich eher selten in der Kreativwirtschaft tummeln, dann im Zweifelsfall eine Verletzung nachvollziehen kann *(»das Bild hat hier doch einen blauen statt einem roten Hintergrund, was wollen Sie denn?«)*, ist wieder eine andere Sache, aber ohne Hinweis oder gar mit Übertragung der Rechte hast du von vorneherein keine Chance.

Vertragsverhältnis

Am besten fährst du in der Regel, wenn du – selbst im Rahmen einer Wettbewerbspräsentation – einen Projektvertrag abschließt, in dem die o. g. Punkte zu Nutzungsrechten klar geregelt sind und auch dein Honorar eindeutig geklärt ist. Dazu reicht ein Angebot, das dein Kunde akzeptiert, und das die wichtigsten Themen auflistet. Unnötiger Verwaltungsaufwand oder peinliche Bürokratie zum Beginn einer möglichen Zusammenarbeit, meinst du? Gerade dann! ***Verträge macht man, wenn man sich verträgt – für Zeiten, in denen das nicht so ist.*** Ich habe es zu Beginn meiner Agenturzeit mehrfach erleben müssen, dass im Nachgang über ein mündlich zugesagtes Präsentationshonorar gestritten wird oder die Rechnungsstelle nichts davon weiß und zwingend einen schriftlichen Auftrag benötigt, den dein Auftraggeber plötzlich nicht mehr ausstellen mag, *»weil die Präsentation ja am Thema vorbei ging«*. Ein ordentliches Angebot wird von einem seriösen Auftraggeber eher als Kompetenzbeweis denn als Affront bewertet werden, wenn er es nicht von sich aus ohnehin so angeht.

Finanzielles

Vergütung

Was kostet eine Präsentation?

Diese Frage lässt sich nicht pauschal beantworten. Redneragenturen, die professionelle Speaker z. B. für Firmenevents vermitteln, verlangen meist Honorare zwischen 6.000 und 15.000 € je Auftritt - für Top-Promis wie einen amerikanischen Ex-Präsidenten darf es auch mal eine Million oder mehr sein. Und was darfst du für *deine* Präsentation verlangen? In jedem Fall sollte sie überhaupt etwas kosten, denn *»was nichts kostet ist nichts wert«*, wie ein schwäbisches Sprichwort weiß.

Es ist auch müßig, sich über eine Honorierung in Abhängigkeit von der Länge deines Auftritts Gedanken zu machen, denn lange Präsentationen sind selten die besseren. Schließlich steckt in deinem Vortrag vor allem eins: Deine Erfahrung und deine Vorbereitung. Für die eine hast du ein Leben lang gearbeitet, für die andere ein paar Tage oder sogar Wochen.

Wettbewerbspräsentation

Deshalb solltest du ein faires Honorar einfordern. Die Pitchberatung Cherrypicker veröffentlicht auf ihrer Website regelmäßig die durchschnittlichen Honorare für Wettbewerbspräsentationen und ermittelte dabei einen Betrag von 13.600 €*. Natürlich steht dies immer in Abhängigkeit zum zu erwartenden Auftrag bzw. dem zu vergebenden Budget und zur entsprechend notwendigen Arbeitsleistung, die im Vorfeld anfällt.

* https://www.cherrypicker.de/2021/11/04/branchen-barometer-besser-pitchen-2021/

Vielfach wird für eine Wettbewerbspräsentation jedoch gar kein Honorar angeboten – oder eine Pauschale, die kaum die Reisekosten abdeckt. Das ist eine betriebswirtschaftliche Überlegung für dich: Möchtest du mit jemandem zusammenarbeiten, der gleich zu Beginn nicht bereit ist, etwas für deine Ideen zu bezahlen? Kannst und willst du es dir leisten, einige Tage oder Wochen Arbeit umsonst einzusetzen? Etablierte Agenturen wollen das nicht, Einsteiger:innen können es nicht. Auch in einem zunächst unbezahlt ausgeschriebenen Pitch haben wir auf Nachfrage nahezu immer ein angemessenes Honorar erhalten. Ein klein wenig Selbstbewusstsein ist hier durchaus angebracht. Umgekehrt können Auftraggeber, die zu einem kostenlosen Pitch aufrufen, in der Regel nicht erwarten, renommierte Dienstleister für sich begeistern zu können. Wer von vorneherein die Billigschiene fährt, muss sich nicht wundern, auch billig bedient zu werden.

Honorarkalkulation

Ich empfehle generell eine ***Definition deiner Honorarvorstellungen in Abhängigkeit dreier Kriterien: Auftraggeber, Vorbereitungszeit und Nutzen für dich selbst.***

Auftraggeber

Handelt es sich um einen Auftraggeber, der deine Präsentation kommerziell für sich nutzen möchte oder z. B. um eine Hochschule, die ihren Studierenden die Praxis näher bringen möchte? Im ersten Fall solltest du mindestens deinen üblichen Beratungstagessatz ansetzen, unabhängig von der Dauer der Präsentation oder des Vortrages. Der zweite Fall bedeutet in der Regel gar keine Vergütung, oder eine, die deine Nebenkosten deckt. Ein Sonderfall sind professionelle Seminare. Hier ist es durchaus üblich, die Honorierung an die Teilnehmerzahl zu koppeln. Wenn ein Veranstalter mit deinem Seminarangebot viele tausend Euro an Teilnahmegebühren einsammelt – warum solltest du nur für einen Bruchteil davon arbeiten?

Vorbereitung

Eine wesentliche Rolle spielt deine Vorbereitungszeit: Wirst du gebeten, einen Standard-Vortrag aus deinem Repertoire zu halten oder musst du dich individuell auf ein Thema vorbereiten? – Bei einer Präsentation zur Lösung eines individuellen Problems kann sich deine Vorbereitungszeit oder die deines Teams manchmal nicht in Tagen, sondern in Wochen bemessen. Die Moderation eines Workshops bedingt in der Regel mehrtägige Vor- und Nacharbeiten, die berücksichtigt werden sollten.

Nutzen

Der letzte Faktor ist der Nutzen, den du aus dem Vortrag für dich selbst ziehen kannst. Hast du (wie in einer Wettbewerbspräsentation) die Möglichkeit, durch die Präsentation einen Auftrag zu generieren, der dich für die nächsten Wochen oder Monate beschäftigt? Dann solltest du mit einem Abschlagshonorar einverstanden sein und ins unternehmerische Risiko gehen. Wird dein Auftritt so medial weiter verarbeitet, dass du einen PR-Effekt nutzen kannst? Dann kannst du mit Folgeaufträgen rechnen und steigerst deine Bekanntheit – gut fürs Geschäft und ggf. ein Grund, beim Honorar Abstriche zu machen. Liegt der Nutzen rein beim Auftraggeber, solltest du den Wert deiner Dienstleistung ohne irgendwelche Abschläge in Rechnung stellen und dabei auch deine Vorbereitungszeit berücksichtigen.

Nebenkosten, Spesen

Zum guten Ton bei der Honorierung gehört es, dass deine Reisekosten und Spesen separat erstattet werden. Dass du dabei angemessene Beförderungsmittel und Unterkünfte wählen solltest, ist der Sache und der Stimmung dienlich. Viele Unternehmen weisen ihre eigenen Mitarbeiter beispielsweise an, in der Bahn die zweite Klasse und bei Flügen nur Economy zu buchen – daran solltest du dich dann auch halten (es sei denn, du nutzt die Anreise zur Vorbereitung oder anderweitig zur Arbeit – dann lohnt es sich, ggf. die Mehrkosten selbst zu übernehmen, in vollen Zügen am Montag oder Freitag sowieso). Beim Essen und Trinken solltest du annehmen dürfen, dass du vor Ort von deinen Auftraggebern versorgt, ins Restaurant um die Ecke oder die Kantine eingeladen wirst. Das muss aber nicht so sein. Hältst du deine Präsentation in deinen eigenen Räumen, kannst du hier mit gutem Beispiel vorangehen. Gute und den Werten der Kund:innen angepasste Verpflegung bleibt meist auch in guter Erinnerung.

Was du darüber hinaus bedenken solltest

Große Versprechungen

Es ist allzu verlockend: Du wirst von deinem Traumkunden angefragt – wenn auch nicht für den Gesamt-Etat, sondern nur für einen mittelmäßig bezahlten Nebenjob, weil das ja nur der Anfang einer ganzen Serie neuer Opportunitäten sei, die danach folgen könnten. Im Zweifel gilt: ***Die Ausschreibung gilt nur für den Job, der auch in ihr beschrieben wird.*** Ob der die Eintrittskarte für das künftige Wunderland ist, steht in den Sternen und sollte jedenfalls keine Kalkulationsgrundlage für dich sein. Du bist besser beraten, dich über Folgeaufträge dann zu freuen, wenn sie kommen, als fest mit ihnen zu rechnen, wenn sie nirgends schriftlich erwähnt werden.

Fairness

Achte bei Anfragen zu einer Wettbewerbspräsentation darauf, ob alle Teilnehmer zu den gleichen Bedingungen starten können, oder ob die Ausschreibung Punkte enthält, die für dich mit einem besonders hohen Aufwand verbunden sind, den andere Kandidaten nicht haben. Du solltest stutzig werden, wenn die Art der Aufgabenstellung eine räumliche Nähe oder vorhandene Detailkenntnisse nahelegt, du aber aus großer Entfernung oder als völlig neuer Player angefragt wirst. Oder wenn die Aufgabenstellung unscharf bleibt (➳ *Unklare Auftragssituation / Briefing, 70*). Das Risiko, in einen Fake-Pitch zu geraten (➳ *50)*, solltest du ebenfalls minimieren.

Insider und Unterstützer:innen

Fürsprecher haben noch niemandem geschadet – außer denen, die keine haben. Hast du einen echten Fan auf Kundenseite, der immer schon einmal mit dir arbeiten wollte: Wunderbar! Es lohnt sich aber auch, die genannten Ansprechpartner zu checken, um ein Gefühl dafür zu bekommen, ob es eine solche Beziehung vielleicht eher zu einem deiner Konkurrenten gibt. Im Marketingbereich wechseln immer mal wieder gute Agentur-Kundenberater die Seiten – und pflegen weiterhin beste Kontakte zu ihrem ehemaligen Brötchengeber. Das ist nicht verboten. Es ist auch keine Unsitte, wenn der oder die neue Marketingleiter:in die Betreuung neu ausschreibt und die

Agentur mit einlädt, mit der er oder sie im Job zuvor beste Erfahrungen gemacht hat. Schön, wenn du das bist – und ein dicker Punktabzug in der Risikoberechnung, wenn nicht. Eine gute Recherche hilft in jeden Fall.

Effizienz

Gerade bei mieser Honorierung lohnt sich die Frage, ob du die Aufgabenstellung auch mit deutlich reduziertem Aufwand gut lösen kannst. Gerade wenn die Problemstellung nicht die eigene Kernkompetenz berührt, kann die Kosten-Nutzen-Relation schnell ungünstig ausfallen. Daneben lohnt der Blick auf die eigenen Kapazitäten. Wir haben schon so manche Pitch-Präsentationen gewonnen, obwohl wir uns nur genauso viel Zeit für die Vorbereitung genommen haben, wie das Abschlagshonorar bei normalen Verkaufssätzen hergeben würde. Und wir haben auch schon mit sehr aufwendigen Präsentationen Wettbewerbe verloren, bei denen die siegreiche Konkurrenz nur einige wenige, kluge Gedanken präsentiert hat und wir dagegen unendlich viele Charts mit Ausarbeitungen gefüllt haben. ***Begeisterung ist keine Frage des Arbeitseinsatzes!*** Eine klar definierte zeitliche Begrenzung des internen Aufwandes wirkt manchmal Wunder.

Was habe ich davon?

Die eigentliche Kernfrage, bevor du dich in die Arbeit an einer aufwendigen Präsentation stürzt. Bringt dich die Aufgabenstellung deinen Zielen näher? Geht es um Ruhm und Ehre, um Geld oder um beides? Willst du unbedingt für diese Branche oder diesen Kunden tätig werden? Reizt dich das Thema? Bist du bis in die Fingerspitzen motiviert? In der Freude über eine neue Anfrage werden diese Kernfragen schnell positiv beantwortet. Prüfe das Briefing genau darauf, ob es standhält, oder ob du vor allem liest, was du lesen willst. Frage dich auch, welche minimalen oder maximalen Ziele du erreichen möchtest. Es mag durchaus sinnvoll sein, ohne wirkliche Chancen in einen Wettbewerb zu starten, wenn dein Ziel ist, Eindruck zu hinterlassen oder neue Erfahrungen zu sammeln.

Praxisbeispiel

Als wir zum globalen Pitch für ein großes deutsches Unternehmen eingeladen wurden, machte der vom Auftraggeber engagierte Londoner Pitchberater uns keine großen Hoffnungen: Der Konzern wünsche sich in jedem Fall eine internationale Betreuung, und wir seien neben dem bisherigen Etathalter die einzige Agentur aus Deutschland. Er empfehle uns aber dringend die Teilnahme, einfach um einmal in einem wirklich globalen Umfeld Erfahrungen sammeln zu können, und vielleicht falle neben der ausgeschriebenen Etatvergabe ja auch der eine oder andere kleine Nebenjob ab, den wir möglicherweise aufgrund der räumlichen Nähe dann abwickeln dürften. Das war für uns eigentlich ein Grund, abzusagen. Und gleichzeitig die beste Motivation, um mit einer »jetzt erst recht«-Haltung in die Präsentation zu gehen. Die war uns anzumerken, auch die innere Einstellung, nichts zu verlieren zu haben und entsprechend befreit aufzutreten. Mit einer mutigen Präsentationsidee haben wir so die europäische, nord- und südamerikanische Konkurrenz auf die Plätze verwiesen.

Was haben meine Ansprechpartner davon?

It's a people's business: Im Briefing für eine Präsentation steht meistens, welche Problemstellung du für deinen Auftraggeber lösen sollst. Eine andere Frage ist möglicherweise noch wichtiger: Was hat dein direkter Ansprechpartner davon, dass diese Aufgabe gelöst wird – und wie sie gelöst wird? Ist das Thema für ihn oder sie leidige Pflicht oder Daily Business – oder kann es sogar ein Karriere-Booster sein? Wenn du herausfindest, was nicht nur für die Firma, sondern für die direkt involvierten Personen das Optimum ist, bist du auf einem guten Weg.

Wann du auf jeden Fall absagen solltest

Konkurrenz mit im Raum

Gerade bei Wettbewerbspräsentationen entdecken deren Ausrichter hin und wieder, dass ihre Zeit gar nicht reicht, um jeden Anbieter individuell zu briefen oder Nachfragen individuell zu beantworten. Statt aber das Verfahren zu hinterfragen, bitten sie einfach alle Wettbewerbsteilnehmer in einen Raum für ein gemeinsames Briefing.

So spannend es ist, seine direkten Wettbewerber nicht nur bei den üblichen Branchenevents oder im Foyer vor der Präsentation, sondern auch gleich in einem gemeinsamen Termin kennenzulernen: Diese Art von Zeitersparnis auf Kosten der Teilnehmer ist weitgehend sinnlos, denn die Rückfragen sind bestenfalls generisch: Niemand möchte vor den Augen der Konkurrenz sein Pulver verschießen.

Es mag Ausnahmen geben – etwa dann, wenn zeitlich extrem getaktete Persönlichkeiten beim besten Willen nicht die Möglichkeit haben, fünfmal hintereinander das Gleiche zu erzählen. In anderen Fällen offenbart eine solche Situation aber mangelnde interne Wertschätzung für die Aufgabe selbst und auch für die anreisenden Personen – und sollte ein guter Grund für dich sein, dir zu überlegen, ob du mit diesem Kunden wirklich ins Geschäft kommen möchtest.

Schwierig wird es auch dann, wenn während deiner Präsentation andere Berater zugegen sind, mit denen du ansonsten im direkten Wettbewerb stehst. Du bist beispielsweise zu einer Präsentation für ein spezifisches Projekt eingeladen, und der Accountmanager der Lead-Agentur des Kunden hört sich deine Präsentation mit an. Auch hier ist es eine Frage des *comment:* Um unangenehme Situationen und Missverständnisse zu vermeiden, solltest du Wert darauf legen, dass dir die Teilnehmer:innen an einer Präsentation im Vorfeld bekannt und mögliche Zweifelsfälle eindeutig und in beiderseitigem Einvernehmen geklärt sind.

Präsentation ohne Entscheider:innen

Eine Präsentation vor Mittelsmännern und -frauen ist für alle Beteiligten schnell vertane Zeit. Du bereitest dich wochenlang auf einen Präsentationstermin vor und präsentierst eine Lösung für ein Problem, das dein Kunde nicht ohne fremde Hilfe lösen kann. Dann solltest du erwarten dürfen, dass diejenigen, die über die Umsetzung dieser Lösung entscheiden, auch Teil deines Auditoriums sind.

Ich bitte meine Kunden, wenn es um eine Aufgabenstellung geht, die das Top-Management involviert, um lediglich drei Kontaktpunkte zum C-LEVEL: Den Briefingtermin, die Präsentation und die Abnahme des finalen Ergebnisses. Wenn das nicht möglich ist, scheint das Projekt oder das Problem auch nicht die Priorität zu haben, die mir suggeriert wurde – und das sollte ein ernsthafter Grund für dich sein, dir gut zu überlegen, ob du überhaupt antreten willst – mangelnde Aufmerksamkeit ist selten eine gute Basis .

Unklare Auftragssituation / Briefing

Eine Aufgabenstellung ohne klares Briefing ist keine Aufgabenstellung. ***Eine Auftragssituation ohne eindeutigen, vertraglich fixierten Auftraggeber ist keine Auftragssituation.***

Überlege auch hier: Willst du wirklich für jemanden arbeiten, der noch gar nicht so genau weiß, was er will? Es ist schon okay, als Dienstleister für den langjährigen Geschäftspartner bei einem Problem in die Bresche zu springen bzw. ins Risiko zu gehen, aber nicht, wenn es um einen neuen Kunden und um einen neuen Job geht. Manchmal wirst du auch zu einer Präsentation gebeten, für die es noch gar keinen Auftrag gibt. Formulierungen wie *»Ich hoffe selbst auch sehr, dass deine Präsentation gut wird, denn letztlich entscheidet der Chef ja erst danach, ob das Projekt überhaupt starten soll«* oder *»Ich bin sicher dass Sie den Vorstand überzeugen, aber das letzte Wort hat natürlich der Aufsichtsrat«* sind keine Alarmsignale, sondern glasklare Gründe, gar nicht erst anzutreten.

Unzureichende Vergütung

Eine Präsentation ist das Ergebnis harter Arbeit und selbst harte Arbeit. Und die gehört bezahlt. Punkt. Es gibt nur ganz wenige Gründe, kostenlos zu präsentieren:

- Das Projekt ist selbst ein Pro-Bono-Projekt oder ein völlig unterfinanziertes Kulturprojekt, und dir wird von Anfang an vermittelt, dass es hier nichts zu verdienen gibt. Du willst es aber dennoch machen, sei es für dein Portfolio, sei es für die gute Sache.
- Du möchtest jemandem, der sich dein Honorar nicht leisten kann, trotzdem helfen. Gut fürs Karma, manchmal auch gut fürs Geschäft.
- Du möchtest ohne Briefing oder Auftrag mit jemandem ins Geschäft kommen und hältst eine Impulspräsentation. Bewusst auf volles eigenes Risiko (und natürlich ohne Einräumung von Nutzungsrechten).

In allen anderen Situationen gilt: Für gute Arbeit sollte es auch ein gutes Honorar geben. Eine kostenlose Präsentation ist eine Missachtung deiner Fähigkeiten und das schlechteste Entrée in eine Geschäftsbeziehung: ***Verschenkst du deine besten Strategien, Konzepte und Ideen zu Beginn, musst du dich nicht wundern, wenn du auch für den Rest nicht angemessen bezahlt wirst.***

I.3

Dein Auftreten

Mentale Basis und Ausstrahlung

Unschätzbar wichtig für dein Publikum sind die Signale, die du über die eigentlich vorgestellten Inhalte hinaus aussendest: Stehst du hinter dem, was du erzählst? Kann man dir als zukünftigem Geschäftspartner vertrauen? Bist du jemand, mit dem man gerne zusammenarbeiten würde – und dem man im konkreten Moment gerne zuhört?

Qualität vor allem anderen

Ob du gerade einen guten oder schlechten Tag hast, liegt nicht immer in deiner Hand. Umso wichtiger ist es, dass du das, was du mit dabei hast, voll und ganz vertreten kannst: Wenig fällt einem halbwegs sensiblen Publikum schneller auf als eine innere Distanz des Präsentators zu seinem oder ihrem Sujet – und ist die einmal spürbar, wächst kein Vertrauen mehr. Das kann sich durch Unsicherheiten bemerkbar machen, zum Beispiel wenn du sehr aufgeregt bist. Oder auch durch das zu lockere Hinweggehen über wichtige Bestandteile, wenn du nicht tief genug im Thema bist, das du vorträgst. Gegen beides hilft vor allem eines: Die unangreifbare Qualität deiner Inhalte. Ist das, was du auf deinen Folien hast, konzeptionell, strategisch und inhaltlich überzeugend, klar vorgetragen und sympathisch, kannst du noch so sehr mit dem linken Fuß aufgestanden sein – eigentlich kann gar nichts mehr schiefgehen. Kommst du allerdings mit dem Gefühl in die Präsentation, dass du deine Aufgabenstellung bestenfalls zu 70 % gelöst hast und eigentlich nur Erfolg haben kannst, wenn du heute besonders überzeugend auftrittst, werden das deine Gegenüber sehr schnell mitbekommen: An unbewussten Körpersignalen wie der Schwierigkeit, seinem Gegenüber unbefangen in die Augen zu blicken oder einer unmerklich gebeugten Haltung – und an der Art und Weise wie du über dein Thema redest. Heiße Luft kann man vielleicht zehn Minuten lang verbreiten, stehst du aber 60 Minuten vor deinem Publikum, halten selbst die besten Schauspieler eine aufgesetzte Rolle kaum durch. Es hilft also nur, Qualität dabei zu haben, Qualität und nochmals Qualität. Das ist die Basis für deine Selbstsicherheit, für ein überzeugendes und glaubwürdiges Auftreten.

Ich habe mich in unserer Agentur vielfach sehr unbeliebt gemacht, indem ich Präsentationen am Abend vor dem großen Auftritt abgesagt habe, weil ich den Eindruck hatte, dass die Arbeit nicht an dem Punkt angelangt ist, an dem wir sie guten Gewissens präsentieren können. Was wäre die

Alternative? Dein Gegenüber ist in der Regel nicht dumm und wird merken, dass du es besser gekonnt hättest. Das ist letztlich Ausdruck mangelnder Wertschätzung und Missbrauch der Zeit, die er oder sie sich für die Präsentation nimmt. Noch schlimmer, wenn es doch nicht auffallen sollte, dass du gerade Mittelmaß verkaufst: Dann musst du den Mist in der Folge auch noch umsetzen. Das macht nur Menschen Spaß, die rein geldgetrieben sind, aber niemandem, der seinem Beruf mit Begeisterung und Haltung nachgeht.

Praxisbeispiel

In ganz wenigen Fällen habe ich mich dazu hinreißen lassen, mittelmäßige Qualität zu präsentieren – und bin regelmäßig dabei erwischt worden. Besonders peinlich ist mir ein Termin bei einem großen Markenunternehmen in Erinnerung: Wir hatten zu viel zu tun und hatten das beauftragte Imagemedium für die Vorstandspräsentation ohne einen tieferen Blick auf die Qualität des Schriftsatzes erstellt. Ich präsentierte mit mulmigem Gefühl die Grundidee und überreichte dem frisch gebackenen CEO die Ausdrucke zur Durchsicht. Zwei Minuten kein Wort, dann blickte er auf und sagte: »Sehen Sie: Ich bin zutiefst enttäuscht. Als ich diese Position übernommen habe, habe ich mich gefreut, dass unser Unternehmen mit Ihnen eine Agentur mit ausgewiesener typographischer Expertise an Bord hat. Nun lerne ich Sie kennen und sehe nichts davon: Hier ein Hurenkind*, dort ein Schusterjunge**, der Flattersatz ist grauenhaft ausgeglichen und die Spalten sind nicht einmal zeilenhaltig gesetzt. Damit trauen Sie sich zum Vorstand? Ich werde mal ein genaues Auge auf das werfen müssen, was Sie sonst mit meiner Fachabteilung so verbrechen.« Derlei Fachwissen gilt gemeinhin nicht als Einstellungsvoraussetzung für einen Vorstandsposten in der produzierenden Industrie. Dumm nur, dass der CEO zuvor eine Ausbildung zum Schriftsetzer gemacht hatte. In einer solchen Situation hilft nur Ehrlichkeit – und schnelle Nacharbeit.

Persönlichkeit

Du präsentierst nie nur deine Inhalte, sondern immer auch dich selbst. Deine Unsicherheit prägt den Vortrag so, wie deine Expertise beeindruckt. Aber weit mehr als das: Deine Gegenüber werden sich neben den Inhalten immer auch ein Bild von deiner Persönlichkeit machen. Schließlich vertrauen sie dir eine wichtige Aufgabe an, oder suchen sogar eine:n Partner:in für eine

* Satzfehler: Die letzte Zeile eines Absatzes ist zugleich die erste Zeile einer neuen Spalte (heute: Waisenkind genannt).
** Die letzte Zeile einer Spalte ist die erste Zeile eines neuen Absatzes

langfristige Zusammenarbeit. Nur selten wird man sich darauf einlassen, eine:n Expert:in zu beauftragen, die einem unsympathisch ist oder bei dem man ein persönliches Störgefühl entwickelt. Sei deshalb du selbst, vertraue darauf was du kannst, sei offen und ehrlich. Eine Präsentation mag eine Show sein, aber kein Maskenball.

Herzblut

Genauso wie man dir anmerken wird, ob du wirklich in die Materie deines Vortrages eingetaucht bist, wird dein Publikum ein gutes Gespür dafür entwickeln, ob du magst, was du tust oder zeigst. Das gilt sowohl für die Inhalte deiner Präsentation als auch für das Präsentieren selbst. Ist es dir unangenehm, vor einer Gruppe von Menschen zu stehen, kann dir dieses Buch dabei helfen, mit guten Tipps und noch mehr Übung dieses Gefühl zu überwinden. Wenn du eine echte Herzensangelegenheit präsentiert, wirst du merken, dass dir das viel leichter fällt, als eine Sache zu verkaufen, die dich innerlich kalt lässt.

Deshalb solltest du vor allem diejenigen Teammitglieder ausführlich zu Wort kommen lassen, die das Projekt mit der Hand am Arm vorangetrieben haben und nicht nur die Präsentationsprofis. Dein Publikum möchte leuchtende Augen sehen – und selbst wenn du dann etwas aufgeregt bist oder die Sätze nicht so flüssig kommen wie bei alten Hasen, wird das Gefühl, dass hier jemand für seine Sache brennt, viel entscheidender sein.

Ethos

Ethos ist einer der drei Grundbegriffe der Rhetorik. Neben der »sittlichen Gesinnung«, wie es der Duden etwas altbacken formuliert, ist damit nach dem griechischen Philosophen Aristoteles die Fähigkeit gemeint, durch Glaubwürdigkeit und Autorität zu überzeugen. Kurz: ***Glaubst du an etwas, kannst du es auch glaubwürdig transportieren.***

Du solltest deshalb schon aus Eigeninteresse darüber nachdenken, ob deine Präsentation in einem Umfeld stattfindet oder eine Thematik befeuert, die sich mit deiner Gesamthaltung, mit deinem ethischen Bewusstsein vereinbaren lässt. Tut sie es nicht, lass es sein. Schnell kann ein Vortrag im falschen Umfeld auch missverstanden werden, zumal wenn später verkürzt darüber gesprochen wird.

Praxisbeispiel

Ich wurde einmal von einem großen Boulevardblatt gebeten, Plakate des aktuellen Bundestagswahlkampfs als Designprofessor zu analysieren. Im Artikel dazu wurde ich unter anderem mit der fachlich unstrittigen Aussage zitiert, dass sowohl die Plakate der Partei »Die Linke« als auch die der »AfD« typographisch eigentlich alles richtig gemacht hätten (damit meinte ich die großen, klaren, gut auf die Entfernung lesbaren – eben plakativen – Schriften). Prompt wurde ich in den sozialen Medien wahlweise als Kommunist oder Nazi gebrandmarkt. Das ist einerseits auf oberflächliches Lesen zurückzuführen (keiner der Parteien fühle ich mich verbunden, was im weiteren Artikel auch deutlich wurde), aber auch auf den Kontext: Muss ich mich wirklich darüber ärgern, dass ich missverstanden oder angefeindet werde, wenn ich mich als Interviewpartner für ein Blatt hergebe, das meinem eigenen Ethos nicht entspricht? Selbst schuld!

Energie

Das Energielevel im Präsentationsraum wird ganz entscheidend durch dich geprägt. Trittst du übermüdet an, schläft auch dein Publikum schnell ein. Hältst du einen dynamischen Vortrag, kommt auch Bewegung in die Zuhörerschaft. Sorge also dafür, nicht unausgeschlafen, nachmittagsdösig oder mit den Gedanken schon bei einer anderen Problematik präsentieren zu müssen. ***Verbrauchst du deine Energie in der Nachtschicht vor der Präsentation, machst du sie dadurch nicht besser.*** Ein sprühender, inspirierender Vortrag gelingt dir am besten dann, wenn du dich ganz auf den Moment konzentrieren und deine Kraft in die dramaturgisch wichtigen Momente deiner Präsentation legen kannst. Nicht umsonst redet man gerne von einem *mitreißenden* Auftritt, davon, dass *der Funke überspringt:* Bring dein Publikum dazu, innerlich mitzutanzen, dann hast du die Sympathien auf deiner Seite.

Erfahrung und Expertise

Zwischen einem gut eingebrachten Maß an Erfahrung und einem altklugen, belehrenden Vortrag liegt ein schmaler Grat. Insbesondere dann, wenn du die langjährige Expertise auf deinem Gebiet selbst betonst, läufst du Gefahr, auf der falschen Seite zu landen. Gehe einfach davon aus, dass du eingeladen wurdest, über ein bestimmtes Thema zu sprechen, eben weil du die

Erfahrung in diesem Bereich mitbringst. Wird sie durch deinen Vortrag inhaltlich deutlich, umso besser. Wird sie das nicht, nutzt auch kein Verweis auf deine Meriten in der Vergangenheit.

Frage dich auch, welche mentale Basis dein Publikum mitbringt: Vor dem unerschrockenen, jungen Führungsteam eines Startups, das sein Unternehmen nach der fail-fast-Methode führt, macht es wenig Sinn, ständig zu betonen, all diese Situationen ja schon bestens zu kennen. Als kluge:r Berater:in kannst du deine Erfahrungswerte auch in deine Lösungsvorschläge einbauen, ohne sie alt aussehen zu lassen. Manche Fehler möchte oder muss deine Zielgruppe vielleicht auch selbst machen, um dann auf dich zurückzukommen. Die wenigsten Auditorien wollen bemuttert, sondern vor allem weitergebracht werden. Und »Weiter« liegt meistens in der Zukunft, nicht im Blick zurück.

Kreativität und Fantasie

Eine Präsentation hat in der Regel ein klares Ziel. Aber stets auch den, dein Publikum zu unterhalten. Ein knochentrockener Fachvortrag kann alle Inhalte, die gefordert waren, perfekt abdecken, und trotzdem sein Ziel verfehlen, weil du das Publikum nicht emotional erreichst und deine Worte so schnell zum einen Ohr heraus-, wie sie zum anderen hereinkamen. Sei dir klar, dass du auf der Bühne oder mit dem Presenter in der Hand immer ein Stück weit Entertainer:in bist – oder dass dich derartige Qualitäten jedenfalls deinem Ziel, dein Publikum zu begeistern, schneller näherbringen als kompetente Langeweile.

Denke darüber nach, wie du dein Thema mit Fantasie und Kreativität aufwerten oder anschaulicher machen kannst. Gleiches gilt für die Art deiner Präsentation: Es muss nicht immer der Beamer sein, über den du deine Inhalte präsentierst (➳ Powerpoint & Co vs. Pappen, Poster, Flipcharts, *141* sowie ➳ Sonderformen und -formate, *142*). Du musst auch nicht immer hinter dem Rednerpult oder am Tischende stehen. Hast du Anschauungsmaterial dabei? Kannst du das Publikum einbinden oder sogar auffordern, selbst kreativ zu werden und die Ergebnisse live in deine Präsentation einbauen? Findest du einen überraschenden Zugang zu deinem Thema? Besonders zu Beginn deiner Präsentation wirkt Unvorhergesehenes als zuverlässiger Wachmacher. Umso schöner, wenn du in der Folge dein Publikum nicht enttäuschst und immer wieder für erstaunte Gesichter oder/und ein Lächeln sorgen kannst.

Von einer allzu fantasievollen Gestaltung deiner Präsentationsslides rate ich dagegen ab: Hier kommt es eher auf Lesbarkeit und Ästhetik als auf vermeintlich lustige Cliparts oder besonders kunstvoll verzerrte Buchstaben an (➳ Design, 165).

Schlagfertigkeit

Nicht jedem ist es gegeben, aber wenn du fest im Sattel deiner Thematik sitzt, fällt es dir leichter, schlagfertig zu reagieren – sei es auf Zwischenrufe oder auf Rückfragen. Mit einer kompetent-fröhlichen Replik z.B. auf eine kritische, aber unberechtigte Nachfrage beweist du deine Kompetenz und sorgst für eine entspannte Atmosphäre. Beachte dabei, dass nicht alle das, was du selbst als lustig empfinden magst, ebenso witzig finden – vor allem wenn es auf ihre Kosten geht, und schon gar nicht im Kollegenkreis oder der Öffentlichkeit. Am besten konterst du, wenn du dich selbst ein wenig auf den Arm nimmst. Damit verletzt du niemanden.

Praxisbeispiel

Bei der Hauptversammlung einer Aktiengesellschaft wurde ich vom Vorstandschef auf die Bühne zitiert, nachdem aus dem mehrheitlich grauhaarigen Publikum die Frage kann, warum denn der Geschäftsbericht in so kleiner Schrift gesetzt sei – ob das Unternehmen etwas zu verbergen habe? Der CEO antwortete schlagfertig, dass er die Frage nicht genau beantworten könne, weil er die kleine Schrift selbst nicht richtig lesen könne – aber er könne den Grafikdesigner präsentieren, der dafür verantwortlich sei. Der Saal gluckste, und ich ging mit rotem Kopf aufs Podium. Zum Glück fasste ich die fröhliche Stimmung im Saal richtig auf und rechtfertigte mich, indem ich darauf verwies, dass der Geschäftsbericht durch die kleinen Buchstaben weniger Seiten habe, deshalb der Druck günstiger sei und mehr Geld für die Dividende übrig bleibe. Damit hatte ich den Applaus auf meiner Seite – und den Job für den Folgebericht in der Tasche, der sonst ernsthaft in Gefahr geraten wäre, denn Kritik auf einer Hauptversammlung findet kein Vorstand besonders lustig.

Mut und Risikobereitschaft

Nicht nur zu einer schlagfertigen Antwort gehört eine Portion Mut – der kann sich in vielfältiger Form in deiner Präsentation äußern. Angefangen bei der Thematik deiner Ausführungen selbst über das Ansprechen kritischer Themen bis hin zu einem gewagten Lösungsvorschlag. Du kannst bisweilen zu weit damit gehen – aber auch doppelt punkten.

Gerade bei einer Wettbewerbspräsentation kommt es nicht nur darauf an, deine Kompetenz zu zeigen, sondern auch in Erinnerung zu bleiben. Aussagen jenseits der Erwartbarkeit oder der Norm gehören zu dem Stoff, an den sich das Entscheidungsgremium auch am Abend eines langen Tages noch erinnert. Ich tendiere deshalb dazu, in einer Präsentationssituation mutiger zu sein als sonst, denn die Situation an sich ist bereits die Zuspitzung einer normalen Unterhaltung: Du redest, und alle hören zu. Je pointierter du das tust, desto wirksamer ist dein Vortrag. In welchem Maß du über das Normale hinausgehst, sagt dir dein Fingerspitzengefühl. Und welches Risiko du einzugehen bereit bist, solltest du im Einzelfall abwägen. Wenn du nicht gerade innerhalb deiner eigenen Firma präsentierst, hast du in der Regel nicht deinen Job, sondern schlimmstenfalls ein attraktives Projekt zu verlieren.

Perfektion(ismus)

Klar: Du willst (und solltest) dein Bestes geben. Alles spricht dafür, dass du daran arbeitest, den perfekten Vortrag zu halten, alle Aspekte des Themas souverän zu beleuchten, eine passgenaue Problemlösung zu präsentieren und dabei noch ein hervorragendes Bild deiner Kompetenz und Persönlichkeit abzugeben. Schön, wenn dir das gelingt. Noch schöner, wenn es dir nicht ganz gelingt. ***Absolute Perfektion wirkt kühl, glatt, macht andere neidisch und dich unsympathisch.*** Fehler dagegen sind menschlich – und der menschliche Aspekt spielt bei einer Präsentation eine große Rolle. Hab also keine Angst davor, wenn es mal nicht ganz rund läuft, ein peinliches Missgeschick passiert oder ein Fettnäpfchen bereitsteht: Nobody is perfect! Wenn du es doch bist, wird das dem einen oder anderen im Auditorium schnell unheimlich. Mit Mr. oder Mrs. Perfect will nämlich keiner ins Geschäft kommen, weil man ständig die zweite Geige spielt. Außerdem ist Perfektionismus das Gegenteil von Effizienz: Oft genügen eine starke Idee und ein, zwei Beispiele, wie sie Wirkung entfalten kann, als haarklein jeden möglichen Aspekt bereits auszuarbeiten. Das verändert die Entscheidung nicht, macht unnötig viel Arbeit und wird später meistens ohnehin anders umgesetzt. Nutze die gewonnene Zeit für eine nicht bis ins letzte Detail perfekte Präsentation lieber, um mit deinem *perfect-match-Menschen Quality time* zu verbringen.

Selbstbewusstsein / -vertrauen

Wenn du nicht an das glaubst, was du erzählst, erzählst du es nicht glaubwürdig. ***Wenn du dir nicht selbst vertraust, warum sollten es dann andere tun?*** Ein gesundes Selbstbewusstsein gehört zu einer guten Präsentation – auch wenn die Grenze zur Arroganz fließend ist. In der Regel wirst du darum gebeten, dich zu zu äußern, weil du eine besondere Expertise mitbringst.

Keiner ist begeistert, wenn du – durch Körperhaltung, Gestik oder Worte – zum Ausdruck bringst, dass du nur vielleicht und selbstverständlich nur zur Diskussion einen eventuellen Lösungsvorschlag mitbringst, der hoffentlich ein klein wenig Gefallen finden könnte. Ein Stück weit bist du als Präsentator:in in der Situation eines Arztes. Als Patient möchtest du vor allem hören *»Vertrauen Sie mir – alles wird gut. Ich habe Ihre Probleme richtig analysieren können und habe hier die richtige Therapie für Sie«*. Genau das möchte dein Kunde auch.

Hat deine Präsentation die notwendige Qualität, hast du die Lösung dabei – oder den Weg dahin. Punkt. Hat sie sie nicht, solltest du sie nicht halten.

Das Gleiche gilt für dein eigenes Auftreten: Du bist die Frau oder der Mann der Stunde. Weil du es kannst. Weil man dir vertraut. Und weil du dieses Vertrauen verdient hast. Mit diesem Mindset solltest du in jede Präsentation gehen. Und wenn du Inhalte erarbeitet hast, die über jeden Zweifel erhaben sind. Warum solltest du sie nicht selbstbewusst vortragen können?

Authentizität

Du willst eine besonders gute Wirkung bei deinem Auditorium erzielen? Sei einfach du selbst! Nur sehr begabte Schauspieler:innen wirken richtig cool, wenn sie versuchen, sich ihrem Publikum durch Adaption dessen vermuteter Eigenschaften anzubiedern, eine Sprache zu sprechen, die nicht die ihre ist oder Detailwissen vorzugaukeln, das sie nicht haben. Unehrlichkeit ist besonders in der sich einer Präsentation in der Regel anschließenden Diskussionsrunde schnell durchschaubar. Denn »wer bewusst lügt, muss sich seine Antworten genau zurechtlegen. Das verbraucht mehr Energie, als spontan die Wahrheit zu sagen«*. Diese Anstrengung merkt man dir an, ebenso wie die fehlende Leichtigkeit, Lässigkeit und Souveränität.

* https://www.welt.de/wissenschaft/article2320540/Wie-zuverlaessig-ist-ein-Luegendetektor.html

Bescheidenheit

Es gab da diesen Country-Musiker, der jeden Abend, an dem er auf einer Bühne stand, ob im Pub oder im Stadion, mit den Worten begann *»Hello, my name is Johnny Cash.«* Und dann gibt es den Abteilungsleiter, der in einer kurzen Vorstellungsrunde zu Beginn der Präsentation sich selbst mit den Worten übergeht *»Mich kennt hier ja jeder«*. Da mag was dran sein - sympathischer macht es ihn trotzdem nicht. Menschen mögen keine Arroganz. Echte Promis treten oft bescheiden auf, als gut zuhörende, ganz normale Menschen. Wahre Größe kommt von innen, nicht aus dem Herabschauen auf andere oder der Neigung, sich selbst für etwas Besonderes zu halten.

Eine Präsentationssituation sorgt per se schon für eine Überhöhung: Du stehst, während andere sitzen, manchmal sogar auf einem Podest oder Podium. Dieses Gefühl *»die da unten, ich da oben«* solltest du nicht ins Unangenehme steigern, indem du dich auch noch entsprechend benimmst, sondern durch dein Verhalten für Augenhöhe sorgen, auch wenn du in deiner fachlichen Expertise möglicherweise weit überlegen bist. Diese wird vor allem ohne Gehabe wertgeschätzt werden. Gegenseitiger Respekt ist auch nach der Präsentation die beste Voraussetzung für eine partnerschaftliche Zusammenarbeit – und um die geht es schließlich.

Pathos

Darf es ein bisschen mehr sein? Möchtest du dein Publikum überzeugen, kannst du ruhig auch ein wenig leidenschaftlich werden. Pathos ist neben Ethos (➳ *74*) und Logos eine der drei Überzeugungsformen der klassischen Rhetorik. Metaphorik im Ausdruck, Mimik, Stimmgewalt und Gestik können dein Thema in der Wahrnehmung deines Auditoriums wichtiger, deine Aussagen überzeugender machen.

Pathetik ist im allgemeinen Sprachgebrauch trotzdem kein Kompliment. Übertriebene Gestik und Inhaltsschwere machen dich schnell unglaubwürdig oder zur barock anmutenden Witzfigur. Wohldosiert vermittelst du mit ein wenig Pathos echte Leidenschaft. Überdosiert wird das zu unnötiger Erhabenheit, die vielleicht einer »salbungsvollen« Predigt zukommen mag, deine Präsentation aber schnell schmalzig oder im schlimmsten Fall altbacken werden lässt.

* https://www.welt.de/wissenschaft/article2320540/Wie-zuverlaessig-ist-ein-Luegendetektor.html

Outfit und Auftritt

Kulturspezifika

Andere Länder, andere Sitten. Ähnliches gilt für gesellschaftliche Gruppen und nicht zuletzt auch für Firmen, die ihre ganz eigene Kultur entwickeln. Arbeitet man hüben generell per Sie und in professioneller Distanz zusammen, gehören drüben das Du und wilde Feierabendparties zum selbstverständlichen Umgangston. Hier werden Hierarchien gelebt, dort setzt man mehr auf Teamspirit. Kommst du als externe:r Präsentator:in in einen solchen *closed circuit*, wirst du – zumal wenn du davor ein bisschen recherchiert hast – relativ schnell die Spielregeln erkennen, und möglichst auch, soweit sie deinem Charakter und einem authentischen Auftreten nicht völlig zuwiderlaufen, adaptieren.

Im Besonderen gilt das für unterschiedliche Kulturkreise, und fängt meist bei der Begrüßung an (➵ *199*). In Asien und auch in konservativen europäischen Kreisen wird erwartet, dass sich die ranghöchsten Mitglieder der jeweiligen Delegationen zuerst begrüßen. Während es im europäischen Raum üblich ist, Frauen zuerst zu erwähnen, träfe das im arabischen Einflussbereich auf völliges Unverständnis. Man mag davon halten, was sie oder er will – die Kulturen sind unterschiedlich, und es gehört zur Höflichkeit als Gast, sie zu respektieren.

Praxisbeispiel

Ich habe es bei meinem ersten Kundenbesuch in China als Affront empfunden, dass ich zwei Tage nach meiner Ankunft mehr oder weniger untätig im Hotel herumsaß. Heute weiß ich, dass der Inhaber des Unternehmens kurzfristig verhindert war, und jede Geschäftsbeziehung nur mit einem gemeinsamen Essen beginnen kann – auf adäquater Ebene. Für meine chinesischen Gastgeber war es Ausdruck des Respekts, mich nicht mit subalternen Ansprechpartnern zu belästigen, sondern dem Chef den Vortritt zu lassen.

In diesem Kontext ein Wort zur deutschen Freundlichkeit: Sie gilt im Ausland als weitestgehend nicht vorhanden. Möchtest du in Amerika als einigermaßen normaler Mensch ohne autistische Züge wirken, solltest du zu Geschäftspartnern ungefähr so freundlich und zuvorkommend sein, dass es dir extrem peinlich wird, und dann noch einmal die gleiche Schippe drauflegen. Gleichzeitig sollte die neue Freundlichkeit nicht dazu führen, all das ernst zunehmen: Dort, wo wir sagen *»Es war schön, Sie kennen zu lernen«,* sagen

Amerikaner *»We absolutely have to have lunch tomorrow!«*. Wenn du nach der begeisterten Bestätigung dieses Vorschlags nach Ort und Zeit fragst, wirst du erstaunte Blicke ernten.

Genauso verhält es sich mit dem Wörtchen *»Nein«*, das im Deutschen als sachliche Antwort gilt. In Asien wird dir niemals ein Nein begegnen, und falls doch, hast du ein ernsthaftes Problem.

Aber du musst gar nicht so weit reisen: ***Bereits in der Schweiz wird ein klares Nein weitestgehend vermieden.*** *»Wir finden ihren Entwurf sehr interessant«* bedeutet dort in der Regel genau das Gegenteil, fühlt sich aber freundlicher an als eine Absage.

Kurz: Mache dich mit den Gegebenheiten vertraut. Rede mit Iren zuerst über das Wetter (das wird auf der Insel ausführlich gepflegt), verstehe in Wien die Einladung ins Caféhaus nicht als Socialising, sondern als ganz normalen Geschäftstermin und sei zu jedem Nicht-Teutonen über alle Maßen freundlich. Dort, wo du in Deutschland mit einem Gastgeschenk in der Hand direkt zur Compliance-Abteilung weitergeleitet werden würdest, erntest du in Japan mit leeren Händen fragende Blicke – es fehlt dann nur noch, dass du deine Visitenkarte nur mit einer Hand und ohne Verbeugung überreichst, um dich komplett unbeliebt zu machen.

Kleidung und Accessoires

Kleider machen Leute und auch das Gefühl aus, dazuzugehören. Oder eben nicht: Auch in krawattenlosen Zeiten ist es keine gute Idee, im Anzug von H&M eine Präsentation in einer Bank zu halten – oder aber völlig overdressed in einer IT-Bude vorzusprechen. Gleiches gilt für Accessoires: Berühmt wurde 2018 die Rolex der Berliner Staatssekretärin Sawsan Chebli, die sie auf einem alten Foto getragen hatte und die ihr massivste Anfeindungen im Netz eintrug. Topmanager:innen kommen heute eher ohne funkelnde Diamanten oder teure Uhren zum Fotoshooting.

Die Kleiderordnung hat sich schon vor Corona – und erst recht befeuert durch die Pandemie – signifikant gewandelt, man könnte auch sagen: Entspannt. Die meisten sind schon froh, wenn du nicht in Jogginghose zum Geschäftstermin kommst. Jeans sind bis in höchste Ebenen völlig normal (Achte auch hier auf Kulturspezifika: In Italien wird nach wie vor Anzug getragen, dafür sind in Australien kurze Hosen total in Ordnung).

Ziehe also an, was dir steht, worin du dich wohl fühlst und du wirklich du selbst bist – es wird schon passen. Im Zweifel hilft auch eine kurze Nachfrage im Sekretariat. Wenn du besonders punkten möchtest, kannst du mit deiner Kleidung auch Signale setzen – sei es nur ein T-Shirt oder Accessoire in der Hausfarbe deines Gastgebers.

Dennoch: Lass vor allem die Inhalte deiner Präsentation und weniger deine Kleidung für Gesprächsstoff sorgen. Kreativität muss sich z. B. nicht durch besonders flippige Klamotten beweisen. Und selbstredend hat jede:r das Recht, sich so freizügig zu kleiden, wie er oder sie es möchte, ohne dass dies als Einladung für sexualisierte Annäherungen gewertet wird. Dennoch gibt es Menschen, die z. B. eine besonders figurbetonte Bekleidung missverstehen und sich davon ablenken lassen. Eine Präsentation, bei der es dir primär um geschäftliche Fragen geht, ist in deinem ganz eigenen Interesse möglicherweise nicht der optimale Moment, um diese gesellschaftspolitische Auseinandersetzung zu führen.

Sprache und Stimme

Freie Rede

Stell dir vor, jemand steht mit einem Stapel Zettel vor dir, schaut dich kaum an und liest mit monotoner Stimme einen Text vor, den du gleichzeitig auf einer Leinwand mitverfolgen kannst. Selbst wenn es sich dabei um eine:n hochgelobte:n Romancière oder Romancier handeln sollte, und egal, wie genial die Texte sein mögen: Betreutes Lesen braucht kein Mensch, und das Vorlesen geschriebener Texte langweilt ganz fürchterlich. Teleprompter verbessern die Lage geringfügig durch vermeintlichen Blickkontakt, sind aber bei normalen Präsentationen wenig verbreitet. Was bleibt, wenn du dein Publikum nicht schon durch die Art des Vortrages verlieren möchtest, ist die freie Rede. Die wiederum ist gewiss nicht jedermanns Sache, aber in jedem Fall wert, so lange geübt zu werden, bis es wenigstens einigermaßen klappt. ***Wer abliest, verliert sein Publikum und damit auch die Fähigkeit zu spontanen Reaktionen oder Einschüben.*** Er oder sie bekommt beim Blick auf Blatt oder Monitor keine Reaktionen aus dem Auditorium mit und wirkt hölzern, weil gelesener Text immer anders klingt als gesprochener. Bei den Zuhörern kommt außerdem der Verdacht auf, dass die fehlende Textsicherheit auch mit fehlender inhaltlicher Kompetenz einher gehen könnte. ***Willst du wirklich gut präsentieren, führt an freier Rede kein Weg vorbei.*** Dazu gibt es ein einfaches Hilfsmittel: Üben. Vor dem Spiegel. Mit Partner oder Partnerin, Kolleginnen und Kollegen. Immer wieder. So lange, bis es sitzt und natürlich klingt. Insbesondere die ersten Minuten solltest du dir einige Male vorsprechen, damit zur Aufregung am Beginn nicht auch noch der erste Black-out kommt (➻ *erste Slides auswendig lernen, 188*).

Erlaubte Hilfsmittel gibt es auch: Ich verwende auf meinen Präsentationsslides meist Stichworte, an denen ich mich dann inhaltlich entlang hangele. Optisch ist ein großes Wort (ggf. mit einem passenden Bild hinterlegt) auf dem Screen sowieso eine gute Lösung, und mir reicht es, um zu wissen, was ich dazu sagen wollte.

Funktional sind auch Moderationskärtchen oder die Referentenansicht in den gängigen Präsentationsprogrammen. Sind hier die Texte groß genug geschrieben, um sie gegebenenfalls im Bühnenlicht ohne zusammengekniffene Augen entziffern zu können (16 Punkt aufwärts!), kann der Kontakt zum Publikum gewahrt bleiben, wenn du dich bemühst, vor allem zum Publikum und nicht ins Blatt zu sprechen. Auch hier gilt: keine kompletten Sätze aufschreiben (Ausnahme: Zitate), sondern so viele oder besser so wenige Stichworte, wie für dich nötig sind, um den Faden nicht zu verlieren. Die Formulierungen zwischen den Worten solltest du live finden (was viel leichter fällt, wenn du sie davor geübt hast).

Ist dir eine Präsentation ganz besonders wichtig oder hältst du sie in einer Fremdsprache, die dir nicht leicht fällt, schreibe zunächst den gesamten Redetext auf und bemühe dich dabei, umgangssprachliche Formulierungen zu verwenden. Dieses Manuskript liest du dann so oft, bis du dich einigermaßen sicher mit den Formulierungen fühlst, und kürzt es dann wieder auf Stichworte – oder belässt es ganz auf Nummer sicher beim Gesamttext, hebst aber die wesentlichen Stichworte z. B. mit Leuchtmarker hervor.

Ob du wirklich frei und souverän sprichst, merkt dein Publikum zum Beispiel daran, dass du Bezüge auf deine Vorrednerin oder deinen Vorredner einflechten kannst. Deswegen bin ich gerne bei einem Kongress auch schon ein oder zwei Vorträge vor meinem Slot im Publikum. Entspannte Professionalität äußert sich auch darin, dass du auf die Reaktion des Publikums eingehst *(»Ich habe den Eindruck, ab der zweiten Reihe checkt ihr alle gerade eure Social Media Channels - ich komme besser mal zum nächsten Punkt«).*

Bei Online-Präsentationen spielt darüber hinaus deine Blickrichtiung eine große Rolle: Achte darauf, in die Kamera zu schauen und nicht auf die Bilder der Teilnehmer fällt. Ebenso darauf, keine Brille zu tragen, in der sich deine Notizen spiegeln könnten. Sinnvoll ist hier vor allem eine geeignete Lichtquelle wie ein Ringlicht, die die Monitorreflexion ausblendet. Und gerade weil andere Sinne außer Sehen und Hören nicht zur Verfügung stehen, solltest du ganz besonderen Wert auf deine Sprache legen.

Rhetorik (und Logopädie)

Sprachfehler und Dialekt

Ein Wort vorab, bevor wir in die hehren Sphären der klassischen Rhetorik eintauchen: Ich lispele leicht. Außerdem spreche ich grundsätzlich zu schnell, besonders wenn ich aufgeregt bin. Weil ich nie ein Seminar besucht habe, in dem meine sprachlichen Fertigkeiten überprüft wurden, hat mir das nie jemand gesagt. Und es hat mich auch nicht weiter gestört. Seit meine Frau mir zuflüsterte, dass sie mein Lispeln süß findet, stört es mich. Mein Publikum ficht das weniger an – es macht mich allenfalls menschlicher, fehlbarer, sympathischer.

Deshalb mein Rat: ***Sprich wie du bist. Wenn du einen kleinen Sprachfehler hast oder Dialekt sprichst, der nicht allzu ausgeprägt ist, lass ihn zu.*** Viel unangenehmer als selbst ein ungeliebter Dialekt ist der Versuch, ihn zu kaschieren – besser bekannt z.B. als »Honoratiorenschwäbisch«. Wer ein offensichtlich lokal geprägtes Idiom händeringend ins Hochdeutsche zu transferieren versucht, scheitert meist. Das klingt anbiedernd und unecht. Nur wenn dein Dialekt wirklich schwer verständlich für andere ist und insbesondere regionale Wortwendungen beinhaltet, die anderswo anders oder gar nicht verstanden werden können, solltest du dich um eine gemäßigtere Aussprache bemühen und dir ein professionelles Sprachtraining gönnen.

Logos, Ethos, Pathos

Zurück zur aristotelischen Paradedisziplin, der Rhetorik. Die hat nichts mit Lispeln oder Redegeschwindigkeit zu tun (darum kümmert sich die Logopädie), sondern mit der Kunst der Rede. Sie dient – zugleich als Wissenschaft – seit der Antike dazu, Menschen von etwas zu überzeugen. Nichts anderes tust du in einer Präsentation. Durch die gekonnte Kombination von Logos (der Einsatz von Argumenten, Logik und Beweisen), Ethos (der Einsatz von Charakter, Glaubwürdigkeit und Ethik) und Pathos (der Einsatz von Emotion und Leidenschaft), geschickte Dramaturgie und gelungene Formulierungen kommst du diesem Ziel näher.

officia oratoris, Cicero

Der begnadete römische Redner Cicero spricht von fünf Produktionsstadien einer guten Rede – den officia oratoris*:

1. Recherche und Auffindung der Argumente
2. Definition der Vortragsgliederung und -Dramaturgie
3. Sprachliche Gestaltung und Ausschmückung mit Stilmitteln, Pausen an den richtigen Stellen und zielgruppenspezifischer Ansprache
4. Einprägung, das Auswendiglernen zur Wiedergabe in freier Rede (sic!) – Cicero empfiehlt dazu übrigens die Verwendung von assoziativen, bildhaften Vorstellungen
5. Der Vortrag selbst und dessen stimmliche, gestische und mimische Performance

Das ist heute wie vor zweitausend Jahren eine sehr brauchbare Kurzanleitung, um eine überzeugende Präsentation zu erstellen. Gleichwohl bietet die Rhetorik auch Anlass zur Kritik: Goethe bezeichnet sie als *»Kunst des Verstellens«*, und Kant verwarf sie als Manipulation, die die Schwächen des Gegners bewusst ausnutze. Kurz: ***Rhetorik kann großen Nutzen stiften und großen Schaden anrichten – es kommt darauf an, mit welchem Ethos, mit welcher Gesinnung man sie einsetzt.*** Dass Barack Obama *(»Yes, we can«)* oder Martin Luther King *(»I have a dream«)* begnadete Rhetoriker sind oder waren, ist unstrittig, genauso wie man das leider auch von Joseph Goebbels *(»Wollt ihr den totalen Krieg?«)* sagen kann.

Aber keine Sorge vor der Unzahl rhetorischer Stilmittel, die die Fachliteratur und das Internet auflisten, von Akkumulationen über Adynaton bis zu Zeugma und Zynismus**: Die meisten guten Redner verwenden diese Stilmittel ganz unbewusst. Und die meisten klassisch ausgebildeten Rhetoriker sprechen eine so abgehobene Kunstsprache, dass sie nur selten eine glaubwürdige, geerdete Präsentation abliefern. Sei du selbst – und lass dich von guten Reden und Präsentationen anderer inspirieren, dann findest du zu deiner eigenen, glaubwürdigen und passenden Rhetorik.

Körpersprache

Nicht ganz so wichtig wie das, was du sagst, aber mindestens ebenso aussagekräftig ist deine Körpersprache. Es gibt Präsentator:innen, bei denen es schwer fällt, konzentriert zuzuhören – etwa weil sie an einem Rednerpult

* Marcus Tullius Cicero, de oratore, in drei Bänden, 55 v. Chr.
** https://de.wikipedia.org/wiki/Liste_rhetorischer_Stilmittel

permanent von einem auf das andere Bein wechseln oder sich immer wieder am Hinterkopf kratzen. Anderen nimmst du ihre Inhalte nicht ab, weil sie von ihrer Offenheit für Kritik reden, während sie die Arme vor dem Publikum verschränken und damit eine Abwehrhaltung einnehmen.

Im Mittelalter (und noch heute unter Kindern) glaubte man, einen falschen Schwur mit hinter dem Rücken überkreuzten Fingern rückgängig oder ungültig machen zu können und so keine echte Sünde zu begehen – weshalb vor Gericht stets die Hände gezeigt werden mussten und Lügnern öfter die Hände abgehackt als die Zunge ausgerissen wurde.

Dein Körper liefert die Interpretation dessen, was du gerade sagst, direkt mit – und das kannst du geschehen lassen oder bewusst steuern. Stelle dich, wenn du präsentiert, möglichst hin (auch am Konferenztisch). Wenn du frontal zum Publikum stehst, nimmt es deine Aufregung weniger stark wahr als aus einer seitlichem Perspektive – auch deshalb ist das Kopfende der beste Platz für den oder die Präsentator:in. Strecke den Rücken gerader als sonst und nehme die Schultern etwas zurück – dann atmest du auch freier und kannst mit kräftigerer Stimme sprechen. Wenn du sitzend präsentieren musst, stelle beide Beine fest auf den Boden und neige dich etwas nach vorne – das gibt dir mehr Präsenz als eine lockere Sitzhaltung. Mit einer positiven Körperhaltung wirkst du viel überzeugender und souveräner als tänzelnd auf einem Bein mit den Händen in den Hosentaschen.

Das Dumme an der Körpersprache ist nur: Die meisten Macken, die du entwickelst (jeder von uns hat welche), bemerkst du selbst nicht. Da helfen nur ehrliche Freunde oder die Betrachtung eines Videos von sich selbst, am besten während eines realen Vortrages aufgenommen. Ich weiß aus Erfahrung: Du wirst dich nicht mögen. Aber beim nächsten Mal anders auftreten.

Gestik und Mimik

Was für die Körpersprache gilt, gilt erst recht für Gestik und Mimik. Einladende oder abwehrende Handbewegungen, ein kritisches oder strahlendes Gesicht, Offenheit oder Angst, Begeisterung oder Ablehnung – all das kann das Publikum an deiner Gestik und Mimik erkennen – und du an der deiner Zuhörer. Die inhaltsverstärkende Kraft der Gestik erkennst du, wenn du Menschen beobachtest, deren Sprache du nicht sprichst oder die du – etwa durch die Fensterscheibe eines Cafés – nicht hören kannst. Bei genauer Beobachtung wirst du zumindest eine ungefähre Ahnung davon haben, was der Gesprächsinhalt ist – mit Sicherheit aber erhältst du ein gutes Bild vom jeweiligen Gemütszustand der Redenden. Auch das Gegenteil ist auffallend: Wer nahezu ohne Gestik und Mimik agiert, wird als artifiziell und unterkühlt wahrgenommen (Was du natürlich auch kultivieren kannst – man denke nur an die Minimal-Performances der Band *Kraftwerk*).

Achtest du bewusst auf die Signale, die du ausstrahlst, kannst du sie affirmativ verwenden – etwa, indem du einen wichtigen Satz auch visuell mit einer Handbewegung unterstreichst oder bei einem Zitat, das du kritisch würdigen möchtest, verkniffen guckst. Gängige Chiffren kannst du für gänzlich nonverbale Kommunikation einsetzen – ein vorgeschobenes Kinn mit herabgezogenen Mundwinkeln und angewinkelte Arme mit geöffneten, nach oben zeigenden Handflächen versteht jeder Mitteleuropäer als »*davon weiß ich nichts, dafür kann ich nichts*«.

Auch für Gestik und Mimik gilt: Sich selbst zu beobachten, mag unangenehm sein, ist aber ungemein hilfreich. Jedes Kind übt gerne Grimassen vor dem Spiegel – ein bisschen davon tut auch deiner Präsentationsqualität gut.

Stimme / Modulation

Deine Stimme ist ein virtuoses Werkzeug. Du kannst schnell und langsam sprechen, laut und leise, monoton und melodisch, hoch und tief, hektisch und gelassen, akzentuiert und guttural, liebevoll und bösartig, wertschätzend und abschätzig, ernsthaft oder locker. Oder auch gar nicht: Die Wirkungspause ist ein mächtiges rhetorisches Stilmittel. Deshalb solltest du deine Stimme ebenso wie Körpersprache, Gestik und Mimik zur Unterstützung deiner Inhalte nutzen und beständig an der Wirkung deiner Ausdrucksweise feilen. ***Wichtige Präsentationen solltest du durch lautes Sprechen einüben – nicht durch leises Memorieren.*** Neben dem gestalterischen Aspekt der Modulation prägst du dir den Text so auch besser ein.

Du kannst – und solltest – Inhalte durch die Modulation deiner Stimme interpretieren, z. B. einem knallharten Satz seine Schärfe nehmen oder durch die spöttische Betonung eines Zitats deine abweichende Meinung ausdrücken, ohne sie separat äußern zu müssen. Teste die Wirkung ggf. mit einer Person deines Vertrauens, denn bei überzogenem Einsatz deiner stimmlichen Modulation gleitest du schnell ins Theatralische ab.

Lautstärke

In der Bibel heißt es an zahlreichen Stellen »*und er erhob seine Stimme und sprach...*«. Damals wie heute gilt: Die meisten guten Redner sprechen lauter als im normalen Gespräch – das erweitert ihren Spielraum zur Modulation. Dagegen ist es auf Dauer sehr anstrengend, einem Menschen, der zu leise spricht, zuzuhören – es kann aber auch ein bewusstes Stilmittel sein, um an einzelnen Stellen konzentrierte Aufmerksamkeit herzustellen, das Publikum die Ohren spitzen zu lassen. Manchmal hilft ein Locationcheck, ansonsten merkst du es sehr schnell vor Ort und kannst dich darauf einstellen: Sprichst du vor mehreren Personen, solltest du so sprechen, dass du am hinteren Tischende noch gut und klar zu hören bist. Gelingt das nur mit übermäßiger Belastung deiner Stimmorgane, solltest du um ein Mikrofon bitten.

Besondere Bedeutung für die Gesamtwirkung deines Auftritts kommt dem Tonfall zu, den du zu Beginn und Schluss deines Vortrages wählst. Assoziationen zu einem klassischen Theaterstück oder den Tempi eines Streichkonzerts sind ein passender Leitfaden für einen guten Vortrag. Am Ende darf gerne ein stimmlicher Tusch stehen und deine wichtigste Aussage noch einmal Sil-be für Sil-be be-to-nen – das abgefederte »*Danke für Ihre Aufmerksamkeit*« danach bringt dich zur normalen Gesprächslautstärke zurück.

Team

Einzeln oder als Gruppe?

Wirst du zu einer Bühnenpräsentation eingeladen, ist die Sache meistens klar: Du wirst allein im Rampenlicht stehen, es sei denn, es handelt sich um eine Talk-Runde oder Podiumsdiskussion. Dennoch lohnt es sich, kurz darüber nachzudenken, ob dein Vortrag nicht dadurch gewinnen könnte, dass du ihn z. B. als Dialog mit einer Kollegin oder einem Kollegen ausarbeitest. In einer klassischen Präsentationssituation wirst du meist allein performen. Bei Chemistry Meetings oder einer Wettbewerbspräsentation möchte der potenzielle Auftraggeber dagegen das Team kennenlernen, mit dem er später zusammenarbeitet. Bist du dir nicht sicher, auf wen du bei einer Präsentation treffen wirst, begibst du dich unnötig aufs Glatteis – frage direkt bei deinen Ansprechpartnern nach und recherchiere möglichst detailliert, wer dir gegenüber sitzen wird. Wenn auch das nicht hilft, mache dir zumindest Gedanken darüber, ob dein Publikum eher alt oder jung, eher männlich oder weiblich sein wird – und stelle dein Team entsprechend zusammen. Eine seniore Runde lässt sich nur ungern von einem Jungspund erklären, wie der Hase läuft, ein junges Team mag Erfahrung schätzen, fühlt sich aber besser bei gleichaltrigen Gesprächspartner:innen aufgehoben.

Insgesamt ist es sinnvoll, wenn dein Präsentationsteam ältere und jüngere, weibliche und männliche Mitglieder aufweist – das lässt sich ab zwei Personen in beliebiger Kombination gut darstellen.

Ein ungeschriebenes Gesetz solltest du bei aller Diversität niemals brechen: ***Komme nicht mit mehr Personen zu einem Termin, als beim Gastgeber anwesend sind.*** Archaisch ist bei uns allen ein Unwohlsein angelegt, wenn wir in der Unterzahl sind. Ein potenzieller Auftraggeber wird außerdem auch aus betriebswirtschaftlichen Gründen darauf achten, ob du mit einer übergroßen Personenzahl auftauchst – denn das lässt ggf. Rückschlüsse darauf zu, dass du möglicherweise auch in Zukunft mehr Personal einsetzt, als eigentlich nötig wäre.

Rollenverteilung

Bei einer Präsentation mit mehreren Personen ist es am wichtigsten, eine sinnvolle, im Idealfall auch tragende Rolle für jede:n Anwesende:n zu definieren. Zu oft habe ich Präsentationen erlebt, in denen ein in Ehren ergrauter Geschäftsführer 95 % der Zeit selbst redet und damit das eigentlich mit der Aufgabe befasste Team zu Statist:innen degradiert. Das wirkt arrogant und lässt den Kunden ratlos zurück: Wie soll er diesem Team später zutrauen, ihn kompetent zu betreuen?

Ist der Einsatz der höchsten Führungsebene allein aufgrund des senioren Lineups auf Kundenseite geboten, ist es der smartere Weg, den oder die Geschäftsführer:in das Intro und den Abschluss machen zu lassen und ihre oder seine geballte Erfahrung dann eher in der anschließenden Diskussion einzusetzen, die wesentlichen Inhalte aber durch das Team vortragen zu lassen, das sie auch erarbeitet hat und in der nötigen Detailtiefe vertreten kann (➼ Herzblut, 74).

Pingpong mit eingeworfenen Aussagen könnt ihr immer noch spielen, wenn weniger erfahrenes Personal zu langatmig oder zu unklar präsentiert – und andere Teammitglieder das an der Reaktion des Publikums spüren. Das von vorne herein sowohl intern als auch im Termin, zum Beispiel beiläufig bei der Agendavorstellung, anzukündigen (*»den Part drei übernimmt dann mein Kollege Andreas, vielleicht mit der einen oder anderen Ergänzung aus dem Team«)*, nimmt einer solchen Situation jede unangenehme Konnotation.

Legitim ist eine Präsentationssituation, in der ein Teammitglied nicht oder nur kaum zu Wort kommt, eigentlich nur dann, wenn du mit einer klar als solcher definierten Assistenz anreist – etwa einer Person, die während deines Vortrags ein Modell enthüllt, technische Unterstützung leistet, das Meeting oder eine Anschlussdiskussion dokumentieren soll. Auch hier ist es sinnvoll, das gleich bei der Vorstellungsrunde zu adressieren *(»meine Kollegin Andrea übernimmt heute den leisesten, aber nachhaltigsten Part: Sie schreibt nämlich das Protokoll«).*

Und schließlich: Dauert die Präsentation länger, sorge dafür, dass gerade nicht aktive Präsentator:innen sich hinsetzen können. Es ist für alle Beteiligten unangenehm, wenn eine Vierergruppe eine Stunde lang vor einem steht und von einem Bein aufs andere tritt, während nur jeweils ein Mitglied der Gruppe spricht. Apropos aufstehen: Lass es bleiben, wenn du nur vor einem oder zwei Menschen präsentierst - Augenhöhe ist dann wichtiger als Körpersprache und Gestik.

II.

Richard von Weizsäcker prägte als deutscher Bundespräsident die politische Debattenkultur mit Mut zu bislang Ungesagtem – und durch seine klare Wortwahl.

Je komplizierter das Gesagte wirkt, desto weniger hat man es durchdacht.

Präsentationsaufbau, Technik und Optik:

Der Weg zum Ziel.

Die Präliminarien sind geklärt, jetzt kannst du dich an den Aufbau deiner Präsentation machen. Dieser Teil von »VERKAUF DICH!« füttert dich mit grundlegenden Erstellungstipps abhängig von der Vortragsdauer übers Gendern bis hin zur psychologisch wirksamsten Thesenzahl und begleitet dich Step by Step bei der Konzeption, Dramaturgie und Aufbau deiner Slides. Dazu kommen Hinweise zur Dokumentation, zum Manuskript und zu Testszenarien.

Ein zweites Kapitel widmet sich ausführlich der Technik und Medienwahl und bereitet dich auf die wichtigsten technischen Stolpersteine bei Online-, Vor-Ort- und Hybridpräsentationen vor.

Schließlich geht es um die Optik: Wie sehen perfekte, gut lesbare Slides aus, wie viele Informationen dürfen sie enthalten? – Und wie kannst du mit gutem Design und guten Bildinhalten zusätzlich Punkte sammeln, ohne zu sehr von deinem Vortrag abzulenken.

II.1

Der Aufbau

Grundlagen und Vorbereitung

Dateiname

Jetzt wird es konkret: Du erstellst deine Präsentation. Beginnen wir deshalb genau dort, wo auch du am Rechner beginnst: Mit der Namensgebung.

Du ersparst dir einige Schmunzler beim Vorführen der Datei und einiges an Korrektur- und späterem Suchaufwand, wenn du deine Daten gleich nach einem fixen Schema benennst: zum Beispiel *Jahr_Monat_Tag_Thema_Autor_Versionsnummer*. Eine Datei mit dem schönen Namen *»PräsifürDonnerstag_finalfinal-endgültigeVersion_korrigiert2«* wirkt dagegen geringfügig weniger überzeugend und lässt sich auch schlechter archivieren.

Folienanzahl

Wie viele Slides hat eine perfekte Präsentation? Diese Frage lässt sich nicht allgemeingültig klären. Vermutlich sind es jedoch in fast jedem Fall deutlich weniger, als du dabei hast.

»Ich schreibe dir einen langen Brief, weil ich für einen kurzen keine Zeit habe.« Dieser Satz, ob er nun Johann Wolfgang von Goethe, Gertrude von Stein oder Blaise Pascal zugeschrieben wird, sagt eigentlich schon alles, was auch für eine aussagekräftige Präsentation gilt.

Etwas japanisch: Drei Präsentationsformate

Es kommt weniger darauf an, wie viele Slides du präsentierst, sondern darauf, wie viel Inhalt du deinem Publikum zumutest. Du kannst 100 Slides damit füllen, dass du 100 Bilder oder Folien mit nur einem Wort hintereinander schaltest, und sie in einer oder zwei Minuten durchklickst (die sogenannte ***Takahashi-Methode****). Du kannst aber auch 100 Slides damit füllen, jeweils auf 20 Zeilen deine klugen strategischen Gedanken auszubreiten – die das Publikum so weder lesen noch sich merken kann. Während die Takahashi-Methode eine starke Emotionalisierung bewirken kann, sorgen zu volle und zu viele Slides ansonsten regelmäßig für massiven Umsatz am Kaffeeautomaten, um die Präsentation irgendwie zu überleben.

Benötigst du eine grobe Guidance für einen Kurzvortrag, kann das ebenfalls in Japan im Wissenschaftskontext entwickelte ***Pecha-Kucha-Format***** helfen: 20 Folien. Ohne Text. Je Folie 20 Sekunden Redezeit – und Ende. Das zwingt die Präsentator:innen zu klaren Aussagen und hat den ein oder

* https://studybees.de/magazin/praesentieren-die-takahashi-methode/
** https://www.wissenschaftskommunikation.de/format/pecha-kucha/

anderen langweiligen Kongress zu einem Happening gewandelt. Hilfreich sind auch die Vorgaben des ***Kawasaki-Formats**** des *»Chief Evangelist«* von Apple in dessen Gründungsjahren: 10 Folien in 20 Minuten in Schriftgröße 30 Punkt. Also rund zwei Minuten für eine Folie mit relativ wenig Text.

45-70 Slides für eine Stunde sind genug!

Zurück in heimatliche Gefilde: ***Du liegst einigermaßen richtig, wenn du bei einer Textmenge von maximal 5-7 Zeilen je Slide (eher weniger!) ein bis zwei Minuten zur Wiedergabe einplanst.***

Bedenke, dass die Konzentration deines Publikums abnimmt, je länger die Präsentation dauert. Willst du in einer Stunde über 45 Slides unterbringen, sollte ein guter Teil davon keinen oder nur wenig Text enthalten, sonst wird es hektisch. 80 Inhaltsslides für zwei Stunden fordern dein Publikum ganz erheblich, wenn sie es nicht schon überfordern.

Präsentationen mit bildlastigem, gestaltetem Inhalt erfasst dein Publikum viel schneller als Text. Beispiel-Layoutseiten oder einfache Illustrationen kannst du mühelos alle 10 Sekunden weiterklicken. So kommt bereits manche 90minütige Agenturpräsentation auf eine dreistellige Seitenzahl, ohne zu überfordern.

Viel wichtiger als die Gesamtfolienzahl ist letztlich, deinen Kernaussagen wenig Drumherum und viel Zeit zu schenken. Das begleitende Kleingedruckte kannst du auch in einer Lesepräsentation nachreichen (➳ *Live-Präsentation vs. Lesepräsentation, 99*).

Drei Minuten oder ein Tag: die optimale Dauer

Ebenso wenig wie es die immer passende Folienanzahl gibt, gibt es die optimale Zeitvorgabe. Nur eines gilt: Meistens ist der Slot für dich zu kurz und für das Publikum zu lang.

Bei einer Vorstandspräsentation kann es vorkommen, dass dir nur zehn Minuten für dein Thema eingeräumt werden – inklusive Diskussion und Entscheidung. Die meisten Vorträge dauern nicht länger als 45 Minuten, Fachpräsentationen 60-90 Minuten. Danach wandelt sich das Format immer mehr in Richtung Workshop oder Seminar und du tust gut daran, Breaks, Interaktionsmomente und Formatwechsel einzubauen, die dein Publikum aktiv halten und auch dir die Chance geben, etwas Luft zu holen.

In manchen Firmen gibt es die Regel, dass das, was in 60 Minuten nicht gesagt werden kann, auch nicht so wichtig sein kann, und längere Meetings

* https://de.slidebean.com/templates/guy-kawasaki-pitch-deck-template

finden einfach nicht statt. Das halte ich für einen sehr reizvollen Gedanken, der in der Praxis allerdings die eine oder andere Ausnahme verkraften muss. Ich bin dankbar, wenn ich mit meinem Team ein wirklich komplexes Thema auch einmal in 90 oder 120 Minuten beim Kunden präsentieren kann. Innerhalb dieser Zeitfenster musst du aber für die eine oder andere intellektuelle Erholungsphase sorgen.

Als Agenturchef habe ich es mir immer spannend vorgestellt, sich an einem Tag von vier oder fünf Wettbewerbern hintereinander ein Pitch–Thema vorstellen zu lassen und hätte bei den Auftritten der Konkurrenz natürlich gerne Mäuschen gespielt. Seit ich im einen oder anderen Gremium auf der anderen Seite sitze, weiß ich, wie ermüdend alleine schon konzentriertes Zuhören sein kann und habe großes Verständnis dafür, wenn die Präsentationszeit limitiert wird.

Eine grobe – wirklich nur grobe! – Übersicht für den Informationsgehalt unterschiedlich langer Präsentationszeiträume:

Dauer der Präsentation in Minuten	**Netto-Redezeit** in Minuten (Rest: Diskussion / Feedback / Pausen)	**Anzahl der Slides mit inhaltlichen Aussagen** (5-6 Zeilen max)	**optional zusätzliche Slides** mit Ordnungsfunktion oder weitgehend Bildinhalten	**Anzahl der Kernaussagen** (darstellbar und merkfähig)	**Anzahl der Formatwechsel** und Interaktionspausen	**Anzahl der Biopausen** (Essen, Toilette, Mails checken)
3	3	1	0	1	0	0
10	7	5-7	0	1	0	0
30	25	15-20	5–10	2-3	0	0
60	50	30-45	10–25	3	0	0
90	75	45-65	20–30	3	0	0
120	100	60-80	25–40	3	0-1	1
240	200	80-100	30–50	3-5	1	1-2
Tag	360	120-140	30–100	3-5	2-3	4

Foliensprache vs. Vortragssprache

Viele Menschen haben Schwierigkeiten, sich auf zwei Dinge gleichzeitig zu konzentrieren – zum Beispiel darauf, jemandem zuzuhören und währenddessen einen ähnlichen, aber nicht identischen Text zu lesen. Baust du deine Präsentation so auf, dass das für dein Publikum nötig wird, machst du ihm unnötige Arbeit. Deshalb solltest du die Texte auf deinen Slides so gestalten, dass du sie weitestgehend wörtlich auch in deinem Vortrag wiedergibst – natürlich ergänzt, aber immer in der Reihenfolge des Geschriebenen.

Es ist besser, wenn deine Slides nur Kurztexte und Schlagworte enthalten, die dir im Wesentlichen als Gedächtnisstütze dienen, während du den gesamten Zusammenhang auf der Tonspur herstellst. Das funktioniert aber nur, wenn deine Präsentation nicht weitergegeben werden soll.

Fachsprache / Fachbegriffe

Manche Fachbegriffe sind nötig und unvermeidlich. Wer seinen oder ihren Fachjargon aber als Waffe, Attitüde oder vermeintlichen Kompetenzausweis nutzt, hat das Wesen einer guten Präsentation nicht verstanden: Wenn du verstanden werden willst, sprich die Sprache deiner Zielgruppe! Die besteht möglicherweise in einer Präsentation innerhalb eines Unternehmens aus Menschen, die mit deinem Fachchinesisch mithalten können, weil es auch das ihre ist.

Präsentierst du aber das Marketingkonzept für einem Metzger, wird der genauso wenig davon verstehen, *im Main Channel Marketing die Targets digital optimal zu adressieren und ihre Customer Insights punktgenau abzugreifen, um die readiness to buy perfekt nutzen zu können*, wie du von der *Nutzung des optimalen Blutgerinnungszeitpunkts im Magerfleischanteil bei Verwendung der 4,5 mm-Scheibe und sofortigen Emulgation des Bräts.* Was nach einer solchen Präsentation bleibt, ist vor allem Ratlosigkeit – und die Erkenntnis, dass man nicht zusammenpasst. Dabei wolltest du nur sagen, dass man die Kunden am besten bittet, darüber zu erzählen, was für sie einen guten Metzger ausmacht, und der Metzger wollte nur darauf hinweisen, dass seine Bratwurst am besten gelingt, wenn er sie ganz frisch nach Schlachtung herstellt. Was möglicherweise der Grund ist, warum die Kunden gerne bei ihm einkaufen und damit Basis für deine Kampagne sein könnte - aber so weit werdet ihr nie kommen. ***Nutze nur die Fachausdrücke, die du wirklich brauchst, um ein Thema korrekt darzustellen.*** Und bemühe dich, sie ggf. auf der Tonspur kurz zu erläutern.

Live-Präsentation vs. Lesepräsentation

Wenn du viele komplexe Inhalte zu kommunizieren hast, wenn Teile deiner Präsentation nicht für alle Teilnehmer:innen des Gremiums, dem du gegenüberstehst, bestimmt sind, ganz besonders, wenn die Präsentation ohne deine Anwesenheit noch von weiteren Personen nachvollzogen werden soll, lohnt sich eine Differenzierung in Live-Präsentation und Lesepräsentation. Slides für deine Präsentation unterstützen im Wesentlichen deine freie Rede. Sie sollten wenig Text, bestenfalls in Stichworten, enthalten, um nicht von deinem Vortrag abzulenken. Die Lesepräsentation enthält dagegen ausformulierte Sätze, ergänzt um Hintergrundinformationen, Quellen und ausführliche Verweise, die in einer Live-Präsentation nur stören würden. Während die Live-Präsentationsfolien dafür gemacht sind, nicht ohne dich zu funktionieren, ist die Lesepräsentation für das Gegenteil da. Es lohnt sich, beide Präsentationsteile parallel aufzubauen, um doppelte Arbeit zu verhindern. Ein gangbarer Weg ist es auch, zunächst die Lesepräsentation zu erstellen und aus dieser ein Derivat für die Live-Präsentation zu entwickeln.

Executive Summary

Soll die Lesepräsentation später an andere, z. B. eine höhere Hierarchieebene, weitergegeben werden, die dann möglicherweise die finale Entscheidung trrifft, solltest du sie um ***ein Executive Summary ganz zu Beginn der Präsentation ergänzen:*** ein bis maximal zwei Slides mit den zentralen Aussagen der gesamten Präsentation. Kunden, die intern weiter präsentieren müssen, werden dir für diesen Service dankbar sein. Eilige Entscheider:innen ebenso. ***In der Live-Präsentation gehört die Zusammenfassung dagegen als letztes Slide an den Schluss*** (➻ *Überblicksslide, 134*).

Rechtschreibung

Rechtschreibung ist für viele nicht einfach*., zumal nicht nach den Irrungen und Wirrungen der Rechtschreibreform von 1998 und den Reform-Reformen in den Folgejahren, die dazu geführt haben, dass die orthografische Sicherheit auch bei Akademiker:innen zunehmend verloren gegangen ist. Dennoch empfinden viele Menschen Rechtschreibfehler aber als peinlich oder schludrig. Dazu schleichen sie sich besonders gerne in Überschriften, Telefonnummern und Adressen ein, also dort, wo sie wirklich deutlich sichtbar (außer für den oder die Autor:in) oder richtig wichtig sind. Lass deine

* https://www.faz.net/aktuell/karriere-hochschule/campus/sprachnotstand-an-der-uni-studenten-koennen-keine-rechtschreibung-mehr-12862242.html

Präsentation deshalb von einer Person deines Vertrauens oder einem Programm Korrektur lesen, um nicht bereits auf dieser Ebene Minuspunkte zu sammeln.

Gendergerechte Sprache

Du hast die Wahl: Niemand zwingt dich dazu, weibliche, männliche und diverse Personen gleichberechtigt anzusprechen oder aber die klassische, meist männliche Einheitsform zu verwenden. Viel spricht aber dafür – und nicht zuletzt die gesellschaftliche Dynamik – zumindest in einem den Sprach- und Lesefluss nicht allzu sehr in Mitleidenschaft ziehenden Maß deutlich zu machen, dass du dein Publikum ganzheitlich wertschätzt und die Gleichberechtigungsdiskussion der letzten Jahre nicht spurlos an dir vorbeigegangen ist.

Die entspannteste Methode dazu ist eine Vorbemerkung – live gesprochen wie auch schriftlich ganz am Beginn, in der du darlegst, die alte Einheitsform zu verwenden, damit aber ausdrücklich alle Gender einschließt. Vielen, besonders auch jüngeren Zuhörer:innen (sic!) ist das aber längst nicht mehr genug.

Praxisbeispiel

Ich betreute 2022 im Masterstudiengang ein Projekt, in dem die Studierenden Konzepte für eine visionäre, nachhaltige Marke eines Konzerns entwickeln sollten. Vier Gruppen präsentierten am Ende des Semesters vor den führenden Köpfen der Markenabteilung. Das erste Feedback war kein inhaltliches, sondern auf den Vortrag bezogen – und kam sehr spontan: *»Wahnsinn, wie sehr ihr das mit dem Gendern drauf habt – das habe ich so konsequent noch nie hier im Haus gehört.«* Die Präsentationsteams schauten sich daraufhin ratlos an – für sie war das ganz selbstverständlicher Sprachgebrauch und keiner Erwähnung wert.

Erträglich für Schöngeister und respektvoll für gendersensible Menschen gleichermaßen ist das probateste Mittel, um den unschönen Doppelnennungen, Sternchen, Doppelpunkten, Unterstrichen und Redepausen und auch deren Störung automatisierter Reader für sehbehinderte Menschen zu entgehen, indem du dich bemühst, ***genderneutrale Formulierungen*** zu verwenden: Studierende statt Student:innen. Liebe Anwesende, statt sehr geehrte Damen und Herren.

Phonetik und Fremdsprachliches

In vielen Präsentationen wirst du Begriffe verwenden müssen, die schwer auszusprechen sind – oder deren Aussprache dir einfach nicht geläufig ist. Beim *Trompe l'oeil-Effekt* eines Werkes im *Worcester Art Museum* scheitern die meisten Menschen, selbst wenn sie ihr Schulfranzösisch und -englisch aktiv gehalten haben. Häufig sind es auch fremdsprachige Namen, die Schwierigkeiten bei der korrekten Aussprache machen.

Abhilfe schafft ein phonetischer Online-Guide – und Übung. Oder du nutzt die Moderatorennotizen, um dir und ggf. anderen Präsentierenden eine lautschriftliche Hilfestellung anzubieten.
Wenn [tʁɔ p'lœɪ] und ['wʊstə] dir auch nicht weiterhelfen, schreibe die Wörter einfach so auf, wie du sie eingedeutscht lesen würdest. Und genehmige dir nach erfolgreicher Präsentation ein Zändwitsch mit Wustersoße.

Tonalität

Bei der Tonalität handelt es sich um die Grundstimmung, die du über Stil und Atmosphäre vermittelst. In der Marketing- und Kommunikationswelt wird sie gerne auch *Tonality* oder *Tone of voice* genannt, um sie von der phonetischen Intonation abzugrenzen, mit der die Veränderung von Bedeutungen durch die Stimmhöhe gemeint ist, etwa um Frage- und Antwortsätze zu unterscheiden. Gerade in einer Präsentation kommt es darauf an, in welchem Stil und Jargon du deine Inhalte vermittelst: Das kannst du zunächst durch die Stimmfarbe tun, vor allem aber kannst du durch die Art deiner Wortwahl und des Satzbaus mit ähnlichen Inhalten zielgruppengerecht positive Wirkung erzeugen.

Für eine jüngere Zielgruppe sind kurze Sätze und bisweilen auch Jugend-Slang hilfreich, Akademiker und echte *Grufties* erreichst du eher mit komplexerem Satzbau und assoziativer Sprache. Bei aller Zielgruppenorientierung: Wähle stets eine Stilistik, die dir liegt und entspricht (Siehe auch ➳ *Authentizität, 79*) – vor allem im gesprochenen Wort.

Logik, Struktur und Stringenz

Über Ethos und Pathos haben wir an anderer Stelle bereits gesprochen (➳ *Ethos, 74*, ➳ *Pathos, 80*). Dritter im Bunde ist das altgriechische Wörtchen

Logos, über dessen beste Übersetzung schon Martin Luther und Doktor Heinrich Faust in ihren Studierzimmern brüteten. Luther übersetzte im Johannesevangelium »Logos« schließlich mit »Wort«, Goethe ließ Faust über Kraft, Geist und Tat nachdenken*, und für Papst Benedikt XVI. stand es in seiner Regensburger Rede für Vernunft**. Im Prinzip gilt all das, wenn es um den Aufbau einer guten Präsentation geht: Klare Worte finden, kraftvolle Überzeugungsarbeit leisten, den Geist anregen, mit deiner Rede zur konkreten Tat inspirieren – und das alles im Rahmen eines vernünftigen Aufbaus.

Achte darauf, dass deine Präsentation auf der Sachebene möglichst unangreifbar ist: Das wird sie vor allem durch einen logisch schlüssigen Aufbau, der im Rahmen einer klaren, nachvollziehbaren Struktur erfolgt und stringent durchgezogen wird. Wenn du die Lösung für ein Problem präsentierst, sollte sie in erster Linie richtig sein – ob sie darüber hinaus überraschend, kreativ oder besonders eigenständig ist, kommt erst an zweiter Stelle.

Ziehst du Schlussfolgerungen, die für dein Publikum nicht nachvollziehbar sind – sei es aus mangelndem Wissen, sei es, weil du selbst einen logischen Fehler gemacht hast, verliert deine Präsentation schnell ihre Überzeugungskraft. Teile deshalb deine Gedankengänge in logische Segmente und präsentiere gegebenenfalls auch alternative Lösungswege, die du aber verworfen hast (siehe ➳ *Alternativwege aufzeigen, 127*).

Argumentierst du unlogisch oder mit naheliegenden, aber nur auf den ersten Blick richtigen Ableitungen, verlierst du vielleicht nicht deine Überzeugungskraft, wechselst aber von Stringenz zu Polemik. Die wird selten mittel- oder langfristig Erfolg haben und dich meistens schon während der Präsentation diskreditieren.

Hilfreich ist auch hier eine dritte Meinung: Stelle deine Argumentationskette einer Person vor, die in dein Thema überhaupt nicht involviert ist und bitte sie, dir Hinweise darauf zu geben, wo sie dir nicht folgen kann.

Positive Kommunikation, Humor, Ironie

Positive Kommunikation

Positive Kommunikation ist fast immer der richtige Weg zum Erfolg. ***Rede nicht über Fehler, sondern über Chancen. Rede nicht über Unzulänglichkeiten, sondern über Potenziale.*** Wenn es darum geht, zum Beispiel in einer Präsentation über die Neukonzeption eines bestehenden Mediums zu referieren, benötigst du am Anfang etwas Material, anhand dessen du beweisen kannst, dass es tatsächlich besser geht. Wenn du nun anfängst, die bisherigen

* Goethe, Faust I, [Im Studierzimmer]
** https://www.welt.de/kultur/article153710/Im-Anfang-war-der-Logos.html

Leistungen genussvoll in die Pfanne zu hauen, um sodann deinen neuen Ansatz im besten Licht erscheinen zu lassen, hast du dir mit einiger Sicherheit bereits zu Beginn Feinde unter deiner Zuhörerschaft gemacht: Nämlich diejenigen, die den bisherigen Auftritt verantwortet haben. Sich vor versammelter Mannschaft anhören zu müssen, was man alles verbockt hat, macht niemandem Freude – schon gar nicht, wenn Vorgesetzte dabei sind, die offenbar ohnehin der Meinung sind, dass es besser geht – sonst wärst du ja gar nicht eingeladen worden. Garnierst du das auch noch mit einer spöttischen Pointe, ist wirklich Schluss mit lustig. Bemühe dich eher, Ansätze herauszuarbeiten, auf denen du positiv aufsetzen kannst *(»die Grundidee zu dieser Textpassage ist an sich hervorragend, man könnte eventuell inhaltlich noch ein klein wenig nachschärfen, die Stilistik und den Fokus etwas verändern, dann wird das noch ein Stück besser wirken«).*

Nur wenn du sicher bist, dass die ehemals Verantwortlichen nicht am Tisch sitzen, oder wenn du wirklich kompletten Murks vorfindest, solltest du nicht drumherum reden – das gebietet dein Ethos. Bleib aber respektvoll – und denke über vermeintlich lustige Passagen deiner Präsentation immer aus der Perspektive dessen nach, den sie treffen könnten. Am wenigsten falsch machst du, wenn du die Zuhörer zum Lachen über dich selbst bringen kannst.

Humor ist nicht allgemeingültig

Entsprechend solltest du auch mit Humor umgehen. Ich habe viele Vorträge von Unternehmern alter Schule gehört, denen auf ihren Kaderschmieden und Elite-Internaten in Salem, Eton und anderswo vor Jahrzehnten beigebracht worden sein muss, dass eine gute Rede mit einem kleinen, möglichst harmlosen Scherz beginnt. Das freundliche Lachen ging selten über die erste Publikumsreihe hinaus, in der Honoratioren mit der gleichen Bildungshistorie saßen. Was nicht zuletzt daran liegt, dass jede Generation, jeder Kulturkreis und jede soziale Schicht ihre ganz eigenen Vorstellung davon hat, was lustig ist und was nicht. Im Business-Kontext wirst du selten auf eine homogene Gruppe treffen, die sich über die gleichen Dinge amüsiert. Gehe also sparsam mit deinem Sinn für Humor um – deswegen muss deine Präsentation noch lange nicht staubtrocken sein, eine fröhliche Anekdote schadet selten.

Ironie funktioniert nie

Ist es mit Humor schon schwierig, wird es bei Ironie aussichtslos, und das erst recht in einem multikulturellen Umfeld und/oder mit Sprachbarrieren.

So schön dieses Stilmittel ist, so wahrscheinlich ist es, dass du beim Einsatz von Ironie missverstanden wirst. Es gibt immer irgend jemanden am Tisch oder im Publikum, der den Halbsatz davor nicht mitbekommen hat und dich ob deiner schrägen Aussage irritiert anschaut oder gar nicht reagiert und sich seinen Teil denkt. »Keine Sorge, das war nicht ernst gemeint« ist die einzige Rettung aus dieser Situation, aber rhetorisch ungefähr so elegant wie zu erklären, was an einem Witz lustig ist. Lass es einfach sein.

Tabus akzeptieren!

Bei den wirklich wichtigen Dingen im Leben hört der Spaß auf: ***Völlig tabu sind deshalb in den allermeisten Präsentationen drei Themen – und das aus gutem Grund: Sex(ismus), Religion(skritik) und politische Präferenzen.***

Zu schnell kommst du auf diesen Gebieten mit einer unüberlegten Bemerkung auf echtes Glatteis – ein Satz, den du unproblematisch oder auflockernd finden magst, kann andere tief verletzen oder auf völliges Unverständnis treffen. Für Herrenwitze oder Belustigung über religiöse Gefühle sollte jedenfalls in keiner Präsentation Platz sein.

Lass diese drei Bereiche einfach außen vor – es sei denn, es ist dir im Kontext deines Themas so wichtig, dass es nicht anders geht. Dann musst du auch mit den Konsequenzen leben.

Quick and dirty?

Wir alle kennen das: Der Schreibtisch ist voll, und dann kommt der Anruf für die dringende Präsentation am nächsten Morgen. Eigentlich schaffst du es gerade noch, die wesentlichen Aussagen zum Thema zu durchdenken und zu formulieren – die Zeit, alles in eine saubere Präsentation zu gießen, hast du nicht. Nun gibt es zwei Möglichkeiten: Entweder stoppelst du deine Erkenntnisse unstrukturiert in eine alte Präsentation, löschst die überflüssigen Seiten und korrigierst die gröbsten Fehler auf dem Weg zum Termin in der überfüllten S-Bahn oder kurz vor der Online-Session. Das kann funktionieren. Empfehlenswerter und nervenschonender für deine Mitmenschen, Teammitglieder oder allfällige Vertretungen ist allerdings Option zwei:

Strukturiert und modular!

Du verfügst auf deinem Rechner – oder noch besser auf einem Cloud-Server – über vorgefertigte Präsentationsmodule zu den wichtigsten Themen deines Wirkungsfeldes. Das ist eine einmalige Investitionen, die viel Arbeit macht, sich aber schnell rechnet. Wesentliche Teile deiner Präsentation kannst du so per drag and drop in tagesaktueller Qualität (vorausgesetzt, du arbeitest neue Erkenntnisse regelmäßig auch in die Vorlagen ein) in wenigen Sekunden zusammenbauen und dich so voll und ganz auf die neu zu erstellenden Inhalte konzentrieren. In unserer Agentur nutzen wir Google Presentations und haben in der sogenannten Vorlagengalerie jeweils auf Deutsch und Englisch eine standardisierte Agenturvorstellung, Mitarbeiterprofile, einen archetypischen Workshop, Foliensätze zu Prozessen und Budget, nach Branchen und Themen gegliederte Case Studies in ausführlicher und Kurzform sowie Toolboxen und Corporate Elements mit Masterfolien und kopierbaren Grafiken, Tabellen oder Hintergründen für individuelle Präsentationsinhalte abgelegt. Die Bitte nach einer kurzen Vorstellung im Rahmen einer New- Business-Anfrage kann so in großen Teilen fast schon erstellt werden, während das Erstgespräch am Telefon noch läuft.

(Getrennte) Themenbereiche

In vielen Fällen präsentierst du innerhalb eines Termins Themensegmente, die unterschiedliche Menschen im Publikum mehr oder weniger interessieren. Entsprechend solltest du deine Präsentation klar gliedern und gleich zu Beginn auch in einer Timeline darauf eingehen, unter welchem Agendapunkt welche Themen zu erwarten sind und wie viel Zeit du ungefähr damit verbringen wirst. So kann sich beispielsweise die Verantwortliche für die Einhaltung der Corporate-Design-Regeln eines Unternehmens noch ihrem Social-Media-Account widmen, wenn sie weiß, dass du erst nach etwa 30 Minuten erste visuelle Ausführungen zeigen wirst. Der Strategiechef ist dagegen gleich zu Beginn alert und kann sich dann entspannen, wenn du zur Budgetierung und deinem Zahlenwerk übergehst.

Denke auch daran, dass streng vertrauliche Inhalte, die dir im Rahmen deiner Überlegungen zur Verfügung gestellt werden, möglicherweise nicht für alle Ohren und Augen in dem Gremium bestimmt sind, vor dem du später präsentierst – wie auch in einigen Unternehmen der Zahlenteil.

Proaktiv kannst du bei sehr komplexen Präsentationsinhalten auch selbst vorschlagen, die Präsentation in Bereiche mit unterschiedlichem

Teilnehmer:innenfeld zu splitten. ***Je klarer deine Präsentation strukturiert ist, desto einfacher kannst du sie auch in einzelne Blöcke auseinandernehmen.*** Erkundige dich ggf. bei deinen Auftraggebern, ob bestimmte Informationen vertraulich behandelt und separat präsentiert werden sollen.

Inhalte Schulterblick / Vorabversand / Präsentation

Manche Inhalte einer Wettbewerbspräsentation kommunizierst du aufgrund der organisatorischen Vorgaben zwei- oder dreimal: Das erste Mal bei einem Schulterblick, das zweite Mal bei der Vorab-Einreichung deiner Unterlagen zur sachlichen Prüfung, und das dritte Mal bei der Präsentation.

Wiederholungen an dieser Stelle sind vollkommen normal – kein Kunde erwartet nach einem positiven Feedback bei einem Schulterblick, dass du die Inhalte nochmals vollständig überarbeitest, nur um in der Endpräsentation erneut zu überraschen. Das wäre auch nicht zielführend. Dennoch solltest du die unterschiedlichen Präsentationsformate nutzen, um zumindest leichte Differenzierungen vorzunehmen:

Im Schulterblick kannst und solltest du noch mehrere Alternativen zur Verfügung stellen. Die Ausarbeitung sollte dem Fakt entsprechen, dass ein Schulterblick bereits vorentscheidend sein kann, muss aber noch nicht so perfekt sein wie in der finalen Präsentation.

Eine Vorab-Einreichung ist im Prinzip eine Lese-Präsentation, kann und darf also ausführlicher sein als deine finalen Präsentationsinhalte. Liegt zwischen Vorprüfung und Haupttermin ein längerer Zeitpunkt, wird es dir hin und wieder auch gestattet, weitere Ausarbeitungen nachzureichen, sofern sie die vorgeprüfte Struktur nicht verändern (beispielsweise weitere Layouts, zusätzliche Ansichten oder verfeinerte Renderings).

Bei der finalen Präsentation liegt der Fokus dann eher auf deinem persönlichen Auftritt und deiner persönlichen Performance, weniger auf (zu) ausführlichen Slides.

Eine Lösung oder Alternativen

Menschen haben gerne die Wahl. Deshalb steht in vielen Briefings der Wunsch nach mehreren Lösungsalternativen, die du präsentieren mögest. Allerdings wirst du als Experte für die Lösung eines Problems gebucht. Eigentlich sollte dein Kunde also erwarten, dass du Experte genug bist, aus mehreren Lösungsalternativen die beste herauszufiltern und konsequenterweise auch nur diese vorzustellen.

Insbesondere bei Wettbewerbspräsentationen ergibt sich die spätere Auswahl unter verschiedenen Lösungswege schon durch die Zahl der Anbieter, die kaum alle ein identisches Konzept präsentieren werden. Du solltest deshalb gut überlegen, ob du mit mehreren Alternativen ins Rennen gehst.

Praxisbeispiel

Relativ zu Beginn meiner Selbstständigkeit hatte ich die Chance, dem Markenvorstand eines großen Automobilkonzerns das grafische Konzept für einen Wandkalender präsentieren zu dürfen. Agenturintern fanden wir zwei sehr unterschiedliche Herangehensweisen spannend und arbeiteten beide aus. Direkt nach der Präsentation fragte mich der Vorstand, welchen Entwurf ich präferieren würde, schließlich sei ich der Designexperte und nicht er, und er habe weder die Kompetenz noch die Zeit, sich zwischen zwei Alternativen zu entscheiden. Ich möge doch bitte mit meinem Team kurz zwei Minuten nach draußen gehen und ihm dann rückmelden, mit welchem Entwurf wir uns für die Umsetzung bewerben würden.

Dieses Feedback hat mich beeindruckt und geprägt – und in der Tat gehört es für mich seitdem zur professionellen Herangehensweise an eine Präsentation, aus zunächst vielen Optionen die wenigen herauszufiltern, deren Umsetzung sich zu durchdenken oder auszuarbeiten lohnt, um dann auf Basis der analytischen und strategischen Briefingparameter die am besten geeignete Lösung zu identifizieren und auch klar zu benennen. ***Oft genug ignorieren wir deshalb den Kundenwunsch nach mehreren Alternativen und erläutern lieber, warum die eine, die wir präsentieren, zwingend die richtige ist.*** Gerne zeigen wir auf dem Weg dorthin aber verworfene Alternativen – letztlich nur, um die von uns ausgewählte, »einzig richtige« Lösung zu stärken.

Das hat den angenehmen Nebeneffekt, mit dieser Methode immer wieder auch einen Wirkungstreffer zu landen, wenn in einer Wettbewerbspräsentation vor oder nach uns von der Konkurrenz ein Entwurf präsentiert wird, den wir davor argumentativ als nicht zielführend ausgeschlossen haben. Das macht es den Kollegen schwerer, den Kunden davon zu begeistern.

Vor allem aber ist es ein Weg, die Präsentation stringent zu halten und nicht mit zu vielen Inhalten und Optionen zu überfrachten. Die Merk- und Differenzierungsfähigkeit deiner Zuhörerschaft ist ohnehin viel eingeschränkter, als du es dir vorstellst, wenn du dich tage- oder wochenlang mit einem Sujet beschäftigst, das von deinen Auftraggebern zwar mit ausführlichem Briefing an dich herangetragen wurde, aber bis zu deiner Präsentation oft schon von anderen Themen überlagert wurde.

Eine generelle Zeitersparnis ergibt sich aus dieser Vorgehensweise nicht. Wenn du die Selektion der besten Lösung ernst nimmst, solltest du dir zuvor über mehrere Optionen wirklich ausführlich Gedanken gemacht haben – das bist du auch deinem Kunden schuldig. Was du allerdings sparst, ist Zeit innerhalb der Präsentation – und die kannst du verwenden, um deine präferierte Lösung auch innerhalb einer Frage- und Feedbackrunde kompetent zu verteidigen.

Abweichen vom Briefing

Das Plädoyer des vorhergehenden Kapitels ist in der Regel bereits eines für das Abweichen vom Briefing, etwa darin, statt zwei Alternativen nur eine Lösung zu präsentieren. Gut begründet funktioniert das. Generell aber stößt Abweichen vom »Bestellten« nicht immer auf Gegenliebe – insbesondere wenn das Erfüllen der Briefing-Anforderungen ein wesentliches Kriterium für die Auswahl des geeigneten Geschäftspartners ist.

In gut organisierten Pitches erhalten die Teilnehmer des Entscheidungsgremiums eine Bewertungsmatrix, in der sie Punkte für einzelne Aspekte der jeweiligen Präsentation vergeben können, die dann unterschiedlich gewichtet werden. In allen Bewertungsbögen, die ich gesehen habe, spielt die punktgenaue Briefing-Abarbeitung eine wichtige Rolle.

Du solltest deshalb sehr vorsichtig damit sein, unabgestimmt das Briefing zu verlassen. Nun sind gerade kreative Menschen oft selbstbewusst genug, davon auszugehen, dass sie besser wissen als ihr Kunde, was für ihn wirklich gut ist. Und in der Tat ist das auch Teil ihrer Aufgabenstellung, denn wirkliche Kreativität und Innovation stellt das Bestehende infrage. Insbesondere wenn ein Briefing nicht gemeinsam erstellt oder ausführlich diskutiert wurde, ist es durchaus denkbar, dass in den Briefingvorgaben ein Fehler liegt, der eine optimale Lösung verhindert. Bittet dich zum Beispiel ein Kunde darum, einen Flyer zu erstellen, der ein junges Zielpublikum erreichen soll, kannst du mit einigem Recht überlegen, ob ein TIKTOK-Video die Wünsche des Auftraggebers nicht besser erfüllen würde. Mach aber nicht den Fehler, nur das Video zu präsentieren. ***Auch wenn es dir unnötig erscheint: Erfülle zunächst das Briefing buchstabengetreu, um dann aufzuzeigen, dass es eine noch besser funktionierende Alternative gibt.*** So gibst du dem Kunden die Möglichkeit, deine Gedanken nachzuvollziehen und seine Ansichten möglicherweise zu revidieren. Ich habe in den ersten Jahren meiner Tätigkeit vielfach Briefing-Vorgaben ignoriert, weil ich sicher war, einen besseren

Lösungsweg gefunden zu haben. Fast ebenso häufig kam dann nach der Präsentation die Absage mit der nüchternen Begründung »Briefing verfehlt«. Du kannst diese Methode auch zur Inszenierung nutzen. Einer der unangefochtenen Gurus der Präsentationsdramaturgie, Steve Jobs, tat das perfekt unter dem Stichwort »ONE MORE THING« . Während sich seine Keynotes hauptsächlich um erwartbare Inhalte und Optimierungen vorhandener Produkte drehten, hob er sich wirklich Überraschendes und weiter Gedachtes wie die Erfindung des Smartphones unter diesem Motto bis zum Schluss seiner Produktvorstellungen auf.

Bist du überzeugt davon, dass du nur zu einer guten Lösung gelangst, wenn du Teile des Briefings anders interpretierst, als es offensichtlich gemeint war, bieten Rückfragen oder Schulterblicke eine gute Rückversicherung für diese Vorgehensweise – nutze sie entsprechend.

Manipulation und Unterbewusstsein

Als geübte:r Präsentator:in bist du in der Lage, dein Publikum in eine bestimmte Richtung zu lenken, durch geschickte Argumentation Meinungen zu implantieren, zu verstärken oder zu ändern und Menschen dazu zu bewegen, Dinge zu tun, die sie aus sich heraus nicht getan hätten.

Je besser du präsentierst, je erfolgreicher und überzeugender du sprichst, desto größer ist dein manipulativer Einfluss auf deine Zuhörerschaft, denn audiovisuelle Kommunikation hat immer auch eine psychologische Komponente. Je gewandter du rhetorische Stilmittel einsetzt, desto eher erreichst du auch das Unterbewusstsein deiner Zielgruppe.

Begeisterung ist eine bewusste Regung, wird aber durch unbewusst wahrgenommene Faktoren stark beeinflusst. Bist du in der Lage, durch deinen Auftritt Stimmungen zu erzeugen, Atmosphäre zu generieren, bist du auf der Ebene des Unbewussten. Unser limbisches System verarbeitet in jeder Sekunde etwa 20 Gigabyte Datenvolumen aus der Stimulation durch Sprache, Bilder und andere Wahrnehmungsformen. Nur ein Bruchteil davon wird im präfrontalen Kortex auf die Bewusstseinsebene weitergeleitet, ansonsten würden wir aufgrund der auf uns einprasselnden Informationsflut verrückt werden.

Die große Menge der anderen Sachverhalte wird im präfrontalen Kortex auf Gefühlsebene entschieden: Etwas gefällt uns »spontan« oder gefällt nicht, ist uns sympathisch oder nicht. Auch auf diese Entscheidungen zielen eine gekonnte Präsentation, gut ausgewählte Bilder und subtile Rhetorik ab.

In einer Präsentationssituation hast du Macht über andere Menschen. Es liegt an deiner Haltung, an deinem Ethos, wie weit du gehen willst, um andere zu überzeugen. Die großen, für teure Firmenevents gebuchten Stars in der Vertriebstrainer-Szene, die vor tausenden von Mitarbeitern unschlagbare Tipps nach dem Motto *»Du kannst alles verkaufen, wenn du nur willst«* weitergeben, kennen diese Barriere jedenfalls nicht. Da dieses Buch wie im Vorwort beschrieben ein Beziehungsratgeber sein möchte, erlaube ich mir den Hinweis darauf, dass eine Beziehung, die mit Manipulation beginnt, selten nachhaltig ist.

Wiederholung / Penetration

Auf ein ebenfalls manipulatives Stilmittel möchte ich gesondert eingehen: die Wiederholung, im Marketingdeutsch auch Penetration genannt. Es ist wissenschaftlich erwiesen, dass etwas, was wir Menschen oft genug gehört oder gesehen haben, automatisch als wichtiger und auch richtiger wahrgenommen wird als Dinge, die uns nur einmal begegnen. Insofern beschreibt der abgeleitete Ausdruck *penetrant*, den wir als wenig schmeichelhaft empfinden, die Realität nur dann richtig, wenn sie auf der bewussten Ebene stattfindet. Im Unterbewusstsein bekommen wir Durst auf koffeinhaltige Limonade, wenn wir nur oft genug dem Schriftzug Coca-Cola begegnen.

Gute Präsentator:innen und Redner:innen wissen: In der Wiederholung liegt eine besondere Kraft – und nutzen das im positiven Sinne. Martin Luther King begann in seiner berühmten Rede am 28.8.1963 vor dem Lincoln Memorial in Washington neunmal hintereinander einen Satz mit der Formulierung *»I have a dream«* und mobilisierte damit die Massen. Es muss nicht gleich neunmal sein – aber einen Kernsatz deiner Präsentation zu betonen, indem du ihn direkt zweimal hintereinander sagst, zeigt Wirkung. Am Ende deines Vortrags darf er dann noch einmal auftauchen. Viel hilft viel trifft nicht immer zu: Hier schon.

Kabbalistik: Die goldenen Zahlen

Ein weiteres wirkmächtiges Stilmittel, um Überzeugendes noch überzeugender zu verpacken, ist die magische Welt der Zahlen. Sie bringen zunächst Ordnung in eine Präsentation oder Rede– als Agendapunkte oder Kapitelnummerierungen. Zum anderen wecken einige Zahlen in uns besonders positive Gefühle.

3

Ich bewundere amerikanische Manager:innen (und rhetorisch geschulte Politiker:innen auch hierzulande), wenn sie auf eine Frage die Antwort geben: *»Lassen Sie mich dazu drei Dinge sagen: erstens ..., zweitens ..., drittens ...«* Diese Art der Aufzählung übt eine ungeheure Anziehungskraft auf uns aus. In der Musik *(Dreivierteltakt)*, in der Religion *(Dreifaltigkeit)*, und besonders in der Rede. Das hat mit unserer Merkfähigkeit zu tun, bei der mit drei Aussagen meistens Schluss ist. ***Was dreiteilig oder gar dreieinig ist, gilt für uns als abgeschlossen und wirkt einfach gut.***

5

Ähnlich verhält es sich bei ausführlicheren Präsentationen mit der Zahl fünf, der wir körperlich verhaftet sind: Wir haben nicht nur fünf Finger und fünf Zehen auf jeder Seite, wir sind auch in der Lage, fünf beliebig auf einer Fläche drapierte Gegenstände ohne sie zu zählen sofort richtig zu erfassen. Ab sechs Stück müssen wir durchzählen. Drei oder fünf Thesen, Kapitel oder Kernaussagen sind überzeugender als andere Summen.

7, 10

Vergleichbares gilt für Sieben und Zehn *(die sieben Zwerge, die zehn Gebote)*. Sieben Jahre brauchen wir für die Regeneration unseres Körpers mit frischen Zellen. Die Zehn ist als namensgebende Ziffer unseres Dezimalsystems der immanente Ausdruck von Ordnung. Darüber wird es unübersichtlich, allenfalls das Dutzend darfst du noch vollmachen. Hätte Martin Luther in unserer informationsüberfrachteten Zeit gelebt, er hätte kaum 95 Thesen an die Wittenberger Kirchentür geschlagen, sondern sie in sieben oder zehn griffige Sätze gepackt.

Bloss nicht: 4, 13

Was in dieser Ecke der Welt gilt, ist nicht allgemeingültig. In China sollte eine Präsentation eher auf den Glückszahlen 6, 8 und 9 aufbauen als auf 7 und 10, die dort tendenziell Unglück verheißen*. Auf gar keinen Fall sollte man die Zahl 4 verwenden, die einen ähnlichen Klang wie das Wort für Tod hat. Hierzulande gibt es dafür keine 13. Reihe im Flugzeug und in manchen Hochhäusern keinen 13. Stock. *»Dreizehn Thesen zu ...«* sind deshalb auch keine besonders gute Präsentationsidee.

* https://www.gdcf-mainz-wiesbaden.de > Tipps > Glückszahlen China

Recherche und Recycling

Plagiate und Dubletten; Peer-Group-Abgleich

Das Briefing für einen spannenden Job ist da, und du hast auch schon erste Ideen. Nichts ist jetzt schöner als sofort loszulegen – und meist tust du das auch. Was dabei immer wieder auf der Strecke bleibt – auch in unserer Agentur: Eine ausführliche Recherche vor Beginn jeglicher anderer Tätigkeiten. Und das kann sich rächen. Immer dann, wenn du begeistert an einem Konzept arbeitest, das aus Gründen nicht realisiert werden kann, die du bereits ganz am Anfang mühelos hättest in Erfahrung bringen können.

Plagiate

Jedes Jahr veranstaltet der Art Directors Club für Deutschland e.V. einen Kreativwettbewerb, bei dem Tausende Einreichungen um Auszeichnungen kämpfen. Der ADC beschäftigt eigens ein Recherche-Team, das Verdachtsmomenten nachgeht, es könnte sich bei einer Einreichung um ein Plagiat einer bereits vor Jahren anderswo umgesetzten Arbeit handeln – und tatsächlich sind bei fast jedem Wettbewerb ein oder zwei schwarze Schafe dabei.

Dubletten

Nun sind nicht alle Menschen awardgierige Betrüger – ***deshalb kommt in der Praxis die unabsichtliche Dublette viel häufiger vor als bewusster Ideenklau.*** Das darf nicht wundern: Alleine in Deutschland waren Ende 2021 fast 900.000 nationale Marken beim Patent- und Markenamt als schutzwürdig eingetragen*. Die weltweit größte Datenbank für Markenschutz, SAEGIS, enthält rund 65 Millionen eingetragene Marken**– und jedes Jahr kommen alleine aus China hunderttausende neue hinzu. Die Wahrscheinlichkeit ist gewaltig, dass der eigene Entwurf schon in ähnlicher Form irgendwo existiert, zumal bei sehr einfachen Formen. Gehen wir davon aus, dass für all diese eingetragenen Marken in irgendeiner Form Kommunikation gemacht wird oder wurde und sich die Kampagnen alle paar Jahre ändern, kommen wir auf eine ***dreistellige Millionensumme an existierenden Werbekampagnen.*** Die Wahrscheinlichkeit, mit der soeben ganz eigenständig und ohne konkrete Inspiration entstandenen Marken- oder Kampagnenidee nicht der erste Mensch auf Erden zu sein, ist angesichts dieser Zahlen gewaltig – und das ohne jede böse Absicht.

* https://www.dpma.de/dpma/veroeffentlichungen/statistiken/marken/index.html
** https://www.prnewswire.com/de/pressemitteilungen/china-ist-auf-kurs-die-usa-bis-2020-als-land-mit-der-groWten-zahl-internationaler-markenanmeldungen-zu-uberholen-682944631.html

Peer-Group-Abgleich

Deshalb sollte jede Präsentation mit einem Abgleich dessen beginnen, was es in den letzten Jahren im Verbreitungsgebiet, in der Branche und insbesondere bei Wettbewerbern bereits an Marken, Kampagnen oder anderen schutzfähigen Inhalten gegeben hat. Das ist nicht nur eine gute Versicherung dagegen, ungewollt bereits Bestehendes neu zu erfinden, sondern inspiriert und hilft auch dabei, das Marktsegment richtig einzuschätzen.

Es gibt nur einen Recherche-Fehler, der noch peinlicher ist, als die Kampagne des größten Wettbewerbers von vor drei Jahren für das aktuelle Marketing deines Kunden vorzuschlagen – nämlich dessen eigene ehemalige Kampagnenidee noch einmal als echte Neuentwicklung zu präsentieren. Wem ein solcher Fehler unterläuft, der ist vollkommen selbst schuld, weil es für Faulheit oder Dummheit keine Entschuldigung gibt. Hier geht es nur um handwerklich saubere Recherche: Beziehe dabei auch das Ausland und das letzte Jahrzehnt mit ein. Das lässt sich meist einfach erledigen, indem du beim Briefing um entsprechende Informationen bittest – oder spätestens bei einem Schulterblick nachfragst, ob die Idee wirklich frisch ist.

Was sonst noch so läuft

Ebenso wichtig ist es, aktuelle, große Aktionen auch aus anderen Branchen zu verfolgen, die viele Menschen kennen werden, für die deine Präsentationsergebnisse bestimmt sind. Gleiches gilt für branchenübergreifende Themen wie Weihnachten, an denen plötzlich ganz unterschiedliche Marken mit unterschiedlichen Zielgruppen zum Verwechseln ähnliche, rührselige Geschichten erzählen. Schließlich solltest du auch die Nachrichten-Großwetterlage mit berücksichtigen: Eine Präsentation mit der Militärsprache entlehntem Wording *(»Das wird einschlagen wie eine Bombe!«)* mag hin und wieder lustig sein, ist in Kriegszeiten aber völlig fehl am Platze. Kurz: Ein allgemeines Interesse an deinem Umfeld und deiner Umwelt hat noch keinem geschadet, der oder die angetreten ist, sie mitzugestalten.

Daten

Im Rahmen deiner Recherche werden jede Menge Daten anfallen, die du schnell durchklickst und anschließend möglicherweise wieder vergisst. Es hilft sehr, Ordner einzurichten, in denen du Links, Inspirations- und Informationsquellen so ablegst, dass du sie auch dann noch zur Hand hast, wenn es darum geht, ein Quellenverzeichnis anzulegen oder auf die Frage *»da war* *doch noch etwas«* eine Antwort zu finden. Logisch, dass es bei Teamwork eine geteilte Ablage sein sollte. Führst du das Ganze strukturiert fort, entsteht so mit der Zeit ein Informations- und Ideenarchiv, das dir bei der Erstellung zukünftiger Präsentationen eine wertvolle Hilfe sein kann – so wie der Zettelkasten von Arno Schmidt, nur eben digital. Gerade bei Verlinkungen ist es dabei wichtig, auch das Abrufdatum zu notieren. Viele Websites verändern sich mit der Zeit, es gibt aber genügend Möglichkeiten, einmal publizierte Inhalte in Webarchiven wieder aufzufinden. Für wissenschaftlich korrekte Quellenangaben ist das Abrufdatum ohnehin Pflicht.

Quellen und Quellenangaben

Für eine wissenschaftliche Präsentation sind sie Pflicht, für eine kommerzielle zumindest Ehrensache: verlässliche und vollständige Quellenangaben (➳ *Copyright, 60*). In vielen Fällen wirkt die Quellenangabe direkt am zitierten oder abgebildeten Inhalt unschön – dann hilft ein Quellenverzeichnis am Ende deiner Präsentation (du musst es auch nicht mit an die Wand werfen, Hauptsache, es ist da). Ein solches Verzeichnis im Nachgang zu erstellen ist aufwendig und manchmal vergebliche Liebesmühe. Mache es dir entweder zur Angewohnheit, ein digitales Archiv zu führen oder im Quellenverzeichnis am Ende deines Präsentationsdokumentes sofort einen Vermerk zu machen, sobald du fremde Inhalte einklinkst.

Archiv / Vorlagen

Vermutlich entstehen viele Millionen Präsentationen täglich dadurch, dass eine alte, ähnliche, mit neuen Inhalten überschrieben wird. Das ist praktisch und geht in vielen Fällen auch schnell, ist aber auch eine üble Fehlerquelle: Kein Adressat findet es lustig, in den für ihn exklusiv erstellten Slides versehentlich nicht gelöschte Verweise darauf zu finden, dass das gleiche Dokument vor zwei Jahren schon einmal seinem Konkurrenten vorgestellt wurde. ***Arbeite daher lieber mit schnell zusammenzuführenden Präsentationsmodulen*** (➳ *Quick and Dirty? Strukturiert und modular!, 104*), die dazu noch den Charme haben, leichter auf aktuellem Stand gehalten werden zu können. Die Aussagen aus der Präsentation für die gleiche Branche von damals kann in Punkten überholt sein, die du gar nicht bemerkst, die aber spezialisierte Kolleg:innen längst in der Präsentationsmodul-Datenbank aktualisiert haben.

Eine ganz andere Art der Vorlage ist die Designvorlage deines Kunden: Viele Kunden wissen es zu schätzen, wenn du nicht in deinem Layout, sondern in ihren Standardlayouts präsentierst, am besten auch in dem von ihnen präferierten Programm. Frage nach, ob das gewünscht ist, und bitte um entsprechende Templates (➵ *Mein Layout? Dein Layout!, 161*).

Cases / Best Practice / Referenzen

In Chemistry Meetings oder Strategie-Präsentationen spielen Best-Practice-Beispiele eine große Rolle. Wenn du es schon nicht für deine anderen Präsentationsinhalte tun magst: ***Ein gut strukturiertes und mit Tags (Jahr, Branche etc.) versehenes, digitales Archiv für erfolgreiche Cases, die du je nach neuer Aufgabenstellung einfach zusammenstellen kannst, ist für die effiziente Erarbeitung einer Präsentation unverzichtbar.*** Übrigens auch für neue Kollegen und Kolleginnen, die sich mit dem Kundenstamm und den historischen Erfolgen ihres Arbeitgebers noch nicht auskennen.

Onepager, Case Studies, Hero-Cases

Hilfreich ist es dabei, deine Best-Practice-Beispiele in unterschiedlichen Formaten vorzuhalten: Onepager kommen zum Einsatz, wenn du wenig Zeit hast und trotzdem zeigen möchtest, dass du dich mit dem Thema bereits auskennst. Zwei oder drei plakative, einseitige Cases mit einigen wenigen Abbildungen reichen schon aus, damit dein Kunde einen Eindruck von deinem Erfahrungsschatz erhält, der über eine Referenzliste hinausgeht.

Hast du eine ganze Stunde Zeit, um dein Leistungsportfolio vorzustellen, wirst du auf einige Cases ausführlicher eingehen wollen. Dafür ist es sinnvoll, immer ähnlich aufgebaute Case Studies vorzubereiten, die auf 5-10 Seiten einen tieferen Einblick in deine Arbeitsweise und bestehende Ergebnisse bieten *(Eine mögliche Struktur könnte sein: Information über den Kunden – Beschreibung des Projektes und seiner besonderen Herausforderungen – Darstellung der Lösung – Darstellung der Ergebnisse / Erfolge / Feedbacks)*. Eine gute Option sind auch maximal einminütige Filme.

Und schließlich können wenige ausgewählte, besonders eindrucksvolle Projekte das Potenzial haben, umfassend vorgestellt zu werden. Pro Branche brauchst du sicherlich nur einen Hero Case, aber eine solche Mini-Präsentation bereits in der Hinterhand zu haben, ist in hektischen Zeiten Gold wert.

Was Kunden meiner Erfahrung nach ganz besonders schätzen, ist die Erfahrung anderer Kunden: Wenn es dir gelingt, eine:n zufriedene:n

Auftraggeber:in davon zu überzeugen, als Referenz für dich zur Verfügung zu stehen, kannst du seinen oder ihren Namen am Ende eines Cases mit Mailadresse oder Telefonnummer einbinden. Das wird selten genutzt werden – aber es ist eine hochgradig vertrauensbildende Maßnahme. In jedem Fall solltest du die betreffende Person auch bei einer generellen Erlaubnis darüber informieren, wann und wem du sie als Referenz genannt hast, und natürlich auch Feedback und ein Dankeschön nicht vergessen: It's a people's business …

Konzeption

Leitgedanke, Lösungsorientierung

In einer großen deutschen Werbeagentur geht es zu Beginn der Arbeit an einem Pitchdeck zunächst nicht um die Folieninhalte, sondern um ein kleines Post-it. Ist das einmal formuliert, geht der Rest viel einfacher und das Team bleibt fokussiert. Jedes Teammitglied klebt sich dann das Post-it für die Dauer der Arbeit and der Präsentation an den Monitor. Was dort immer im Blickfeld steht? Ein einziger Satz. Und der hat es in sich, denn er ist die Antwort auf die Frage ***»how to win the pitch«***. Ob Post-it, Bierdeckel oder Serviette: Das Gute an dem Format ist der begrenzte Raum. Denn geniale Ideen sind einfach – aus Prinzip. Oft ist die Wirklichkeit scheinbar ein Stück komplizierter, aber ich habe die Erfahrung gemacht, dass ein maximal eingedampfter Leitgedanke eher das Potenzial hat, zu überzeugen, als komplexe Antworten auf komplexe Sachverhalte.

Werblich denken: kurz, überraschend, emotional

Der Leitgedanke kann ein Claim *(Ebay: 3,2,1– meins)* oder eine zentrale Botschaft sein, er muss es aber nicht. Ergänzt um einige wenige Kernaussagen gibt er die Richtung vor, die die gesamte Präsentation nimmt. Nicht jede Präsentation führt zu einem Werbespot oder Claim, aber die Denkweise, die zu guter Werbung führt, ist auch gut für eine Präsentation. Im Einzelfall kannst du auch einen anderen, eher strategischen Fokus setzen. *»Wir tun alles dafür, dass unser Ansprechpartner in seinem Unternehmen zum Shooting-Star wird«* kann auch eine Erkenntnis sein, die zu einer erfolgreichen Präsentation führt.

Was einfach klingen mag, ist jeoch durchaus anspruchsvoll und bedarf intensiver strategischer und konzeptioneller Arbeit. Wenn du dich darauf einlässt, dich auf einen alles entscheidenden Faktor zu konzentrieren, muss der hieb- und stichfest sein. Saubere Recherche, fehlerfreie Analyse, eine glasklare Strategie und hin und wieder auch Blut, Schweiß, Tränen und lange Nächte stecken hinter einer solchen Aussage. Ein kurzer, zentraler Leitgedanke entspricht dem Wesen der meisten Wettbewerbspräsentationen: Die Zeit ist knapp bemessen, und der Kunde hat die Auswahl aus den Lösungen mehrerer Dienstleister. Je einprägsamer eine Lösung zusammengefasst werden kann, desto besser für das Ergebnis. Und je stringenter darauf hingearbeitet und argumentiert wird, desto besser ist es für deine Präsentation.

Vom Ende her denken

Auch wenn es zunächst eine harte Nuss ist, ist es hilfreich, mit dem Aufbau einer Präsentation erst zu beginnen, wenn du weißt, was du sagen möchtest. Natürlich kannst du das eine oder andere Slide mit Standardinhalten vorweg bearbeiten, aber letztlich zahlt alles andere, sei es als Hinführung, sei es als Affirmation, auf deine Kernidee ein.

Wieviel Zeit hat der Kunde deines Kunden?

Präsentierst du eine Kampagne oder ein spezifisches Medium, verlierst du dich schnell in den komplexen Anforderungen der diversen inhaltlichen Ebenen. Und vergisst dabei gerne, dass die Dauer der Betrachtung einer Printanzeige im Schnitt unter vier Sekunden liegt, bei Plakaten sogar unter zwei. Onlinevideos werden neun Sekunden konzentriert betrachtet, Fernsehspots 19*. Da bleibt meist nur Platz für eine singuläre, kurze und klare Botschaft.

Selbst ein oft mehrere hundert Seiten umfassender Geschäftsbericht mit komplexen Anforderungen wird durchschnittlich weniger als drei Minuten lang gelesen**. Auch hier gilt es in der Präsentation, die wesentlichen Aussagen in unterschiedlicher Form so zu verpacken, dass sie immer wieder auf einige wenige Kernthemen einzahlen.

Level, Involvement, Kompetenz des Publikums

Neben dem Leitgedanken solltest du dir zu Beginn der Konzeptionsphase Gedanken darüber machen, wem deine Präsentation gilt: Die schönste Kernidee verfängt nicht, wenn sie auf Menschen trifft, die sie nicht verstehen oder wertschätzen.

* https://de.statista.com/statistik/daten/studie/271067/umfrage/betrachtungsdauer-von-werbung-in-verschiedenen-medien/

** Rädeker / Dietz: Reporting. Verlag Hermann Schmidt, 2011

Level

Je nachdem, auf welcher Hierarchieebene du präsentierst, wird die Begeisterungsfähigkeit z. B. für einen visionären Leitgedanken unterschiedlich stark ausgeprägt sein. In einer Fachabteilung geht es selten darum, die Unternehmensvision neu zu interpretieren oder umzuschreiben – auf Ebene der Geschäftsführung oder der Inhaberschaft triffst du damit möglicherweise genau den Nerv.

Involvement und Vorwissen

Du steigst intensiv in das Briefing-Thema ein – solltest aber nicht darauf vertrauen, dass das Publikum, dem du präsentierst, das im gleichen Maße getan hat. Was dir in den letzten Tagen und Wochen extrem wichtig war, ist möglicherweise für die Mehrzahl deiner Zuhörer:innen bestenfalls ein Randthema, für das sie sich zwar die Zeit nehmen, dir zuzuhören, das sie aber bei Weitem nicht so sehr bewegt wie dich. Oft werden sie nicht einmal das Briefing gelesen haben. Gerade wenn Hierarchieebenen an einer Präsentation teilnehmen, die auch deine eigentlichen Ansprechpartner:innen nur selten zu Gesicht bekommen, solltest du eher weniger an Vorwissen und Begeisterung für dein Thema voraussetzen, um nicht Schiffbruch zu erleiden.

Kompetenz

Wir leben in einer hochgradig spezialisierten Welt. Gehe deshalb nicht davon aus, dass dein Auditorium die gleiche Fachkompetenz aufweist wie du selbst auf deinem Gebiet – erst recht nicht, wenn du vor einem gemischten Publikum aus unterschiedlichen Hierarchieebenen und Fachgebieten sprichst. ***Stelle deshalb Schritt für Schritt sicher, dass deine Leitidee und deine konzeptionellen Ausführungen von allen Ansprechpartner:innen nachvollzogen und verstanden werden können.*** Das mag dir manchmal wie eine Präsentation im Kindergarten vorkommen, stellt aber sicher, dass die Qualität deiner Arbeit überhaupt wertgeschätzt werden kann.

Anders gesagt: Dass du als Europäer in Tokio in einem Spitzenrestaurant so gut wie nie einen Platz bekommst, liegt nicht daran, dass die Restaurants alle ausgebucht wären, sondern dass die Betreiber davon ausgehen, dass du die Feinheiten ihrer Küche mangels Erfahrung mit der Subtilität asiatischer Kochkunst überhaupt nicht herausschmecken könntest. Erläutere dein Konzept also wie ein Kochrezept für Menschen, die nicht besonders gut kochen können, und beschreibe anschaulich, wie es schmeckt und wirkt.

Inspiration

Eine gute Präsentation hört nicht mit ihrem Ende auf – sie löst etwas aus. Im Idealfall inspirierst du deine Zuhörer, selbst weiterzudenken, das Thema weiterzuspinnen. Das beste Präsentationsergebnis, das du erwarten darfst, ist, dass deine Kunden irgendwann glauben, es sei ihre eigene Idee gewesen.

Um dieses Ziel zu erreichen, solltest du Freiräume lassen. Auch dir macht es in der Zuhörer-Rolle wahrscheinlich wenig Spaß, ein Thema haarklein in allen Einzelheiten vorgekaut zu bekommen. Zu »deinem« Thema wird ein Vorschlag erst dann, wenn du dich selbst gedanklich einbringen kannst. Die von dir präsentierten Lösungen sollten deswegen niemals hermetisch sein, sondern Anstöße geben, interpretierbar und skalierbar sein.

Interaktion und Gamification

Apropos Einbringen: Denke früh darüber nach, wie du dein Publikum in deine Präsentation einbinden kannst: Wo gibt es Aspekte, die du interaktiv (und sei es nur durch eine kurze Nachfrage, eine Umfrage zu Beginn oder andere kleine Interventionen) gestalten kannst?

Die Pädagogik weiß seit langem, dass spielerisch erlerntes Wissen besser haften bleibt und positiv aufgenommen wird. Das kannst du dir auch für deine Präsentation zu eigen machen, in dem du deine Adressaten an geeigneter Stelle bittest, selbst aktiv zu werden.

Wenn ich z.B. ein neues Corporate Design, das umfassende Erscheinungsbild eines Unternehmens, vor einer Inhaber- oder Geschäftsführungsrunde präsentiere, kann ich davon ausgehen, dass die wenigsten Anwesenden vertiefte Kenntnisse in diesem Bereich mitbringen. Oft treffe ich deshalb auf Fragestellungen, die der Komplexität des Themas nicht gerecht werden: *»Wie sieht denn jetzt das neue Logo aus?«*

Praxisbeispiel

Um deutlich zu machen, dass ein Erscheinungsbild nicht nur aus einem Logo, sondern auch aus Farben, Gestaltungsparametern und anderen Aspekten besteht, zeige ich gerne eine Reihe von sehr banalen Slides und bitte dabei um Nennung der Marken, die erkannt werden: Eine ausschließlich magentafarbene Folie wird dann sofort der Telekom zugeordnet, eine mit drei Streifen darauf Adidas. Und schon habe ich spielerisch erklärt, dass ich weder das Telekom-, noch das Adidas-Logo gezeigt habe, aber eine Corporate Colour und ein Design Principle. Würde ich diese Folien unter Grafikdesignern zeigen, würde ich mit Sicherheit fürchterlich langweilen. In honorigen Managementrunden sorgen derlei Spielchen dagegen für kurze, lockere Momente – und echten Erkenntnisgewinn.

Innovation, Vision und One more thing

Deine Präsentation sollte neue Erkenntnisse liefern. Das kann sie, indem sie sachlich aus dem Briefing heraus eine Lösung präsentiert, die mit gegebenen Mitteln umgesetzt werden kann – Aufgabe erfüllt. Echte Begeisterung stellt sich dabei allerdings nur selten ein, denn eigentlich erwarten die meisten Kunden von externen Präsentator:innen ein bisschen mehr – nämlich etwas, auf das sie selbst nicht gekommen wären: innovative Gedanken, Vorschläge oder sogar Visionen (aber Vorsicht: wie oben geschildert, sind Visionen nichts für pragmatische Abteilungsmeetings, sondern eher für Führungsrunden).

Auch hier hilft der Blick in die klassischen Kreativitätstechniken: Wie komme ich zu einer ungewöhnlichen Lösung? Oft schon, indem du das Briefing mit deinem Blick von außen analysierst und genau darauf achtest, welche Aspekte eigentlich in ihm fehlen.

Du hast wenig zu verlieren: Ob eine innovative Idee direkten Einfluss auf das Präsentationsfeedback hat oder dich für zukünftige Aufgaben gut positioniert, kannst du entspannt abwarten. Manchmal ist die Zeit auch noch nicht reif für einen Gedanken. Eine solche Absage im Rahmen einer Wettbewerbspräsentation *(»wir sind einfach noch nicht so weit, um ihre guten Ideen umzusetzen«)* habe ich öfter erhalten und sie eher als Kompliment denn als Niederlage wahrgenommen. Denn tatsächlich melden sich einige solcher Kunden dann nach ein oder zwei Jahren wieder – zur großen Freude aller Beteiligten.

One more thing

Jede Präsentation sollte Lust auf mehr machen. Ein probates Mittel dafür ist es, eine zusätzliche Idee ganz am Schluss zu präsentieren. Wenn die Zeit reicht (und das liegt natürlich ganz in deiner Hand), wird dir auch kaum jemand verbieten, einen kleinen New-Business-Slot an dein eigentliches Thema anzuhängen. Sicher fällt dir eine smarte Verbindung zum Kernthema deiner Präsentation ein. Wenn du dafür allerdings zur Formulierung »ONE MORE THING« greifst, solltest du wirklich etwas ganz, ganz Großartiges dabei haben.

Insgesamt elf Mal hat Steve Jobs diese Formulierung genutzt, um am Ende seiner legendären Keynotes ein Produkt vorzustellen, das in der Regel weit über die üblichen Erwartungen seines Publikums hinausging. Es muss aber nicht immer gleich eine weltverändernde Erfindung sein – auch kleine Zusatzideen machen dir Freunde und schaffen Opportunitäten.

Entertainment und Dynamik

Wir alle müssen damit leben, dass andere mit anderen Mitteln und Möglichkeiten Benchmarks setzen, an denen wir unbewusst gemessen werden. Wenn du mit deinem Smartphone schnell einen Film für die private WhatsApp-Gruppe aufnimmst, wird er unwillkürlich mit der Qualität einer Netflix-Serie verglichen, einfach weil es sich um ein Video handelt. Wenn du auf einer Bühne oder am Ende eines Tisches stehst, wird deine Performance ebenfalls in ein bestimmtes Mindset eingeordnet. Es schadet nicht, sich ganz oben zu orientieren – *und* am besten etwas Eigenes zu machen. Vor allem solltest du dir Gedanken darüber machen, wie du dein Publikum nicht nur inhaltlich fesseln und sachlich überzeugen, sondern unterhalten kannst. Auch eine Business-Präsentation verbraucht Lebenszeit. Manager:innen verbringen die Hälfte ihres Tages in dunklen Präsentationsräumen – und wünschen sich meist ganz weit weg. Nimm sie auf deine eigene Reise mit!

Wo immer es dir möglich ist, ohne dich zum Kasper zu machen, solltest du versuchen, das eine oder andere unterhaltsame und überraschende Element in deine Präsentation einzubinden – noch besser: Sie als Ganzes nicht nur als sachlichen Auftritt, sondern als Unterhaltung zu begreifen. Du redest, andere hören zu: Dabei muss es nicht bleiben. Mach daraus durch Gestik, Mimik, Bewegung, Dramaturgie, gut gestaltete Slides oder ganz andere Präsentationsmedien, pointierte Sätze, passende Kleidung und ein sympathisches, authentisches Auftreten eine mitreißende Show. Denke einfach daran: ***Wenn du etwas Kreatives präsentierst, darf deine Präsentation selbst auch kreativ sein.*** Und wenn du nur Sachliches dabei hast, sollte sie es erst recht. Niemand langweilt sich gern – dein Publikum wird es dir danken.

Dynamik und Dramaturgie

Eine Präsentation ist wie ein kleines Theaterstück: Sie lebt nicht nur von den Inhalten, sondern auch und vor allem von der Dramaturgie. Romeo und Julia ist eine banale Liebesgeschichte, die irgendwie schief läuft – erst durch die Dramaturgie der Ereignisse wurde sie zum Klassiker. Überlege dir deshalb schon in der Konzeptionsphase, welche Mittel du einsetzen kannst, um einen Spannungsbogen zu schlagen: Irrwege (nicht weiter verfolgte Alternativen) können die Erwartung auf deinen eigentlichen Vorschlag erhöhen; die Herausforderungen zu betonen, macht deine Lösung wertvoller.

Deine Präsentation ist ein Stück Werbung. Für dich. Für deine Idee. Sie und sich ein wenig in Schale zu schmeißen, schadet deshalb nicht, solange du die Grenze zur Selbstverliebtheit nicht überschreitest.

Executive Summary

Nicht jeder hat die Zeit oder das Konzentrationsvermögen, deiner gesamten Präsentation zu folgen. Für eine Feedbackrunde am Schluss ist es sinnvoll, ***die wesentlichen Aussagen oder Objekte deiner Präsentation auf einer einzigen Folie zusammenzufassen.*** Die kannst du vor das abschließende Dankeschön-Slide stellen. Vergiss danach nicht, auf sie zurück zu klicken und sie stehen zu lassen, damit in einer Feedback-Runde alle deine Gedanken vor Augen haben. Ich empfehle aus Erfahrung, diese Zusammenfassung auf einer Präsentationspappe oder einem Poster mitzunehmen – die schalten sich nicht ab und bleiben ein analoges Erinnerungsstück an deinen Auftritt.

Vermutlich wirst du dieses Summary erst gegen Ende deiner Arbeit an der Präsentation zusammenstellen wollen – ähnlich wie bei der Leitidee ist es aber sinnvoll, sie so früh wie möglich zumindest zu konzipieren: Sie hilft dir, dich bei deinen Ausführungen zu fokussieren und dient nicht nur extern, sondern auch intern als Zusammenfassung.

Bei Weitergabe einer Lesepräsentation gehört das Executive Summary dagegen an den Beginn. Nicht alle Menschen, denen deine Präsentation zugänglich gemacht wird, werden sich die Mühe machen, sie bis zum Ende anzuschauen.

Typischer Aufbau / Dramaturgie

In der Folge geht es um den typischen Aufbau einer Präsentation – am Beispiel eines Decks für eine Kreativ-Wettbewerbspräsentation mit einer Stunde Zeit, also 30-45 Slides mit inhaltlichen Aussagen und 10-20 Slides mit ordnender Funktion (Titel, Agenda etc.) oder weitgehender Bildorientierung (➸ *3 Minuten oder ein Tag: die optimale Dauer, 96*).

WETTBEWERBSPRÄSENTATION (CA. 60 MIN)	SLIDES
Intro	1-2
(Team)Vorstellung	1-4
Agenda und wiederholende Kapitelslides	1-5
Selbstdarstellung	1-4
Cases / Best Practice	3-5
Briefingrekapitulation / Problemstellung	1
Herausforderung(en) benennen	1
Alternativwege aufzeigen	1-3
Grundüberlegungen und Prämissen	1
Strategie zur Lösung vorstellen	2-4
Zusammenfassung Analyse und Strategie	1
Hinführung zur kreativen Lösung	2-4
Präsentation des zentralen Lösungselements	1-3
Wirkungspause	0
Erläuterungen / Affirmation	1-2
Anwendungsbeispiele	3-10
Summary kreative Lösung und Anwendungen	1
Projektablauf	2-5
Timing	1
Kosten	1-5
Summary, Outro	1
Warum mit uns	1
Dank	1
Überblicksslide	1-2
Quellenverzeichnis, Copyright, Kontakt	2
Back-up-Slides	x
SUMME	30-65

INTRO	
Slides:	1-2
Dauer:	wenige Sekunden bis eine Minute

Inhalt: Der Start-Screen. Titel der Präsentation, Ort, Datum und Autor. Gerne mit einem thematisch passenden Hintergrundbild. Wenn du magst, ein freundliches »Hallo«-Slide noch davor, denkbar auch, vor dem offiziellen Start mit einem themenbezogenen Intro einzusteigen, beispielsweise einer Filmsequenz, einem Audiofile oder etwas anderem, das emotional in dein Gebiet einführt und damit die Atmosphäre definiert, in der du präsentieren wirst.

(TEAM)VORSTELLUNG	
Slides:	1-4
Dauer:	20 Sekunden je Teammitglied

Inhalt: Eine kurze Teamvorstellung ganz zu Beginn macht den Einstieg persönlicher. Auf einer gemeinsamen Folie reicht ein Bild, der Name und die Funktion, bei Einzelvorstellungen darf es ein wenig mehr sein. Ich empfehle, die Teamvorstellung vor der Agenda zu platzieren, da in der Regel das Meeting durch die Gastgeber eröffnet wird und direkt in eine kurze Vorstellungsrunde übergeht. Die kann dann durch die Präsentation optimal visuell unterstützt werden.

AGENDA UND WIEDERHOLENDE KAPITELSLIDES	
Slides:	1-5
Dauer:	eine Min. Erläuterung Agenda, Kapitelslides je 5 Sec.

Inhalt: Kurze Übersicht über die wesentlichen Themenblöcke deiner Präsentation mit Reihenfolge und Zeitbedarf. Die Agenda solltest du ausführlich vorstellen und immer wieder zu Beginn der jeweiligen Kapitel deiner Präsentation erneut einblenden, dabei aber die nicht direkt nachfolgenden Agendapunkte ausgrauen. Verzichte auf zu große Detailtiefe – ein Themenblock mag zwar Unterkapitel haben, aber mehr als 5-8 Punkte sind nicht mehr übersichtlich. Wenn nötig, führe die Untermenüs erst auf dem Trennslide vor dem Beginn des jeweiligen Kapitels auf.

Ein Beispiel:

1. Wir über uns, Best Practice	*10 min*
2. Briefing & Herausforderungen	*5 min*
3. Strategie	*10 min*
4. Konzept und Lösung	*10 min*
5. Anwendungsbeispiele	*5 min*
6. Projektablauf und Timing	*5 min*
7. Kosten	*5 min*
8. Diskussion und Feedback	*10 min*

SELBSTDARSTELLUNG	
Slides:	1-4
Dauer:	2-3 Minuten

Inhalt: Zu Beginn kann ein Factsheet stehen: *Wie heißt die Firma? Wie viele Mitarbeiter? Standorte? Gründungsjahr? Vision oder Mission, Auszeichnungen, Claim?* Bemühe dich, bei deiner Kurzvorstellung auch Dinge dabei zu haben, die vorbereitete Gastgeber nicht bereits auf der Startseite deines Internetauftritts erfahren haben.

Auf einem weiteren Slide kannst du deine Arbeitsschwerpunkte erläutern – auch im Hinblick auf mögliche Folgebeauftragungen in anderen Gebieten, in denen du stark bist. Hilfreich ist auch eine Kundenliste oder Logowand und ggf. ein Chart zur Wirkung deiner bisherigen Arbeit (das können Kundenzitate, Auszeichnungen oder Ähnliches sein – oder auch eure Haltung oder das, was euch in der Zusammenarbeit besonders wichtig ist).

Das wichtigste Gebot: *Fasse dich kurz.* Der Kunde hat dich eingeladen, weil er über dich recherchiert hat und die Aufgabe für geeignet hält – nutze die Zeit, diese Vermutung Gewissheit werden zu lassen, statt dich selbst zu beweihräuchern. Trotzdem werden im Gremium möglicherweise Menschen sitzen, für die du und deine Firma ein ungeschriebenes Blatt sind. ***Die Gefahr ist groß, in Wettbewerbspräsentationen zu lange über sich selbst zu reden und zu wenig über das Problem, das eigentlich gelöst werden soll.*** Drei Minuten sind unglaublich kurz, in der Realität werden es vermutlich sowieso fünf. Aber die fehlen dir dann am Ende für wichtige Rückfragen und Diskussionen.

CASES / BEST PRACTICE	
Slides:	3-5
Dauer:	je Kurz-Case 1 Min., komplexere Cases 3-5 Min.

Inhalt: Für den Kunden ist es interessant, wie du ähnliche Aufgabenstellungen bereits erfolgreich gelöst hast – je genauer die Beispiele zum aktuellen Thema passen und je renommierter die Kunden sind, desto stärker kannst du deine Kompetenzen unter Beweis stellen. Oft reicht es völlig, Onepager vorzustellen – im Nachgang kannst du ausführlichere Fragen beantworten.

Gut und manchmal sogar unabdingbar sind kurze Filme (nicht länger als 1 Minute), die deine Arbeit ins beste Licht rücken. Je nach persönlicher Präferenz kannst du diese Filme von einem Sprecher vertonen lassen oder selbst live kommentieren.

Manchmal wirst du aber auch explizit darum gebeten werden, einen bestimmten Case differenzierter zu erläutern. In Chemistry Meetings ist das zentraler Inhalt deiner Präsentation, manchmal aber auch anderswo angebracht, wenn du eine Lösung dabei hast, die sich an einem bestimmten Case oder einer bestimmten Vorgehensweise orientiert und in der Folge nicht so tief ausgearbeitet ist.

BRIEFING-REKAPITULATION / PROBLEMSTELLUNG	
Slides:	1
Dauer:	1-2 Minuten

Inhalt: Wiederhole die zentralen Punkte aus dem Briefing – besonders natürlich die, auf denen du später deine Lösung aufbauen möchtest. Du darfst das Briefing an dieser Stelle auch ausdrücklich loben – eine Eloge von Dritten vor versammelten Vorgesetzten hört jede:r gern.

Diese Folie bildet die Grundlage dafür, auf besondere Herausforderungen eingehen zu können. Und sie ist ein Gamestopper für den Fall, dass der oder die Top-Entscheider:innen das Briefing tatsächlich nicht gelesen haben. Ich frage bei der Briefingrekapitulation grundsätzlich nach, ob die Aufgabenstellung richtig wiedergegeben wurde und ob sich daran inzwischen etwas geändert habe. Wenn dann deutliche Veränderungen aus der Runde kommen, solltest du die Präsentation abbrechen. Alles, was du danach präsentiert, kann dann nur noch ein Zufallstreffer sein – denn du hast offensichtlich mit einem falschen oder überholten Briefing gearbeitet.

Gegen Ende der Präsentation kannst du die Folie im Summary noch einmal dafür verwenden, die Aussagen im wahrsten Sinne des Wortes abzuhaken.

HERAUSFORDERUNG(EN) BENENNEN	
Slides:	1
Dauer:	1-2 Minuten

Inhalt: Zeige deinem Auftraggeber, dass es gut war, dich als Fachmann oder Fachfrau zu Rate zu ziehen: Benenne die größten Problemstellungen oder Herausforderungen und mache deutlich, dass es nicht trivial ist, diese Klippen zu umschiffen ... aber sie haben ja dich.
Auch diese Folie dient der dramaturgischen Vorbereitung deines Lösungsansatzes – du zeigst auf, dass es schwierig ist, eine Lösung zu finden, wirst aber genau diese Schwierigkeiten kurze Zeit später souverän aus dem Weg räumen.

ALTERNATIVWEGE AUFZEIGEN	
Slides:	1-3
Dauer:	1-3 Minuten

Inhalt: Ein dramaturgischer Kniff: Du zeigst kurz auf, was naheliegende Lösungswege sein könnten – und begründest ebenso kurz, warum sie nicht zielführend sind und du sie nicht gegangen bist. So kannst du deutlich machen, dass du unterschiedliche Herangehensweisen erprobt hast und es dem Wettbewerb schwieriger machen, falls vor oder nach dir genau ein solcher Lösungsweg gezeigt wird.

GRUNDÜBERLEGUNGEN UND PRÄMISSEN	
Slides:	1
Dauer:	1-2 Minuten

Inhalt: Du biegst auf die Zielgerade ein. Aus der Analyse des Briefings, des Auftretens der anderen Branchenteilnehmer und weiteren Faktoren (z.B. politische Großwetterlage, Megatrends etc.) ergeben sich Grundüberlegungen, die eine erfolgreiche Strategie und eine überzeugende kreative Lösung aus deiner Sicht erfüllen müssen. Sie können die Briefinginhalte noch einmal schärfen, sollten sie aber auch ergänzen: Beispielsweise kannst du als Prämisse eine ressourcenschonende, nachhaltige

Lösung setzen, auch wenn eine ökologische Verträglichkeit im Briefing gar nicht gefordert war, du sie aber für eine notwendige Voraussetzung hältst.

STRATEGIE ZUR LÖSUNG VORSTELLEN	
Slides:	2-4
Dauer:	5-10 Minuten

Inhalt: Die strategische Herangehensweise an die Aufgabenstellung. Sie bildet die Grundlage dafür, dass deine kreative Lösung nicht einfach gefällt oder schön ist, sondern als zielführend und richtig erkannt wird. Definierst du klare strategische Ziele, die dein kreatives Ergebnis erreichen muss, kann es in einem professionellen Gremium eigentlich nicht mehr aufgrund persönlicher Vorlieben madig gemacht werden.

Deine Slides zur Strategie sollten sehr klar und logisch nachvollziehbar aufgebaut sein: Dieser Teil der Präsentation nutzt die Kraft des *Logos*, während der konzeptionell-kreative Part sich des *Ethos* und *Pathos* bedient. Aus der Mischung aller drei entsteht Überzeugung.

Hier ist auch das eine oder andere Diagramm, eine Statistik etc. richtig platziert. Ergebnisse einer unabhängigen Studie oder Untersuchungen, die deine Gedanken bestätigen, passen zur Tonalität dieses Parts der Präsentation und unterstreichen deine Kompetenz.

ZUSAMMENFASSUNG ANALYSE UND STRATEGIE	
Slides:	1
Dauer:	eine Minute

Inhalt: Das Nachvollziehen logischer Gedankengänge strengt dein Publikum an. Tue dir und ihm deshalb den Gefallen, eine kurze Pause einzulegen und die wichtigsten bisher aufgezeigten Inhalte zu wiederholen: Ein Zwischen-Summary, das die Erkenntnisse aus Analyse und Strategie verständlich zusammenfasst.

HINFÜHRUNG ZUR KREATIVEN LÖSUNG	
Slides:	2-4
Dauer:	3-5 Minuten

Inhalt: Jetzt wird es kreativ: Du stellst Stück für Stück die Bestandteile deiner konzeptionellen Überlegungen oder Ausarbeitungen vor. Hast du strategisch im Vorfeld zum Beispiel postuliert, dass deine Ausarbeitung, um im Marktumfeld die richtige Wirkung zu erzielen, eher subtil oder eher aggressiv auftreten sollte, präsentierst du jetzt als Einzelelemente deiner Lösung Pastellfarben mit feiner Typografie oder eine neonrote Fläche in fetten Versalien.

Ob du visuelle oder textliche Bausteine präsentierst, die zu deiner Lösung führen: Bleibe in den Einzelbestandteilen! Verrate noch nicht alles und hebe dir den Kern für den Höhepunkt deiner Präsentation auf. Denn der folgt jetzt, nachdem du 25 Minuten lang Spannung aufgebaut und dich als präzise:n Denker:in und virtuose:n Meister:in im Kreativrepertoire positioniert hast.

PRÄSENTATION DES ZENTRALEN LÖSUNGSELEMENTS	
Slides:	1-3
Dauer:	zwei Minuten

Inhalt: Jetzt gilt es: Was auch immer die Aufgabe war – hier zeigst du die Lösung. Das Logo, den Claim, die Anzeige oder Website, den Broschürentitel, die Ansicht des kompletten Messestandes, das GUI-Kit oder die goldenen Worte für die PR-Kampagne.

Wenn möglich als Bewegtbild oder auf einem einzigen Slide. Je nach Projekt können oder müssen es auch mehrere Slides oder Filmsequenzen sein – aber konzentriere dich auf das Wesentliche und verliere dich an dieser Stelle nicht in kleine Details. Sage kurz, um was es geht, aber lass deinem Publikum Zeit, sich selbst ein Bild zu machen: Geredet hast du im Strategieteil schon lange genug, jetzt muss dein Ergebnis auch für sich sprechen können – und vor allem Emotionen auslösen.

Auch bei einer Logo-Präsentation versuchen wir zum Beispiel, dieses in einen ein- bis zweiminütigen Mood-Film einzubinden: Ein bisschen Pathos und Gänsehaut darf es an dieser Stelle schon sein.

WIRKUNGSPAUSE	
Slides:	Keines
Dauer:	30 Sekunden

Inhalt: Keiner. Nimm einen Schluck aus dem Wasserglas, entspanne dich – und achte auf die Reaktion der Teilnehmer:innen auf deine Präsentation: Leuchtende Augen? Kritische Gesichter?

Nutze die Pause, in der sich dein Publikum zum ersten Mal mit deiner

Lösung beschäftigt, um die Tonalität deiner weiteren Präsentation zu bestimmen: In diesen wenigen Sekunden entscheidet sich, ob du jetzt nur noch bestätigen musst, dass deine Überlegungen wirklich großartig sind, oder ob du noch echte Überzeugungsarbeit leisten musst.

Wenn Ersteres: Genieße den Augenblick. Wenn Letzteres: Bereite dich darauf vor, anhand der folgenden Slides noch einmal darauf einzugehen, warum deine Lösung zwingend richtig ist.

ERLÄUTERUNGEN / AFFIRMATION	
Slides:	1-2
Dauer:	1-2 Minuten

Inhalt: Details und einzelne Aspekte des zentralen Lösungselementes, die du näher erläutern möchtest. Je nach Stimmungslage kannst du noch einmal anhand von einigen Details, die zuvor zu kurz gekommen sind, erklärend nachlegen – oder dein begeistertes Publikum in seiner Meinung bestärken und schnell weiterklicken.

ANWENDUNGSBEISPIELE	
Slides:	3-10
Dauer:	wenige Sekunden je Slide

Inhalt: In den meisten Fällen wird dein kreatives Ergebnis in unterschiedlichen Medien oder Ausprägungen Anwendung finden. Die kannst du nun in schneller Folge zeigen. Es geht jetzt nicht darum, jedes Detail noch einmal genauestens zu erläutern, sondern um den konsistenten und kongruenten Gesamteindruck, der sich aus unterschiedlichen Anwendungsbeispielen ergibt.

Sind im Briefing bestimmte Anwendungsbeispiele eingefordert, solltest du sie an dieser Stelle gesammelt präsentieren. Daneben bietet dir dieser Part Zusatzgeschäftsoptionen, wenn du z. B. Medien über das Briefing hinaus präsentierst.

Denke bei der Auswahl der Anwendungsbeispiele auch darüber nach, welche Themen die Mitglieder deines Auditoriums möglicherweise direkt betreffen oder welche sie besonders zu schätzen und einzuschätzen wissen: Eine neue Visitenkarte mit ihrem Namen, eine Anwendung aus ihrem Verantwortungsbereich etc. – hier sind gute Kenntnisse über deine Gegenüber wertvoll.

SUMMARY KREATIVE LÖSUNG UND ANWENDUNGEN	
Slides:	1
Dauer:	eine Minute

Inhalt: Noch einmal kurz Zeit zum Luftholen: Fasse dein Kernelement und die Anwendungsbeispiele auf einer Überblicksseite plakativ zusammen. Das hilft, den Gesamtkontext und die – je nachdem – gewünschte Durchgängigkeit oder Vielfalt im direkten Vergleich vor Augen zu haben.

PROJEKTABLAUF	
Slides:	2-5
Dauer:	5-10 Minuten

Inhalt: Die wesentlichen Parameter zur operativen Steuerung des Projektes, am besten in Milestones gegliedert und jeweils auf einem Slide erläutert.

Eigentlich könntest du vor diesem Part bereits mit der Präsentation aufhören, denn entweder hast du deinen potenziellen Kunden bereits begeistert, oder er ist von deinem Lösungsweg nicht überzeugt. Im ersten Fall wird er, wenn er bei der Recherche nicht völlig daneben lag, davon ausgehen, dass du die Projektorganisation im Griff haben wirst, im letzten Fall braucht er dich nicht.

Trotzdem ist dieser Teil wichtig. Denn hier hat, sofern du nicht als Einzelkämpfer:in unterwegs bist, das Mitglied deines Teams ihren oder seinen Auftritt, das später den größten Teil der Kundenkommunikation übernehmen wird. Hier kann Vertrauen ins Team wachsen und die spätere Umsetzung viel einfacher machen. Außerdem können mögliche Missverständnisse schon im Vorfeld ausgeräumt und Erfahrungen eingebracht werden – du zeigst damit die Kompetenz deiner Firma oder Agentur auf, die Aufgabenstellung nicht nur strategisch und kreativ lösen zu können, sondern sie als operatives Projekt auch professionell bearbeiten zu können. Außerdem weist du darauf hin, dass eine ganze Menge Arbeit vor euch liegt – und das hat natürlich auch Auswirkungen auf Timing und Kosten.

Ist Letzteres explizit nicht gewünscht, kannst du zur Verdeutlichung des Umfangs der zu erwartenden Arbeitsbestandteile Schätzungen zur Menge der Personentage für die jeweiligen Projektabschnitte angeben.

TIMING	
Slides:	1
Dauer:	1-2 Minuten

Inhalt: Ein Übersichtsdiagramm mit den wichtigsten Phasen und Fixdaten des Projektes. Viele in einem Briefing vorgegebenen Timings sind kaum zu halten – oft genug fehlt dem Kunden die Erfahrung, alle Arbeitsschritte richtig einzuschätzen, oft ist auch der Wunsch nach einer allzu schnellen Umsetzung der Vater des Gedankens. Definiere die Timeline daher so, dass das Projekt realistisch abgearbeitet werden kann, oder nutze die Vorgaben aus dem Briefing und weise auf mögliche Konfliktpotenziale hin *(»Wollen Sie wirklich die Produktionsdaten zwischen Weihnachten und Neujahr freigeben?«)*. auch dieses Slide hilft dir, in einer späteren Beauftragungsphase die Erwartungshaltung auf realistische Ziele hin bereits zu Beginn beeinflusst zu haben. Mache keine unmöglichen Versprechen!

KOSTEN	
Slides:	1-5
Dauer:	2-5 Minuten

Inhalt: Sofern gewünscht und zulässig (vorher abklären!) solltest du kurz vor Ende deiner Präsentation auch auf die Kosten eingehen.

Ein Showstopper, aber notwendig – schließlich möchtest du auch Geld verdienen.

Versehe die einzelnen Projektschritte phasenweise mit Preisen und gib so einen Überblick über die wesentlichen Kosten. Ein differenziertes Angebot ist einen Extratermin wert und sollte nicht im Detail in einer Wettbewerbspräsentation gezeigt werden.

Willst du oder musst du Zeit sparen, kannst du die Kostenindikation auch direkt in die Darstellung deiner Projektschritte aufnehmen. Dann ist an dieser Stelle nur noch einmal eine Summierung und/oder eine Ratecard mit den Stundensätzen für unterschiedliche Gewerke angebracht.

Versuche, die an dieser Stelle einsetzende Diskussionen zu vermeiden – im Pitch geht es vor allem um die Inhalte deiner Arbeit.

SUMMARY, OUTRO	
Slides:	1
Dauer:	eine Minute

Inhalt: Prägnante Zusammenfassung deiner Präsentation.

Zum Abschluss deiner Präsentation solltest du noch einmal die Highlights zusammenfassen – das bringt dein Publikum auf den Pfad der Begeisterung zurück und lässt Gedanken, wie sie sich das um alles in der Welt leisten sollen, in den Hintergrund treten.

Eine Alternative ist, wie weiter oben beschrieben, noch einmal die Kernanforderungen des Briefings aufzunehmen und sie mit schönen grünen Häkchen zu versehen. Damit nimmst du tiefenpsychologisch die Bewertung deiner Zuhörerschaft vorweg – und das wirkt.

WARUM MIT UNS	
Slides:	1
Dauer:	eine Minute

Inhalt: Wenn du es für passend hältst, kannst du an dieser Stelle ein letztes Mal betonen, wie sehr du für dieses Projekt brennst. Das tust du am besten, indem du in drei oder vier Sätzen erläuterst, warum du glaubst, dass deine Firma der perfekte Partner für die Aufgabenstellung ist.

DANK	
Slides:	1
Dauer:	20 Sekunden

Inhalt: Auch wenn du eigentlich erwarten solltest, dass sich dein Kunde für deine Arbeit bedanken sollte: Der Dank ist ganz auf deiner Seite. Für die spannende Aufgabenstellung. Für die Gelegenheit sie zu präsentieren. Für die Zeit, die sich dein Publikum für deine Ausführungen genommen hat. Und für die spannende Diskussion, für die du im Anschluss natürlich zur Verfügung stehst.

Der Schlusspunkt deiner Präsentation, der hoffentlich im freundlichen Auf-den-Tisch-klopfen oder frenetischen Applaus untergeht.

ÜBERBLICKSSLIDE	
Slides:	1-2
Dauer:	bis zum Ende des Termins

Inhalt: Verwende entweder das Summary, das du vor der Schilderung des Projektablaufs gezeigt hast, noch einmal, oder stelle auf andere Art und Weise plakativ die Inhalte deiner Präsentation zusammen, die du für eine Fragerunde und Diskussion gerne als Unterstützung an der Wand hättest.

Eine gute Option ist auch, eine Präsentationspappe oder ein Poster zu gestalten, auf dem diese Inhalte für die Diskussion (und auch danach für die Wand im Büro deines Ansprechpartners) attraktiv zusammengefasst sind.

QUELLENVERZEICHNIS, COPYRIGHT, KONTAKT	
Slides:	2
Dauer:	wird nicht gezeigt

Inhalt: Zu einer sauberen Präsentation gehört ein komplettes Quellenverzeichnis. Dazu auf der letzten Seite ein Copyright-Vermerk und deine Kontaktdaten. Diese Folien zeigst du nicht in der Präsentation. Da du sie in der Regel aber im Anschluss weitergeben wirst (wenn du nicht eine ausführlichere Lesepräsentation erstellt hast), sollten sie fester Bestandteil deines Decks sein.

BACK-UP-SLIDES	
Slides:	unbegrenzt
Dauer:	werden nur gezeigt, wenn Nachfrage besteht

Inhalt: Im Idealfall endet deine Präsentation nicht mit dem Gong oder bereits jenseits des dir gegebenen Zeitfensters, sondern mit einer entspannten Diskussion. In dieser können Fragen auftreten, die du in deiner Präsentation nicht im Detail beantworten wolltest.

Dafür dienen deine Back-up-Slides, die du bei passenden Fragestellungen einblenden kannst. Sofern du den Überblick nicht verlierst, sollten es lieber zu viele als zu wenige sein, denn es lässt sich schwer voraussagen, was konkret nachgefragt werden könnte. Schließlich hast du die Präsentation so zusammengestellt, dass alle wesentlichen Fragen bereits beantwortet sein sollten. Ein typisches Beispiel für Back-up-Folien sind unterstützende Statistiken oder Quellen zu deiner Recherche und Strategie, ausführlichere Case Studies, wenn du bei der Vorstellung nur Onepager präsentiert hast, oder weitere Anwendungsbeispiele – am besten in Blöcken geordnet und klar benannt für das schnelle Auffinden während einer Diskussion.

Dokumentation

Booklets oder/und Daten

Die Präsentation ist das eine, die Nachbearbeitung das andere: In der Regel wirst du aufgefordert, deine Präsentationsunterlagen zur Verfügung zu stellen. ***Ausdrucke am Ende deiner Präsentation solltest du nur noch auf ausdrückliche Aufforderung erstellen.*** Direkt im Anschluss an die Präsentation kannst du beispielsweise einen USB-Stick übergeben – bedenke aber, dass in vielen Firmen der Umgang mit externen Medien sehr restriktiv gehandhabt wird.

Das Mittel der Wahl ist deshalb eine Mail an deine:n Ansprechpartner:in mit deinem Präsentationsinhalt in einem kompatiblen, systemunabhängigen Format (meist als PDF-Datei) oder bei größeren Datenmengen als Downloadlink. Am besten klärst du im Vorhinein ab, welche Dienste abgerufen werden können und welche nicht. Arbeitest du cloudbasiert und hast eine Präsentation in einem Programm erstellt, auf das dein Auftraggeber Zugriff hat, kannst du die Daten auch einfach freigeben. In jedem Fall lohnt sich eine Abklärung im Vorfeld, in welcher Form dein Kunde deine Präsentation gerne erhalten würde.

Weblinks

Verknüpfungen ändern sich mit der Zeit. Wenn du auf einen Link verweist, stelle sicher, dass er zum Zeitpunkt deiner Präsentation noch vorhanden ist. ***Wenn du in der Präsentation mit Liveinhalten von Webseiten arbeitest, stelle sicher, dass sie nicht (wie ein YouTube-Account) zunächst Werbung abspielen.***

Manuskript, Testen und Optimieren

Referentenslides

Für viele häufig genutzter Standard, für manche Neuland, deswegen hier kurz erwähnt: Die meisten Präsentationsprogramme bieten die Möglichkeit, einen zweiten Screen (zum Beispiel das Laptop während einer Beamer-Präsentation) als Moderatoren-Screen zu nutzen, um Folgeslides, Uhrzeit und abgelaufene Zeit einzublenden. Dazu kommt Platz für Notizen oder das komplette Manuskript zur jeweilig aufgerufenen Seite. In der Regel lassen sich diese Screens individuell formatieren.

Zwei kleine Tipps dazu: Mache dich vor einer öffentlichen Präsentation damit vertraut, wie die Formate zuverlässig so eingestellt werden, dass du nicht plötzlich deine Notizen auf der großen Leinwand und das eigentlich zu zeigende Slide auf deinem Laptop siehst – es wirkt wenig professionell, wenn der spontane Witz, den du gerade zum Besten gegeben hast, wörtlich in den Präsentationsnotizen steht. Ebenso hilfreich ist es, bei einer Weitergabe der Präsentationsdatei eine Speicheroption ohne Notizen zu wählen.

Moderatorenkärtchen etc.

Sofern du nicht völlig frei sprichst, dich an deinen Folieninhalten orientierst oder ein Präsentationsprogramm mit Moderatorenansicht nutzt, nimm dir ein wenig Zeit, um deine Moderationsnotizen optimal aufzuarbeiten. Das fängt mit der Papierwahl und dem Format an: Du wirst nicht immer ein Rednerpult vor dir haben, auf dem du einfache Ausdrucke ablegen kannst – stehend an einem Konferenztisch oder auf einer Bühne wirken DIN A4-Blätter relativ groß. DIN lang – oder DIN A5 sind deutlich besser geeignet.

Nutze dafür unbedingt ein sehr festes Papier (250 g aufwärts – oder klebe deine ausgedruckten Notizen, sofern dein Drucker feste Papiere nicht verarbeiten kann, auf Postkartenkarton). Dünnes Papier hat die Tendenz, zu rascheln – und es wirkt als deutlich sichtbarer visueller Hebel für eine etwas zittrige Hand, die bei einer Präsentation durchaus vorkommen kann. An einem Kartensatz kannst du dich dagegen festhalten und deine Aufregung verbergen.

Nutze nur die Vorderseiten – sonst kommst du schnell durcheinander und gewährst deinem Publikum vorab schon einen Blick auf das, was du noch zu sagen hast. Ggf. kannst du die Rückseite nutzen, um ein Firmenlogo aufzubringen oder anderweitig Bezug auf dein Thema zu nehmen.

Bedenke bei der Schriftgröße deiner Notizen, dass du in der Regel eine größere Leseentfernung hast als mit einer Zeitung vor der Nase: ***Ab circa 16 Punkt und mit ordentlichem Zeilenabstand kannst du die meisten Schriften auch auf größere Entfernung gut entziffern.*** Ein weiteres gutes Argument für große Typografie liegt in der Beleuchtung: Auf einer Bühne kann dich Scheinwerferlicht blenden; in einem getäfelten Konferenzraum wirst du froh um größere Notizen sein, um sie im Dämmerlicht noch entziffern zu können. In Präsentationsprogrammen mit Moderatorenansicht kannst du die Schriftgröße individuell bestimmen, oder die entsprechenden Fenster vergrößern.

Dir fehlt im Kapitel »Manuskript« bislang der Verweis auf ein Manuskript? Hier kommt er: Du brauchst keines. Du solltest dir möglichst nur Stichworte notieren und nicht einen kompletten Text ablesen, wenn du souverän und kompetent wirken und dein Publikum im Blick behalten möchtest. Allenfalls kannst du zunächst deinen kompletten Redetext aufschreiben, um ihn dann Stück für Stück auf Stichworte zu reduzieren (➵ *freie Rede, 82*). Hervorhebungen in längeren Textabschnitten, so sie denn nötig sind, solltest du eher mit Unterstreichungen in einer Kontrastfarbe als mit Leuchtmarker vornehmen – in einem Raum mit hohen Gelblichtanteil wirst du sie im Zweifel sonst nicht mehr erkennen können.
Wichtig: ***Nummeriere deine Kärtchen durch*** – schnell geraten sie durcheinander oder fallen herunter, und dann wird es ohne Nummerierung hektisch.

Verständnis fremder Dritter

Du bist soweit fertig mit deinen Präsentationsinhalten? Prima! Dann beginnt jetzt der Feinschliff. Und den erledigst du am besten nicht alleine. Es ist hilfreich, wenn du die Möglichkeit hast, eine Person deines Vertrauens zu bitten, dein:e erste Zuhörer:in oder Leser:in zu sein. Präsentierst du im Team, solltet ihr euch auch gegenseitig eure jeweiligen Parts vortragen.

Du musst noch keine perfekte Performance eingeübt haben – und du musst noch nicht einmal alle Slides komplett fertig haben. Wichtig ist vor allem, dass du nicht in deiner eigenen Gedankenwelt hängen bleibst, sondern abprüfst, ob diese für andere nachvollziehbar ist. Kaum jemand wird sich so intensiv mit deinem Thema beschäftigt haben wie du selbst. Diese intrinsische Sicht solltest du ablegen. Sind deine Überlegungen logisch und nachvollziehbar? Ist deine Kernbotschaft überzeugend? Versteht deine Testperson, dass dein Ergebnis die Konsequenz dieser Überlegungen ist? ***Bitte frühzeitig um ein ehrliches Feedback*** – und nimm dir genug Zeit, es einzuarbeiten und danach um eine nochmalige Review zu bitten.

Immer gut ist es, deine Präsentation darüber hinaus jemandem vorzutragen, der oder die mit dem Thema überhaupt nicht vertraut ist, und so lange an ihr zu feilen, bis die Verständnisprobleme ausgeräumt sind. Dann darfst du zuversichtlich sein, dass dir auch wenig eingearbeitete Adressaten deiner Präsentation auf Kundenseite folgen können.

Optimierung Dramaturgie

Zur logischen Nachvollziehbarkeit deiner Präsentation gesellt sich ihr Unterhaltungswert. Bist du mit der logischen Struktur zufrieden und hast du wirklich alle Inhalte vorbereitet, solltest du sie nochmals vortragen – diesmal mit einem anderen Fokus: Fühlt sich die Präsentation zu lang oder zu kurz an? Gibt es Durchhänger? Ist sie z.T. oder insgesamt dröge oder langweilig? Gibt es Stellen, an denen du witzig sein möchtest, dich aber bemüht anhörst?

Bedenke, dass eine gute Dramaturgie zur emotionalen Rezeption deiner Präsentation beiträgt, und bitte auch hier um ein offenes und ehrliches Feedback.

Perspektivwechsel

Eine dritte Möglichkeit, deine Präsentation auf ihre Wirkung hin vorab zu überprüfen, ist ein Perspektivwechsel. Versuche, die Sichtweise deines Auditoriums und seiner unterschiedlichen Mitglieder einzunehmen: Wie wirkt deine Präsentation auf Mitarbeiter:innen einer Fachabteilung deines Kunden? Wie auf deren Vorgesetzte? Wie auf eine Einkäuferin oder einen Einkäufer? Wer könnte sich langweilen oder Verständnisschwierigkeiten haben? Auf wessen Bedürfnisse solltest du spezifisch noch näher eingehen?

Reduce to the Max / Selektion

In den meisten Fällen wirst du keine Schwierigkeiten haben, deine Präsentationszeit zu füllen, sondern eher damit, die richtigen Inhalte zu selektieren. Gehe hart mit dir ins Gericht und überlege, was wirklich wesentlich und zielführend ist – nicht nur, wenn dir die Zeit nicht reicht, sondern ganz generell im Sinne einer effizienten und überzeugenden Wirkung deiner Präsentation.

Noch besser: Übertrage diese Aufgabe an jemand anderen. ***Es fällt grundsätzlich schwer, die Wirkung selbst entwickelter Inhalte objektiv abzuschätzen. Und es fällt anderen viel leichter, ein vorhandenes Dokument zu kürzen,*** als dir als Autor oder Autorin, die du dich in bestimmte Inhalte oder Formulierungen verliebt hast.

Praxisbeispiel

Dieses Buch ist ähnlich entstanden: Das Manuskript hatte einen erheblich größeren Umfang als die Publikation, die du gerade in den Händen hältst. Dann kam meine Lektorin ins Spiel und empfahl deutliche Kürzungen, zeigte mir Redundanzen und Längen auf. So wirst du auch diesen Satz nur deshalb lesen, weil sie als vertriebsbewusste Verlegerin etwas auflockerndes Storytelling nicht nur in einer Präsentation, sondern auch in einem Fachbuch für eine gute Idee hält.

Übung und Vorbereitung

Stehen die Inhalte, bleibt das Einüben der Präsentation. Versuche, die wesentlichen Gedanken zu deinen Themen so geordnet vorzubereiten, dass du sie ohne großen Vorlauf überzeugend abrufen kannst. Ein paar druckreife Sätze zu den eigenen Kernthemen abgespeichert zu haben, kann darüber hinaus hilfreich für spontane Anfragen oder Überraschungsmomente sein. Je häufiger du in deinem Fachgebiet präsentierst, desto sicherer wirst du bei Standardinhalten sein, und desto entspannter kannst du die individuellen Besonderheiten deiner jeweiligen Präsentation angehen– im Idealfall so gut, dass du die gesamte Zeit frei sprechen und ein Auge für die Reaktionen deines Publikums haben kannst. Das funktioniert im Wesentlichen durch ***üben, üben und nochmals üben.*** Aus dem Schreiben und lauten Vorlesen eines Manuskripts wird so nach und nach ein freier Vortrag auf Basis weniger Stichworte auf ein paar Moderationskärtchen. Während dieses Prozesses werden dir noch die eine oder andere dramaturgische Optimierung oder kleine Exkurse auf der Tonspur in den Sinn kommen. Du wirst von Mal zu Mal souveräner, besser, überzeugender werden. Aus Erfahrung weiß ich: Erfahrene Präsentator:innen entwickeln ganz automatisch ein Gespür dafür, ob eine Präsentation in den vorgegebenen Zeitrahmen passt, und ob und wo sie einer inhaltlichen Nachschärfung oder dramaturgischen Optimierung bedarf. Kurz: Mit jedem Mal wird es ein wenig leichter, und der Vorbereitungsaufwand sinkt ganz erheblich.

II.2

Die Technik

Medium und Medienwahl

Powerpoint & Co vs. Pappen, Poster, Flipcharts

Es gibt viele Möglichkeiten, eine Präsentation zu gestalten – und die Bildschirmpräsentation ist nur eine davon. Nur weil sie sich in den letzten 30 Jahren als besonders praktisch herausgestellt hat, heißt das noch lange nicht, dass sie für jeden Anlass die beste ist. Das gilt nicht nur, aber nicht zuletzt in den CREATIVE INDUSTRIES. Manchmal ist gar kein Medium die bessere Wahl, mal ein Flipchart oder Whiteboard, mal eine Kritzelei auf einer Wandtafel oder Serviette ***und oft sind es die klassischen Präsentationspappen, die wirklich überzeugen:*** sie haben den entscheidenden Vorteil, dass man sie – anders als eine Bildschirmpräsentation – auch nebeneinander stellen kann, dass sie auch bei Stromausfall funktionieren und nach Ende der Präsentation immer noch sichtbar sind. Ich kenne Büros von Kunden, in denen eine besonders gut gestaltete Präsentationspappe jahrelang in Sichthöhe auf dem Regal stand.

Eine Überlegung sollten mögliche Alternativen zur Bildschirmpräsentation immer wert sein, selbst bei Videokonferenzen: Hast du schon einmal darüber nachgedacht, statt einer üblichen Online-Präsentation einen Kurierdienst exakt zum Startpunkt deiner Videokonferenz mit der Lieferung eines großen Posters oder eines Modells an deinen Kunden zu beauftragen? Wir haben mit solchen Überraschungseffekten gute Erfahrungen gemacht. Gleichwohl bleiben Screen-Präsentationen der Standard. In diesem Buch setzen sich die meisten Seiten damit auseinander, wie du auch diese zu einem einzigartigen und überzeugenden Erlebnis werden lassen kannst. »VERKAUF DICH!« ist kein Software-Manual oder Kurzlehrgang für Präsentationsprogramme. Trotzdem lohnt es sich, deren Unterschiede zu kennen, aktuelle Entwicklungen bei POWERPOINT, KEYNOTE, PREZI, FIGMA, MIRO, MURAL oder anderen Formaten zu verfolgen und ggf. für sich zu nutzen. Nahezu alle aktuellen Angebote arbeiten cloud- bzw. browserbasiert und sind damit weitgehend identisch auf unterschiedlichen Systemen darstellbar. Viele Designer:innen präsentieren dennoch am liebsten mit PDF-Dateien, weil ihnen die Grafikfunktionalitäten der üblichen Präsentationsapps nicht ausreichen und die Unterschiede zwischen den Browserdarstellungen für Design-Details störend sein können. Dafür musst du aber auf viel Komfort bei der Erstellung und auch bei der Präsentation verzichten.

Sonderformen und -Formate

Es gibt Präsentationen, bei der die Abweichung von der Norm nicht überraschend, sondern selbstverständlich ist.

Natürlich können Architekten, Ausstellungsgestalterinnen oder Messebauer ihre Konzepte über klassische Präsentationsformate wiedergeben, zumal virtuelles Modelling den Bau eines 3D-Modells zunehmend ersetzt und ebenso virtuelle Kameraflüge höchst eindrücklich am Bildschirm vermitteln können, wie sich ein Gebäude oder ein Innenraum aus Sicht der zukünftigen Nutzer:innen darstellt. Dennoch wird in vielen Ausschreibungen ein 3D-Modell verlangt und geliefert, und erfahrene Präsentatoren und Präsentatorinnen wissen um die Macht des Objektes im Raum – genauso wie Event-Macher:innen gut beraten sind, ihre Präsentation selbst als kleinen Event zu begreifen. Auch Perspektivwechsel sind sinnvoll: Jung von Matt präsentiert TV-Spots z.B. in einem typischen Durchschnittswohnzimmer, um den designverliebten Marketingexperten ein Gefühl dafür zu vermitteln, wie die gezeigte Arbeit bei der eigentlichen Zielgruppe ankommt.

Laptop zu - Klappe auf!

Es gibt Situationen, in denen keine Präsentation die bessere Präsentation ist – auch wenn du dir viel Mühe mit ihr gegeben hast. Insbesondere wenn du – ob geplant oder überraschend – nur mit einer Person im Raum bist, wirkt ein Laptop oder erst recht eine entfernte Leinwand oder ein Monitor an der Wand, der gemeinsam betrachtet wird, eher als Barriere denn kommunikationsfördernd. Es sei denn, es ginge dir explizit um Bildinhalte.

Einige meiner erfolgreichsten Präsentationen habe ich dezidiert vorbereitet, aber nie gehalten – weil in der vorgefundenen Situation ein schlichtes Gespräch die viel bessere Option gewesen ist. Hinterfrage dich deshalb kritisch und bleibe flexibel, wenn sich vor Ort eine ganz andere Kommunikationssituation ergibt, als du sie dir vorgestellt hast.

Masterfolien

Ähnlich wie Referentenslides *(➼ 136)* für viele eine Binsenweisheit, für manche eine hilfreiche Erkenntnis: Präsentationsprogramme bauen in der

Regel auf Masterfolien auf. Die handelsüblichen Programme halten eine Vielzahl von Layouts bereit, die beim Start einer neuen Präsentation ausgewählt werden können – zielführender ist es, sich für die eigene Company, für den spezifischen Anlass oder für den konkreten Kunden eigene Masterfolien anzulegen und deren oft hoch differenzierte Formatvorlagen auch konsequent zu nutzen. So kannst du beispielsweise eine umfangreiche Präsentation im Kundenlayout anlegen und mit nur wenigen Klicks durch die Veränderung von Masterfolien die gleichen Präsentationsinhalte in einem ganz anderen Kontext ebenso individuell gestaltet weiter nutzen.

Oder möchtest du zu einem späteren Zeitpunkt beispielsweise die Headline-Schrift ändern, ist das mit einer Einstellung für die gesamte Präsentation getan, anstelle manueller Änderungen auf 150 Einzelslides.

Präsentationsmodule

Die logische Fortsetzung des Gedankens der Folienmaster löst ein klassisches Problem: Die meisten Präsentationen werden erstellt, indem eine alte Präsentation überschrieben wird. Oft genug gibt es in einer Firma, gerade in einer Agentur, immer wiederkehrende Themen, die im Idealfall beständig aktualisiert werden. Genauso oft kommt es aber vor, dass du überrascht feststellst, dass in der Präsentation des Kollegen drei Jahre alte Aussagen verwendet werden, die bestenfalls nicht mehr ganz zeitgemäß und schlimmstenfalls inzwischen schlicht falsch sind. Das liegt meist daran, dass der betreffende Kollege seine letzte Präsentation zu diesem Thema neu aufbereitet und vielleicht gar nicht mitbekommen hat, dass sich hier Dinge geändert haben. Der Mensch ist ein Gewohnheitstier, und außerdem faul.

Abhilfe schafft deshalb eine gut gepflegte Online-Datenbank von stets aktuell gehaltenen Präsentationsmodulen, die per Drag and drop in Minutenschnelle zu einer individuellen Präsentation zusammengestellt werden können – beispielsweise Standard-Credentials, Mitarbeiter-Vorstellungen, ein aktuelles Slide mit Kundenlogos, Folienpakete zu häufig genutzten Themen oder Leistungsbereichen, einige Seiten mit beliebten Zitaten oder Bildern, gut geordnete Case Studies in kurzen oder langen Versionen und Abbinder-Slides mit dem rechtlich aktuellsten Disclaimer.

Selbst der oder die behäbigste Kolleg:in wird schnell feststellen, dass es auf diese Weise viel einfacher ist, eine Präsentation zu erstellen, als in einer alten Datei herumzuwerkeln und ein hohes Fehlerrisiko einzugehen.

Praxisbeispiel

Seit wir ein solches System in unserer Agentur eingeführt haben, bin ich nie wieder gefragt worden, ob ich kurz ein Slide zu meiner Person beisteuern kann, wenn ich Teil eines Präsentationsteams oder einer Firmenvorstellung sein sollte: Das aktuelle findet sich schneller auf dem Server als die Slack-Nachricht an mich getippt ist. Davor habe ich von diesen Slides jährlich bestimmt 30 oder 40 verschickt und in weiteren 100 Präsentationen veraltete Darstellungen von mir vorgefunden. Ähnliches vermute ich auch für die Angaben zum Leistungsspektrum, zu Methodiken oder Tagessätzen. Think online!

Nachhaltigkeit

Der nachhaltige Umgang mit unseren Ressourcen ist das wichtigste Thema unserer Zeit. Das gilt auch für Präsentationen und deren Dokumentation: Ausdrucke sind längst tabu – die umweltfreundlichere und kostengünstigere Alternative ist ohnehin ein Download-Link. Das gleiche gilt für Dateien: Speichermedien sind in der Regel keine besonders umweltfreundliche Angelegenheit. Durch das einmalige Speichern von Daten in der Cloud und deren Online-Bearbeitung anstelle des permanenten Server-Up- und Downloads auf diverse Festplatten mit wiederum diversen Back-ups kann die CO_2-Bilanz zumindest ein wenig verbessert werden.

Auch wenn in diesem Kapitel viel von alternativen Präsentationsmethoden mit vergleichbar hohem Materialeinsatz die Rede war: Überprüfe stets, was in einem sinnvollen Verhältnis zwischen gewünschtem Effekt und Umweltbelastung steht. Modelle lassen sich aus nachhaltig erzeugten Materialien erstellen, Pappen auch ohne Sprühkleber sauber fixieren.

Kenne deine Technik

Bei allem was du tust – kenne deine Technik! Das betrifft sowohl die Hardware als auch die Software, und alle denkbaren Verbindungen innerhalb und außerhalb beider Bereiche.

Es gibt wenige Gelegenheiten, sich so erfolgreich zum Volldeppen zu machen, wie vor versammeltem Publikum die eigene Hardware nicht zum Laufen zu bringen, den eigenen Tascheninhalt auf der Suche nach einem Adapter auf dem Boden zu verteilen und unter fremden Tischen herumzukrabbeln, um schließlich mit rotem Kopf nach einer Verlängerungsschnur zu fragen, weil man nicht daran gedacht hat, dass die nächste Steckdose weiter als drei Meter entfernt liegen könnte. Und es ist wirklich erstaunlich, dass du nach zehn Jahren im Job immer noch überrascht feststellst, dass die Apple-Netzteile zu dick sind für die üblichen aufklappbaren Konferenztisch-Steckdosenleisten.

Es ist nicht förderlich, in einer Online-Konferenz ständig den gesamten eigenen Schreibtisch-Hintergrund ins Bild zu setzen, wenn man doch nur das Präsentationsprogramm teilen möchte. Es macht keinen Spaß, die mühevoll ausziselierte Präsentation bis ins Unkenntliche verzerrt und mit merkwürdig grellen Farben auf einem falsch eingestellten Monitor wiedergeben zu müssen. Und all das ist auch noch Gift für das eigene Nervenkostüm – sozusagen eine doppelte Indikation für eine Präsentation, die nur schiefgehen kann.

Da hilft nur eines: Üben. Am eigenen Gerät und an fremden. So lange, bis all das, was selbstverständlich funktionieren sollte, auch wirklich selbstverständlich funktioniert. Denn niemand möchte, dass seine Präsentation nicht ihrer Inhalte wegen, sondern aufgrund technischer Pannen in Erinnerung bleibt. Mit anderen Worten: ***Nimm deine Technik-Expertise wirklich ernst, wenn du es mit dem Präsentieren ernst meinst!***

Online-Präsentation

Funktionalität der Tools (z. B. Verknüpfungen)

Die meisten Applikationen für Online-Präsentationen funktionieren zwar einigermaßen intuitiv, und mit dem Siegeszug von Zoom und Microsoft Teams versuchen viele andere Anbieter, ähnliche Features an ähnlicher Stelle zu integrieren, aber dennoch liegen die Tücken im Detail und auch im Funktionsumfang. Bist du selbst Gastgeber, wähle deshalb ein Format, das deinen Anforderungen gerecht wird und in dem du dich bestens auskennst. Ob es am Ende GOOGLE MEET, CISCO WEBEX, JITSI, BIGBLUEBUTTON oder gar hauseigene oder zumindest adaptierte Tools großer Unternehmen sind – das Wichtigste ist, dass du damit souverän umgehen und deine Inhalte ohne größere technische Pausen, ratloses Ausprobieren oder gar einen Absturz auf die Reise schicken kannst – alles andere wirkt ähnlich unprofessionell und peinlich, wie der vergebliche Versuch, vor wartendem Präsentationspublikum den eigenen Projektor an dein Laptop anzuschließen und dabei krachend zu scheitern.

Eine andere Baustelle, aber nicht weniger wichtig, ist das Programm, in dem du deine Präsentation aufbaust. Auch wenn fast alle Konferenz-Tools über ihre Screensharing-Funktion nahezu jeden Bildschirminhalt ordentlich wiedergeben können, gibt es doch erhebliche Unterschiede beispielsweise bei der Darstellung von Bewegtbild oder auch bei der Integration von Datensätzen aus anderen Quellen und der kollaborativen Echtzeit-Bearbeitung. Es ist naheliegend, dass die Kombinationen aus Tools meist am besten funktionieren, die in einer Softwareschmiede entstanden sind (wie GOOGLE WORKSPACE mit PRESENTATIONS und MEET) oder MICROSOFT 365 *(mit* POWERPOINT und TEAMS). Auch andere Hersteller bieten gut aufeinander abgestimmte Präsentations- und Kommunikationslösungen an (➳ *Power-point, 141)*

App-/Moduldownloads

Viele Conferencing-Applikationen bieten dir ihren vollen Umfang nur als Desktop-App und nicht in der Browserversion. Willst du professionell präsentieren, solltest du das Programm zuvor heruntergeladen und dich angemeldet oder im Zweifelsfall auch eine Lizenz erworben haben. Es wirkt nicht vertrauensbildend, wenn sich deine Software mitten in der Präsentation mit dem für alle sichtbaren Hinweis meldet, dass sich die kostenlose Probeversion nach 15 Minuten automatisch abschaltet. Ebenso unangenehm ist es, die notwendigen Downloads erst zu Beginn des Präsentationsslots vorzunehmen und sich mit achtminütiger Verspätung einzuwählen – falls überhaupt noch jemand da ist.

Eine Eigentümlichkeit von Online-Präsentationen ist ein besonders strenger Maßstab für Pünktlichkeit – der Tatsache geschuldet, dass viel beschäftigte Menschen mehrere Konferenzen ohne Pause aneinander reihen und deshalb Verspätungen durch kürzere Kaffeepausen zwischen den Terminen, wie vor Ort meist üblich, nicht mehr ausgeglichen werden können. Auch wenn ich dir empfehle, zu deinem Vor-Ort-Termin aus Höflichkeit und Eigennutz überpünktlich zu erscheinen, wird sich niemand bei einer dreiminütigen Verspätung ernsthaft ärgern. Wenn du dein Online-Meeting dagegen eine Minute verspätet startest, hast du bereits die ersten besorgten Posts erhalten.

Ton

»Dein Mikro ist aus!« ist einer der Sätze, die vor der Corona-Pandemie echten Seltenheitswert hatten und heute so sehr zum allgemeinen Sprachgebrauch gehören wie ein *»Guten Morgen!«*.

Solche Pannen kannst und solltest du durch Übung vermeiden. Gegen eine unzureichende Bandbreite, die deine Äußerungen in unverständliche Schnipsel zerhackt, hilft nur eine entsprechende Investition.

Wenn dann noch Geld übrigbleibt, solltest du überlegen, es in ein Mikrofon zu investieren, das einerseits deine Stimme kristallklar und ungetrübt so weitergibt, wie sie ist, und andererseits durch seinen Erfassungsradius Hintergrundgeräusche hardwareseitig unterdrückt – denn selbst die besten Noise-Cancelling-Softwarefilter können nicht komplett eliminieren, was einmal den Weg in die Amplitude gefunden hat. 94% der Arbeitnehmer sind während eines Calls von Umgebungslärm betroffen* – vor allem von anderen sprechenden Personen oder Telefonklingeln im Hintergrund.

Ob du in ein Mikrofon unterhalb des Bildschirms, einen professionellen Mikrofonarm oberhalb des Sichtfeldes (wie in Fernsehstudios) oder – am wenigsten ästhetisch überzeugend – in ein Headset investierst: Alles ist besser als die meist nur wenige Cent teure Technik, die in deinem Laptop verbaut ist. Die anderen Teilnehmer:innen werden es dir danken.

Bild, Kamera, Blickrichtung, Hintergrund

Was für den Ton gilt, gilt erst recht für das Bild: Es macht niemandem Freude, dich präsentieren zu sehen, wenn du nur als Silhouette vor einem hellen Fenster erkennbar bist oder vor einem kunterbunten Bücherregal sprichst. Am merkwürdigsten sind seitlich am Tisch positionierte Webcams, die deinem Publikum den Eindruck vermitteln, dass du gerade mit jemand anderem sprichst, während du sie direkt vor dir auf dem Screen hast.

Netiquette

Es ist frustrierend, als Vortragende:r sein Publikum nicht sehen zu können – und ein kommunikativer Blindflug obendrein. ***Es ist deshalb ein Gebot der Fairness, dass auch die Zuhörer deiner Präsentation ihre Porträtkamera angeschaltet lassen.*** Tun Sie es nicht, solltest du, zumindest in Runden bis zu etwa 10 Personen, freundlich darum bitten.

* Persona Research Oktober 2020 Factworks

Blickrichtung: eine separate Webcam lohnt sich

Wir alle tendieren dazu, einem Menschen, den wir im Bild vor uns haben, in die Augen zu gucken. Die sind allerdings deutlich unterhalb der Kamera auf dem Bildschirm. ***Bemühe dich, nicht in die abgebildeten Gesichter, sondern auf das Niemandsland am oberen Bildschirmrand zu schauen: in die Kamera!*** Allein schon psychologisch hilft dir dabei eine separate Webcam weiter, weil wir es von klein auf gewohnt sind, vor Aufnahmegeräten aller Art zu posieren und dabei direkt in die Linse zu blicken.

Die Anschaffung einer wirklich guten Webcam lohnt sich ohnehin – allein durch Einstellungen des Bildwinkels und Zoomfunktion zur optimalen Positionierung und Größe deines Kopfes und die insgesamt bessere Optik wirkst du viel präsenter auf dein Publikum, als wenn du mit zu tief sitzender Laptopkamera dein Doppelkinn ins beste Licht setzt.

Ausleuchtung und Hintergrund

Bleibt die Frage, was die Kamera alles erfasst. Da wäre zunächst einmal dein Gesicht: in der Regel bläulich eingefärbt durch das Monitorlicht, vor dem du sitzt. Bei Brillenträgern sehen deine Zuschauer oft weniger deine Augen, als den darin gespiegelten Bildschirminhalt (und damit auch, ob du parallel zum Call noch etwas anderes tust). Beide Effekte lassen sich durch eine gute Beleuchtung, etwa durch ein Ringlicht oder eine andere professionelle, warme LED-Lichtquelle oberhalb des Monitors wirksam verhindern. Die leuchtet dann allerdings auch deinen Hintergrund aus, was du dir im Homeoffice nicht immer wünschst.

Virtuelle Hintergründe

Die virtuellen Palmenstrände, Büro- oder Kaffeehaus-Hintergründe, die die gängigen Programme zur Verfügung stellen, wie auch die Blur-Funktion für einen verschwommenen Hintergrund leisten zumindest für Menschen ohne Glatze oder Locken gute Dienste, kosten aber durch Echtzeitrendering viel Bandbreite und sorgen dadurch gerne für einen totalen Bildausfall. Wenn schon virtueller Hintergrund, dann bitte nicht die acht gängigen Bürohintergründe aus Microsoft Teams, sondern möglichst neutral und zum Beispiel mit dem Logo deiner Company – oder noch besser bezogen auf den Anlass individuell erstellt. Entsprechende Screens lassen sich in nahezu alle Chat-Programme hochladen. Ich nutze sie manchmal, um der unschönen Trennung von Präsentationsinhalt und Portraitkamera zu entgehen, indem ich sehr kurze Inhalte so erstelle, dass ich sie als Hintergrund einblenden und mit dem Fortschritt der Präsentation regelmäßig wechseln kann.

Die beste Lösung für eine authentische Präsenz ist jedoch ein neutraler, tatsächlich vorhandener Hintergrund – etwa eine graue Wand, vor der dein Arbeitsplatz positioniert ist.

Screensharing und Bildschirmhintergrund

Präsentierst du online, wirst du in den meisten Fällen irgendwann deinen Bildschirminhalt teilen. Mache dich deshalb mit den entsprechenden Freigabeeinstellungen vertraut. Hilfreich ist es in jedem Fall, alle anderen Programme und Fenster außer deinem Webbrowser bzw. der Videochat-Applikation und deinem Präsentationsprogramm zu schließen – es ist schnell passiert, versehentlich ein anderes Fenster als das dafür vorgesehene zu teilen, oder aber den gesamten Bildschirm zu teilen und deine Zuschauer parallel zur Präsentation deine private E-Mail-Korrespondenz lesen zu lassen. Auch Pop-ups (z. B. aus Messengerprogrammen) solltest du blockieren.

Wenn irgend möglich nur das spezifische Fenster mit deiner Präsentation teilen und nicht den gesamten Bildschirminhalt. Teste im Vorfeld auch, wie der geteilte Screen für zugeschaltete Teilnehmer:innen aussieht, wenn dein Präsentationsprogramm im Präsentationsmodus arbeitet, und wie du gegebenenfalls auf das Eingangsmenü zum Beenden deiner Präsentation zurückkommst. Möchtest du parallel zur geöffneten Präsentation Moderatorennotizen ablesen, empfehle ich dir, diese nicht im Präsentationsprogramm, sondern auf einem zweiten, separaten Gerät neben dem online geschalteten einzublenden – am besten als einfache, groß eingeblendete Textdatei. Es ist unangenehm und noch schneller als das Einblenden eines falschen Fensters geschehen, mit deinem Publikum die Moderatoren-Ansicht anstelle der eigentlichen Präsentation zu teilen.

Zur visuellen Sicherheit am Arbeitsplatz gehört angesichts der genannten Stolperfallen auch ein aufgeräumter Bildschirm-Hintergrund.

Bandbreite

»Du bist eingefroren«, »ich höre dich nur ganz abgehackt«: In den digitalen Entwicklungsländern Deutschland und Österreich ist und bleibt die Bandbreite ein massives Problem. Alle Fassungslosigkeit angesichts des politischen Versagens und falsch gesetzter Prioritäten bringt dir aber nichts: Gegen zu geringe Bandbreiten hilft nur – für eine wichtige Präsentation allemal

lohnend – ein Ortswechsel in Räumlichkeiten, in denen du stabile Netzbedingungen vorfindest. Alternativ kannst du zur Not versuchen, dich aus dem häuslichen WLAN auszuklinken und das Handy mit dem Rechner zu koppeln. Potenzial bieten auch Bemühungen zur Verringerung der Menge übertragener Daten – am ehesten dadurch zu erreichen, dass du andere offene Programme oder Fenster mit Webverbindung kappst und deinen Kindern oder WG-Mitbewohner:innen die Netflix-Serie im Nachbarzimmer ausknipst. Manchmal sind auch im Hintergrund laufende Up- oder Downloads und automatische Softwareaktualisierungen der Bremser. Nur die allerletzte Option sollte es sein, deine Kamera auszuschalten.

Senden und Empfangen testen!

Angesichts zahlreicher möglicher Fehlerquellen ist ein ausführliches Testen deines individuellen Settings dringend geboten – am besten jedes Mal aufs Neue, wenn du ein paar Wochen nicht mehr online präsentiert haben solltest, denn mit jedem neuen Software-Release können sich die Parameter ändern. Beachte dabei aber nicht nur, ob bei dir alles reibungslos läuft, sondern bitte einen wohlwollenden Menschen, sich deine Präsentation auf einem anderen Rechner online anzusehen und dir Feedback zu geben, was tatsächlich wie ankommt.

Chatfunktion

Bei einer Online-Präsentation solltest du wie vor Ort auch vorab abklären, ob du für Rück- oder Verständnisfragen sofort unterbrochen werden möchtest. Während du bei einer physischen Präsentation bei diesem durchaus sinnvollen Zugeständnis hin und wieder Gefahr läufst, dass dein Vortrag gekapert wird und mitten in deinen Gedankengängen eine überausführliche Frage vor allem den Fragesteller ins rechte Licht rücken und dich gegebenenfalls aus dem Konzept bringen soll (➳ *Unterbrechungen, Störungen und Moderationskompetenz, 215*), gibt es online ein wunderbares Gegenmittel: ***Biete einfach an, Rückfragen mittels der Chat-Funktion deines Videokonferenz-Tools zu stellen.*** Das unterbricht deinen Redefluss nicht und fällt kürzer aus als eine direkte Rückfrage. Wenn du in der Lage bist, parallel zu lesen und weiter vorzutragen, gibt es dir die Möglichkeit, im Hinterkopf ausreichend über die Frage nachzudenken, bevor du sie an passender Stelle zitierst und beantwortest. Dazu solltest du allerdings deinen Screen im Blick behalten und am besten die Chat-Funktion offen einblenden, statt auf Pop-ups zu warten, die schnell wieder verschwinden können. Das gleiche gilt für eine Teilnehmerliste, wenn du für Rückfragen das Einblenden von Handzeichen vorgeschlagen hast.

Interaktion, Breakout-Sessions, Workshoptools

Interaktionen

Wenn es schon schwerfällt, in einem Präsentationsraum als Zuhörer:in nichts anderes zu tun, als sich auf den oder die Vortragende:n zu konzentrieren, fällt das vor dem Rechner noch mal schwerer – zu naheliegend sind Ablenkungsoptionen wie der volle Desktop, die ungelesene E-Mail und all das andere, das du tun kannst, wenn die Kamera gerade nicht auf dich gerichtet oder – aller Höflichkeit zum Trotz – ausgeschaltet ist. Um so wichtiger sollte es für dich als Präsentator:in sein, dein Publikum immer wieder aktiv einzubinden. Das geht ohne großen Aufwand, beispielsweise über Abstimmungstools (gibt es in nahezu jedem Videochatprogramm), die Bitte, die Chatfunktion zu nutzen oder die Aufforderung, via Emoji (z.B. gehobener Daumen) Zustimmung oder Ablehnung zu einer Fragestellung rückzumelden. So hältst du dein Publikum bei der Stange und dich im Loop einer Live-Präsentation.

Breakout-Sessions und Workshoptools

Lohnend ist auch die Beschäftigung mit Breakout-Sessions oder Arbeitsgruppen, die die meisten Programme anbieten. Das funktioniert mit viel höherer Effizienz als in realen Räumen. So kannst du dein Publikum aktiv einbinden und deine Präsentation nicht zur reinen One-way-Show werden lassen, immer vorausgesetzt, du beherrscht die Tools zur Teilnehmerzuordnung und -Rückholung souverän. Falls doch einmal etwas schief läuft, hilft es, zuvor deine Handynummer im Chat einzublenden, um für »verloren gegangene« Teilnehmer:innen erreichbar zu bleiben.

Planst du über deine reine Präsentation hinaus die Durchführung eines Workshops, solltest du von vornherein mit zwei Programmen arbeiten: einem, in dem du präsentierst und dich mit den Workshopteilnehmer:innen austauschst, und einem, in dem du den eigentlichen interaktiven Workshop durchführen kannst. Tools wie MIRO oder MURAL bieten dir eine sehr gute Interaktionsqualität über individualisierbare oder auch vorgefertigte

Mindmaps und Präsentationsszenarien, die reale Workshops adäquat ersetzt oder ihnen sogar im Hinblick auf Geschwindigkeit, Übersichtlichkeit und Dokumentationsfähigkeit überlegen sind.

Film ab: externe Links, Streaming

An die Grenzen ihrer Leistungsfähigkeit kommen viele Applikationen, wenn es um die Übertragung von Bewegtbildern geht, die ihrerseits nicht live aufgenommen, sondern im Web abgerufen werden.

Im Prinzip verdoppelt sich dadurch das, was in Echtzeit über den Äther geht: Dein Rechner ruft eine Filmsequenz auf einem externen Server ab und leitet sie gleichzeitig als Inhalt deines Präsentationsprogramms an deine Konferenzteilnehmer weiter. Nutze daher eine der drei folgenden Möglichkeiten, wenn du vorhandenes Filmmaterial wiedergeben möchtest:

- Teile einfach einen Link, bitte die Teilnehmer:innen, diesen eigenständig abzurufen und melde dich nach angemessener Zeit wieder zurück.
- Lade die entsprechenden Inhalte auf deinen Rechner herunter und spiele sie kurz vor deiner Präsentation bereits einmal ab, sodass sie im Idealfall bereits im Cache deines Rechners liegen. Das verbessert die Qualität der Datenübertragung. Schalte VPN-Verbindungen oder andere laufende Up- und Downloads aus.
- Halte deine Präsentation von vorneherein über leistungsfähige Streaming-Server von Drittanbietern. Das kann teuer sein, sich aber lohnen.

Vor-Ort-Präsentation

Locationcheck

Wenn der amerikanische Präsident »zufällig« während eines Staatsbesuchs einen Zwischenstopp in einer Kneipe einlegt, um Bevölkerungsnähe zu demonstrieren, beginnt der Location Check etwa drei Monate vorher und beschäftigt über 50 Secret-Service-Beamte. Du dagegen hast vielleicht die wichtigste Präsentation deines Lebens vor dir, von der Jahre deiner weiteren beruflichen Zukunft abhängen. Und fährst einfach mal los, gespannt was dich erwartet? ***Für wirklich wichtige Auftritte ist es ein Muss, sich beim Gastgeber zu erkundigen, wie die technische Ausstattung beschaffen ist, die Raum-***

größe, die Sitzanordnung etc. – am besten fährst du vorab vorbei. Ein Tischvortrag in einem engen Konferenzraum ist nicht nur sprachlich und vom Gefühl her eine ganz andere Sache als ein Auftritt an einem Rednerpult; ein professioneller IT-Techniker vor Ort ist eine andere Nummer als die Erkenntnis, besser ein Verlängerungskabel mitzubringen.

Schließlich solltest du auch deine Schriftgröße aus den hintersten Reihen auf gute Lesbarkeit hin überprüfen und die Farben auf dem Monitor oder der Leinwand mit denen abgleichen, die du eigentlich vorgesehen hast – gerade bei Pastellfarben wirst du oft feststellen, dass diese kaum oder gar nicht sichtbar sind.

Anschlüsse, Adapter, Webzugang, Kabel

Nur wenig ist ärgerlicher bei einer Präsentation als streikende Technik: zum Beispiel nicht vorhandene. Und richtig peinlich wird es, wenn man selbst daran schuld ist. Mac-User wissen, wovon ich spreche, wenn sie staunend vor kabellosen Verbindungen zum Decken-Beamer stehen, die in der Windows-Welt längst Standard sind, Apple bis ins Jahr 2023 aber nicht bietet. Oder wenn die nächste Steckdose so weit entfernt ist, dass Rechner und eigener Projektor am anderen Ende des Konferenzraumes aufgestellt werden müssen – bye, bye, Moderationsnotizen auf dem zweiten Screen!

Empfehlenswert ist daher für jeden Vortragenden, der nicht im Home-Turf präsentiert, eine ordentlich gepackte Tasche mit allen möglichen und unmöglichen Adaptern (VGA/XGA, HDMI, USB, USB-C, USB-Stick, Multistecker mit langem Verlängerungskabel, Auslandsadapter, langes HDMI-Kabel und was die aktuelle Rechner-Generation gerade so braucht, damit die Hersteller ordentlich Umsatz mit der Peripherie machen können). Murphys Law besagt in diesem Fall: Die vorhandene Technik im Präsentationsraum ist weder hardware- noch softwaremäßig kompatibel mit der Präsentation auf deinem Rechner und dessen Anschlüssen – und meistens veraltet.

Denke beim Tech-Check nicht nur an dich, deinen Rechner und dein System, sondern zum Beispiel auch daran, kurzfristig deine Daten auf einen vom Veranstalter gewünschten Präsentationsrechner zu übertragen. Was für die Standard-Management-Präsentation kein Problem ist, stellt sich für Kreative mit eigener Schriftwahl, Gimmicks und eingebauten Filmen meistens als großes Drama dar, zumal der Präsentationsrechner oft nur eine veraltete Powerpoint-Version bietet. Ich empfehle deshalb, auf der Verwendung der eigenen Technik zu bestehen – dann solltest du allerdings auch fit (wirklich fit!) darin sein, sie an externe Screens oder Projektoren anschließen zu können. Auch ich habe mit schmerzverzerrtem Gesicht schon mehrere Präsentationen mit ebenso verzerrtem Bild an externen Monitoren durchgeführt, die selbst nach fünfminütiger Beschwörung partout meine 16:9-Präsentation in 4:3 wiedergeben wollten – oder umgekehrt. Das liegt einerseits an den Adaptern, andererseits aber auch an der Monitor-Einstellung deines Rechners selbst, die du aus dem Effeff in all ihren Optionen beherrschen solltest.

Wenn der Gastgeber nachdrücklich auf Vor-Ort-Technik-Einsatz besteht, unbedingt vorher eine Testdatei (oder unter dem Siegel der Verschwiegenheit die komplette Präsentation) an eine helfende Hand schicken, um zu klären, ob alles funktioniert.

Auf fremder Hardware hilft entweder eine PDF-Variante der eigenen Präsentation oder eine ohnehin empfehlenswerte Onlineversion, die Browser-unabhängig das gleiche Bild zeigt – wenn denn ein ausreichend starker und dir auch zugänglicher Webzugang im Präsentationsraum zur Verfügung steht. Das solltest du so oder so vorab klären. Viele größere Firmen haben eine relativ komplexe IT-Sicherheitsstruktur, in der du dich nicht einfach mal einwählen kannst, sondern gegebenenfalls sogar Zusatzprogramme auf deinem Rechner installieren oder langwierige Anmeldeprozeduren durchlaufen musst – alles Zeit, die später bei der Präsentation fehlt und an deinem Nervenkostüm nagt. Eine entsprechende Bandbreite ist besonders dann wichtig, wenn du Bewegtbild-Inhalte streamen möchtest – das funktioniert im D-A-CH-Raum nach wie vor in den wenigsten Firmennetzwerken und mit den wenigsten Präsentationssoftwares wirklich problemlos – besser ist eine lokale Datei.

Tech-Back-up

Wer viel präsentiert, weiß: Es ist ein Fehler, bedenkenlos auf die unendliche Funktionsfähigkeit eigener oder fremder Technik zu vertrauen. Zu wichtigen Präsentationen nehme ich grundsätzlich einen eigenen Beamer mit – zu oft war die Bildschirmdarstellung von Projektoren vor Ort oder auch die Einstellung von vorhandenen Bildschirmen so dürftig, dass es deutlich schneller zu einer guten Lösung führte, eigene Hardware einzusetzen als die Farbeinstellungen der vorhandenen Uralt-Geräte zu optimieren.

Es mag ein wenig nerdig erscheinen, zu größeren Präsentationsvorhaben mit einer dicken Tasche mit zwei Beamern und zwei Laptops zu erscheinen –

zumindest aber dann, wenn vor Ort keine eigene Technik vorhanden ist, kann das den Tag retten. Projektorlampen halten eine begrenzte Zeit und gehen besonders gerne dann kaputt, wenn sie es auf keinen Fall sollten. Laptops können abstürzen oder zu lange in der Sonne auf der Rückbank gelegen haben und gar nicht erst starten, Kabel können von jetzt auf nachher ihren Geist aufgeben.

Die Mindestlösung zur Schonung des eigenen Adrenalinhaushaltes ist ein Cloud-Backup der Präsentationsinhalte, ohne die du das Haus nicht verlassen solltest.

People-Back-up

Was für die Technik gilt, gilt umso mehr für die Menschen – vor allem für dich selbst: Gut, wenn du dich nicht für unersetzlich hältst. Es muss nicht gleich eine schwere Grippe sein, die davon abhält, die eigene Präsentation zu halten. Ein dringender Anruf von zu Hause, ein eiliges Problem bei einem anderen Projekt: Solange du dafür gesorgt hast, dass du deine Präsentation mit Teammitgliedern geteilt und im Idealfall auch im Vorfeld einmal durchgesprochen hast (wir nennen das *Dry Run*), sind all dies keine Katastrophen.

Praxisbeispiel

Bei einer Vorstandspräsentation kurz nach Gründung unserer Agentur hatte ich nach zu viel Nachtschichten einen kompletten Blackout. Zum Glück hatte ich im Zug zum Termin mit einem Kollegen aus einer ebenfalls teil-beauftragten Agentur unsere jeweiligen Präsentationen im Kurzdurchlauf abgestimmt, um etwaige Dopplungen zu vermeiden. Im Termin sah ich dann nur noch Sternchen. Der erfahrene Kollege präsentierte kurzerhand meine Slides mit – und das besser, als ich es selbst gekonnt hätte.

Heute bin ich selbst ein paar tausend Präsentationen reifer und oft genug in der Situation gewesen, für Kollegen eben mal einspringen zu müssen. Umso besser, wenn man davor nicht nur zehn Minuten im Zug hatte, um gebrieft zu werden.

Bildschirmschoner und -Hintergrund, Desktop

Wir alle kennen die Situation: Der Start des Auftritts lässt auf sich warten, und der Rechner geht in den Ruhemodus. Das kann ein echtes Ärgernis sein – besonders wenn der Rechner passwortgeschützt ist und dies gerade nicht zur Verfügung steht. Besonders unprofessionell ist es, wenn der Ruhe-Bildschirm aus einer Sammlung von Familienfotos oder Bildern aus dem letzten Urlaub besteht. Zwei Möglichkeiten gibt es, derlei Peinlichkeiten zu verhindern: Die erste und einfachste ist es, bei einem geplanten Auftritt zuvor die Energiespareinstellungen des eigenen Rechners temporär auszuschalten. Die andere, etwas aufwendigere, aber sicher positiv überraschende ist es, ***für den Bildschirmschoner ein exakt auf die Präsentation passendes Motiv auszuwählen und im Vorfeld zu installieren.*** Exakt das Gleiche gilt im Übrigen für den Bildschirmhintergrund. Und für das, was sich auf ihm tummelt: Mein Desktop ist ein einziges Chaos. Doch auch wenn ich ein Chaot bin, möchte ich meinen Kunden diese Erkenntnis gerne ersparen und packe deshalb vor jeder Präsentation alles in einen einzigen Ordner mit dem aktuellen Datum zusammen.

Ärgerlich wird es, wenn geöffnete Browserfenster persönliche Interessen ungewollt verraten oder andere Dokumente geöffnet sind, die nicht für jedermanns Augen bestimmt sind oder sogar unter Geheimhaltungsbestimmungen fallen. Es bedarf nur eines kurzen Umschaltens auf die Präsentationssoftware oder einer schwachen Grafikkarte beim Aufbau eines Fensters mit vielen Tabs, um die Inhalte der anderen Fenster für alle Zuschauer sichtbar zu machen. ***Überlege dir also gut, was du zeigen möchtest und was nicht.***

Daneben kommt es der Performance deines Rechners zu Gute, wenn du während einer Präsentation alle anderen, dabei gerade nicht benötigten Programme schließt.

Sound

Etwas völlig anderes als im Büro oder Mobile Office ist der Sound in einem Konferenzraum oder Vortragssaal. Es lohnt, sich damit ein wenig auseinanderzusetzen. Eine Rückversicherung, ob es im Vortragssaal ein Tonsystem gibt und wenn ja, wie dieses an den eigenen Rechner angeschlossen werden kann, hilft sehr. Alternativ und zusätzlich lohnt sich auch die Anschaffung einer mobilen Box. Es gibt günstige, aktentaschentaugliche Systeme, die einen größeren Konferenzraum problemlos beschallen können.

Beamer / Monitor

Die beste Präsentation wirkt nicht, wenn sie auf einem schlechten Wiedergabemedium präsentiert wird. Insbesondere Mac-Anwender leiden darunter, dass in den meisten Unternehmen und Hotels oder Konferenzzentren Systemadministratoren ihre Arbeit tun, die die Mac-Welt nur vom Hörensagen kennen und entsprechend bei Kalibrierungsdifferenzen oder Anschlussschwierigkeiten keine Hilfe anbieten. (➳ *Tech-Back-up, 154*)

Ganz unabhängig von der Technik vor Ort solltest du schon beim Aufbau der Präsentation auf ausreichenden Farbkontrast achten – Pastelltöne mögen perfekt zu den Inhalten passen, verschwinden auf einem Großteil der Beamer aber schlicht und einfach (➳ *Farbwahl, Kontraste, 170*).

Schon gar nicht solltest du dich darauf verlassen, dass die brillante Darstellung der eigenen Präsentation auf dem Hightech-Heimbildschirm dem entspricht, was in üblichen Konferenzräumen wiedergegeben werden kann.

Bedenke auch die Lichtsituation vor Ort, insbesondere wenn über Beamer gearbeitet wird. Ein Konferenzraum ist oft nur teilweise abgedunkelt (das ist auch hilfreich, damit die Teilnehmer nicht einschlafen) – übliche Projektoren kommen gegen helle Räume aber kaum an.

Vorabaufbau möglich?

Der entspannteste Weg, Probleme im Vorfeld auszuschließen, ist der Vorab-Aufbau. Es kostet dich nur einen Anruf und eine etwas entspanntere Reiseplanung, bereits eine Stunde vor dem großen Auftritt am Ort des Geschehens zu sein und in Ruhe die Technik installieren zu können. Gerade wenn noch Aufregung hinzukommt, hilft auch ein Aufbau am Tag zuvor.

Praxisbsp.

Bei den Absolvent:innen an meiner Hochschule haben wir den Technik-Check am Abend vor der Thesis-Prüfung verpflichtend eingeführt, um einen erträglichen Schweißpegel im Raum zu gewährleisten und das Timing einzuhalten, das zuvor grundsätzlich aus dem Ruder lief.

Auch das Organisationsteam einer Pitchpräsentation ist an einem reibungslosen Ablauf interessiert und reagiert meist positiv auf den Vorschlag, mehrere direkt aufeinanderfolgende Präsentationen nicht im gleichen Raum, sondern in zwei Konferenzräumen stattfinden zu lassen, um den jeweiligen Teams ausreichend Zeit für den Aufbau zu ermöglichen.

Testen, testen, testen

Auf den letzten Seiten habe ich versucht, möglichst viele Stolpersteine zu benennen – und dennoch kommt es erstens anders, und zweitens als man denkt. ***Deshalb heißt die goldenste aller goldenen Regeln: Testen, testen, testen.*** Am besten vor Ort, unbedingt mit dem gesamten Team und mit der zum Einsatz kommenden Technik. Das gibt allen Beteiligten die nötige Ruhe und Sicherheit, wirklich wenn es darauf ankommt, sich auf die Inhalte zu konzentrieren und das Beste geben zu können. Und verschiebt die hektischen *»da stimmt irgendetwas nicht«*-Momente auf eine Zeit, in der sie sich noch ändern lassen. Das gilt für die handelnden Personen genauso wie für die technischen und räumlichen Parameter.

Hybridpräsentation

Kommunikationsrichtung und Ausstattung

Hybridpräsentationen sind besonders anspruchsvoll, weil du gleichzeitig dein Auditorium in Präsenz und am Screen im Blick behalten und adäquat bedienen musst. Das belastet dich doppelt und schränkt zudem deine Kommunikationsrichtung und Bewegungsfreiheit ein, denn meist wirst du dadurch an deinen Rechner bzw. an den Radius deiner Webcam gefesselt, um online präsent zu bleiben.

Technische Ausstattung

Deine technische Ausstattung sollte doppelten Ansprüchen genügen: Eine starke Internetverbindung und Serverqualität für die Übertragung der Online-Reaktionen in den Saal und der Saalreaktionen für das Online-Publikum, entsprechend mindestens zwei Webcams, eine auf dich gerichtet und eine ins Publikum gerichtet, mindestens zwei Mikrofone, eines für dich, eines für das Publikum – und nicht zuletzt ein guter Lautsprecher, damit das Saalpublikum Wortmeldungen aus der Online-Welt gut mitbekommt.

Gleichberechtigung

Meist hat bei einer Hybridpräsentation das online zugeschaltete Publikum das Nachsehen: Zu bestimmend für dein eigenes Gefühl und deine Reaktionsfähigkeit ist die Aura des anwesenden Publikums im Saal. Zu schnell übersiehst du im Eifer der Präsenzpräsentation eine Wortmeldung im Chat oder auf dem Screen. Zu überfordert bist du damit, gleichzeitig eine mitreißende Präsentation zu halten und digitale Interaktionsformen zu moderieren, während auch der reale Raum deine Aufmerksamkeit fordert. Obwohl dies das kürzeste Kapitel über die drei Präsentationsformen ist, ist es eigentlich das längste, denn alles über Online- und Vor-Ort-Präsentationen Gesagte gilt auch hier.

Versuche dennoch, in der Ernsthaftigkeit der Wahrnehmung von Rückfragen, Wortmeldungen oder auch Mimik und Ausstrahlung keinen Unterschied zwischen deinen zwei Publikumsgruppen zu machen und beiden jeweils situationsgerecht und mit höchster Aufmerksamkeit zu begegnen. ***Oft genug sitzen die wirklich wichtigen Adressaten vor ihren Rechner statt vor dir.***

Es ist schon schwer genug, das alles vor Ort zu handhaben. Nahezu unmöglich wird es, wenn du der- oder diejenige bist, der bzw. die online präsentiert, während dein Publikum als Gruppe an einem anderen Ort zusammensitzt. Du wirst von der Gruppendynamik so gut wie nichts mitbekommen, bist praktisch nicht dazu in der Lage, eine Diskussion zu leiten und hast die Situation nicht im Griff, sondern bist auf Wohl und Wehe dem Menschen vor Ort an der Tastatur ausgeliefert, der deinen Auftritt technisch einsteuert. Kein gutes Gefühl!

Chatfunktion und Saalkommunikation pairen

Dein besonderes Augenmerk sollte während einer Hybrid-Veranstaltung der Reihenfolge von Rückmeldungen aus den jeweiligen Publikumsgruppen gelten. Es kann extrem anstrengend sein, während der Konzentration auf die Dramaturgie und Qualität deiner Aussagen gleichzeitig im Blick zu behalten, wer sich wann im Publikum und im Chat um eine Rückmeldung bemüht – und diese Reihenfolge dann auch beim Aufruf der Diskutanten einzuhalten. Wenn es dir irgend möglich ist, versuche bei einer Hybridpräsentation den technischen Part in die Hände einer zweiten Person zu legen, so dass du dich auf deine Vortragstätigkeit konzentrieren kannst.

II.3

Die Optik

Perfekte Slides

Warum gute Optik so wichtig ist

83 % der sensorischen Informationen, die unser Kleinhirn verarbeitet, sind visuelle Reize. 11% liefern die Ohren, die restlichen 6 Prozent teilen sich Fühlen, Riechen und Schmecken.*

»Ein Bild sagt mehr als tausend Worte« bleibt damit zwar eine heftige Übertreibung, aber der Faktor sieben für die Beschäftigung mit visuellen gegenüber akustischen Informationen ist auch nicht ohne.

Obwohl eine erfolgreiche Präsentation ganz wesentlich davon abhängt, wie du persönlich auftrittst, haben die präsentierten visuellen Elemente – in aller Regel deine Präsentationsfolien – einen erheblichen Einfluss auf die Gesamtrezeption deines Vortrages. Nicht zuletzt bleiben sie übrig, wenn du den Raum längst verlassen hast, denn in der Regel wirst du die Daten deines Vortrages als PDF-File oder Datei zur Verfügung stellen und nicht als Videoaufnahme mit Bild und Ton. Präsentierst du im Wettbewerbskontext, wird das Entscheidungsgremium deine Slides möglicherweise noch einmal durcharbeiten. Dann müssen sie ganz für sich stehen – erst recht, wenn sie intern weitergegeben werden.

Deshalb ist es sinnvoll, ein besonderes Augenmerk – im wahrsten Sinne des Wortes – auf gut gestaltete Präsentationsfolien zu legen. Dieses Kapitel gibt dazu einige Hinweise.

Mein Layout? Dein Layout!

Die erste Frage, die du dir bei der Gestaltung deiner Slides beantworten solltest, ist die nach dem grundlegenden Layout: In den meisten Fällen fährst du am besten, wenn du in deinem eigenen Corporate Design unterwegs bist. So kannst du optimal Masterfolien generieren, auf früher gestaltete Slides zurückgreifen und den Look dem Inhalt perfekt anpassen.

In manchen Fällen ist es sinnvoller, auf Layoutvorlagen deines Kunden zurückzugreifen: Etwa dann, wenn dieser deine Präsentation intern weiterverwenden möchte. Viele Bestandskunden werden dich explizit darum bitten, auf Basis ihrer Masterfolien zu arbeiten, damit sie deine Inhalte nicht umkopieren und neu formatieren müssen. Damit gehen oftmals Möglichkeiten verloren, da viele Firmen über Folien verfügen, die wenig Gestaltungsspielräume bieten und oft genug auch nicht nach optimaler optische Wirkung,

* Multisensuale Markenführung als Differenzierungs- und Erfolgsgröße, Kilian/Brexendorf, 2005

sondern für maximale Raumausnutzung konzipiert sind – ein Trugschluss, was Lesbarkeit und Verständnis des Publikums angeht.

Hin und wieder ist auch eine hybride Gestaltung sinnvoll: Jeder Kunde freut sich, wenn er auf der ersten Folie in der Präsentation eines potenziellen Dienstleisters sein Logo wiederfindet, vielleicht auch seine Hausfarbe als Hintergrund. Gleiches gilt für die Fußzeile auf den Folgeseiten – wenn du dort den Namen der Präsentation wiederholen möchtest, kannst du möglicherweise auch statt einer ausgeschriebenen Version einfach das Logo deines Kunden einbinden.

Praxisbeispiel

In unserer Agentur sind wir oft in der Situation, einen neuen Unternehmensauftritt vorzustellen – und dazu gehören stets auch Ausarbeitungen für Präsentationsprogramme. Gemäß einer guten Dramaturgie bleiben wir bis zur Vorstellung des Kernelements – in diesem Fall einem neuen Logo – bei der Optik der Folien in *unserer* visuellen Welt und wechseln dann konsequent auf die Welt, die wir für die Präsentations-Masterfolien des Kunden vorschlagen.

Seitenformat und Bildgröße

Seitenformat

Selbst in Präsentationsprogrammen, die noch gar nicht erfunden waren, als der 16:9-Standard eingeführt wurde, gibt es merkwürdige historische Relikte: Bei der Wahl des Seitenformats wird das Uralt-4:3-Bildschirmformat immer noch als »*Standard*« aufgeführt, 16:9 oder 16:10 dagegen als »*Widescreen*«, obwohl nahezu alle am Markt verfügbaren Monitore, Laptops und Projektoren die letzteren Formate »standardmäßig« wiedergeben.

Das liegt an der langen Historie des 4:3-Formates, das bereits 1893 eingeführt wurde und die Welt auf der Leinwand und später auf dem Bildschirm über 100 Jahre bestimmte. Erst 2008 wurde das HD-TV mit 16:9-Verhältnis eingeführt und hat sich danach sehr schnell zum Standard auch für die Bürokommunikation entwickelt, als »Full HD« mit 1920 x 1080 Pixeln und heute oft einem Vielfachen davon. Immer öfter trifft man auch auf das Format 16:10, also mit etwas mehr horizontalen Pixeln, weil mittlerweile viele Tablets so aufgebaut sind.

16:9 ist das Mittel der Wahl

Es gibt keinen Grund, eine Präsentation heute noch im »Standardformat« 4:3 anzulegen – es sei denn, du möchtest auf einem alten Röhrenfernseher präsentieren. Tust du es trotzdem, hast du in der Wiedergabe mit breiten ungenutzten Balken links und rechts am Bildschirm zu kämpfen – oder damit, dass der Monitor deines Kunden im Konferenzraum partout deine 4:3-Präsentation auf 16:9 verzerrt. Nur wenn du sicher bist, ausschließlich auf Tablets zu präsentieren, kannst du auf 16:10 arbeiten, ansonsten lässt sich der kleine Unterschied dort verschmerzen.

Adaptive / responsive Formate

Zeitgemäße Präsentationsprogramme bieten dir die Möglichkeit, deine Inhalte – wie bei der Programmierung einer Website – medienneutral aufzunehmen und responsiv oder adaptiv automatisch auf das erkannte Format des Präsentationsgerätes auszuspielen. Dabei kann es aber – wie bei Websites auch – zu unliebsamen Überraschungen kommen: Schrift verkleinert oder vergrößert sich, der Textumbruch erfolgt technisch und nicht semantisch, und Bildinhalte werden ohne Rücksicht auf wichtige Inhalte beschnitten. Achte auf solche Details und korrigiere ggf. manuell.

Bildgrößen mediengerecht berechnen

Weißt du genau, wie hoch die Auflösung des von dir zur Präsentation genutzten Mediums ist, versuche, die Bildinhalte auf diese Pixelgröße in Bildbearbeitungsprogrammen hoch- oder runterzurechnen. Zwar bieten dir alle Präsentationsprogramme ebenfalls die Möglichkeit zur Beschneidung oder Skalierung deiner Bildmotive, sie benötigen dafür aber Rechenleistung, die dir im Zweifel beim Bildaufbau fehlt und zu längeren Ladezeiten führt. Daneben wird die Präsentation unnötig groß. Und schließlich hat das Ganze auch noch einen ökologischen Aspekt – auch dein virtueller Cloud-Server mit unbegrenztem Speicherplatz steht irgendwo als physisches Gerät und braucht Kühlung, die mit zur Erderwärmung beiträgt.

Text/Informationsmenge

Less is more: Überfrachtete Textslides mit mehreren Absätzen auf 20 Zeilen und kaum lesbare Schriftgrößen machen Angst oder bringen das Publikum gleich zum Abschalten. Vorweg geschickt: Natürlich gibt es immer Notwendigkeiten, z. B. eine komplexe Tabelle oder ein Diagramm mit Erläuterungen auf einer Folie unterbringen zu müssen oder alle pro- und contra-Argumente auf einer Seite darstellen zu wollen. Doch wenn du wirklich überzeugen möchtest, darfst du dein Auditorium nicht überfordern – erst recht nicht bei weitem Abstand zwischen Lesenden und Medium.

Fünf bis sieben Zeilen sind genug

Alles, was bis zu fünf Elemente enthält, können wir aufnehmen, ohne es zählen zu müssen. Danach bedarf es einer bewussten Geistesleistung und ist damit anstrengend. Stürzen mehr als fünf Zeilen auf dich ein, wechselst du von einem intuitiven Modus auf einen angestrengt konzentrierten – und das tut deiner Textrezeption nicht gut.

Wo immer möglich, solltest du nur dann über fünf Zeilen hinausgehen, wenn es für den Sinnzusammenhang wichtig ist – zum Beispiel um einen Absatz zu Ende zu bringen. Mehrere ausführlichere Textabschnitte auf einem Präsentationsslide machen ohnehin keinen Sinn, weil wir automatisch zu lesen beginnen, wenn wir einen Text sehen – und die meisten Menschen brauchen dazu weniger Zeit, als du, wenn du den Text vorliest und ggf. noch zusätzlich erläuterst. Das Ergebnis ist Verwirrung.

Wenn es sich nicht um eine kurze Auflistung handelt, gilt deshalb: Je Informationseinheit eine Präsentationsseite.

Meine erfolgreichsten Präsentationen haben in der Regel nur einen Satz oder sogar nur ein Wort je Präsentationsfolie. Damit erreiche ich, dass sich das Publikum auf mich als Präsentator konzentriert und ich die Hoheit darüber behalte, welche Information schneller wahrgenommen wird: die Geschriebene oder das Gesagte.

Mehr als nur Text!

Bilder wirken lassen

Dein Publikum will unterhalten werden. Wenn du einen reinen Textvortrag hältst, solltest du dir gut überlegen, ob du überhaupt eine Unterstützung durch Präsentationsfolien benötigst oder deine Rede besser pur hältst, so dass du komplett im Fokus stehst. Andererseits erhöht Text, den du sowohl hörst als auch liest, die Merkfähigkeit. In den meisten Fällen wird es sinnvoll sein, deine Präsentation durch Bildinhalte zu ergänzen, aufzulockern und aufzuwerten. Achte dabei darauf, den Bildern genügend Raum zu geben, im Idealfall das gesamte Format deiner Folie. Es gibt keinen Grund, ein Bild mit einem weißen Rahmen zu versehen, wenn du nicht direkt die Quellenangabe dazuschreiben möchtest oder musst. Verwendest du auf einer Seite sowohl Bild- als auch Textinhalte, wird das Bild oft so klein, dass es seine Wirkung nicht mehr entfalten kann. Ähnlich wie bei der Textmenge gilt deshalb auch hier: Reduce to the Max. Je plakativer, desto besser.

Dummies und Modelle

Denke zur Steigerung des Entertainmentfaktors deiner Präsentation auch daran, dass du außerhalb von digitalen Präsentationsfolien möglicherweise physische Objekte präsentieren kannst: Ein Modell, einen Dummy deines Projektes, eine Materialprobe, eine Präsentationspappe. Das Ergebnis deiner Präsentation anfassen und haptisch begutachten zu können, wirkt immer eine Prise stärker als eine virtuelle, weil digitale Präsentation, so gut sie auch gemacht sein mag. Achte dabei aber darauf, dass Objekte, die du beispielsweise deinen Zuhörer:innen in die Hand gibst, nicht von deinem Vortrag ablenken.

Design

Lesbarkeit, Typografie, Schriftgröße

Nicht umsonst ist Powerpoint seit vielen Jahren der größte Feind von Menschen mit grafischem Feingespür oder professioneller Gestaltungsausbildung. Die Idee, Texte automatisch zu vergrößern oder zu verkleinern, wenn sie nicht mehr in den vorgesehenen Rahmen passen, mag effizient sein – in der Praxis führt sie aber dazu, dass sich die Lesegröße von Folie zu Folie ändert. Das ist nicht nur für Grafikdesigner ein Graus, sondern wird zumindest unterbewusst von allen Leser:innen als wirklich störend empfunden.

Konsistenz statt automatischer Angleichung

Du solltest deshalb nicht nur für eine Hierarchie je nach Textwichtigkeit (Headline, Subheadline, Fließtext, Unterpunkte, Fußzeile etc.) sorgen, sondern für deren konsistente Lesegröße in deiner Präsentation. Das kannst du auch in Powerpoint einstellen. Solltest du deine Präsentation mit variablen Schriftgrößen gestalten wollen, achte auf einen weichen Zeilenumbruch.

Punkt, Inch, Millimeter, Prozent, Pixel

In diesem Buch findest du Schriftgrößenbezeichnungen in der typografischen Punkt-Maßeinheit. Es ist ansonsten nicht trivial, unabhängig vom jeweiligen Programmen die perfekte Schriftgröße mit einer Maßeinheit zu versehen – einige arbeiten in der typografischen Bezeichnung Punkt (p), andere in Millimeter (mm) oder Inches/Zoll (in), und wieder andere in Pixeln (px) oder in Prozent (%). Dabei beziehen sich Prozentangaben auf die »Standardschriftgröße« 12 Punkt, die in den meisten Schriftschnitten für einen gut lesbaren, ausgedruckten Text verwendet wird.

Punkt in Millimeter und analog dazu in Prozentwerte umzurechnen ist einfach: Ein Punkt entspricht 0,353 Millimeter oder 0,0139 Inch. Für ein Full-HD-Bildschirmformat mit 72 Pixeln Auflösung gelten in etwa folgende Umrechnungswerte:

Größentabelle

PUNKT	MILLIMETER	INCH	PROZENT	PIXEL
12 p	4,2 mm	0,167 in	100 %	16 px
16 p	5,6 mm	0,222 in	140 %	22 px
20 p	7,1 mm	0,278 in	160 %	26 px
28 p	10,0 mm	0,393 in	230 %	37 px
36 p	12,7 mm	0,500 in	300 %	48 px

Punkt, Prozent und Pixel jeweils auf volle Zahlen gerundet

Wie ist meine Präsentation am besten lesbar?

Schriftgröße ist nicht alles

Die Antwort auf die Frage nach der perfekten Schriftgröße lautet: Es kommt darauf an. Es gibt viele Faktoren, die die Lesbarkeit einer Präsentation beeinflussen. Zehn davon möchte ich dir exemplarisch vorstellen:

1. Schriftart und -Charakter

Die Art der Schriftgestaltung hat einen immensen Einfluss auf die Lesbarkeit. Dabei gibt es für Bildschirmpräsentationen einige fundamentale Unterschiede zur klassischen Typografie, da auf dem Screen lange Texte so gut wie gar nicht vorkommen. Es gilt: Für den Fließtext solltest du Groteskschriften verwenden, die aufgrund ihrer geringeren Komplexität auf die Entfernung besser lesbar sind und durch Aufpixelung nicht ihre Form verlieren. Diese Fonts zeichnen sich durch eine durchgängigere Dicke (Linienstärke) aus und haben wenig Ausschmückungen – wie z. B. die Helvetica, **Futura**, Arial oder **Roboto**. Antiqua-Schriften mit Serifen an den Linienenden solltest du auf dem Screen nur zur bewussten Gestaltung von Überschriften einsetzen. In kleinen Schriftgrößen, für die sie im Print gerne eingesetzt werden, sind sie auf dem Bildschirm ungeeignet. Hierzu gehören Fonts wie die Times, Palatino, Garamond, Century oder Marat, in der dieses Buch gesetzt ist.

Gerade der Charakter einzelner Schriften hat massive Auswirkungen auf deine Präsentationsinhalte, da er meistens im Unterbewusstsein wahrgenommen wird und dort für eine positive oder negative, bestärkende oder irritierende Stimmung sorgt. Du kannst das schnell nachvollziehen, wenn du Wörter mit ganz unterschiedlichen Bedeutungen in mehr oder weniger passenden Schriftgattungen absetzt:

Wirkung unterschiedlicher Fonts

Kriegsgefahr	Kinderlachen	Kunstgenuss	1*
Kriegsgefahr	Kinderlachen	Kunstgenuss	2
Kriegsgefahr	Kinderlachen	Kunstgenuss	3
Kriegsgefahr	Kinderlachen	Kunstgenuss	4
Kriegsgefahr	Kinderlachen	Kunstgenuss	5
Kriegsgefahr	Kinderlachen	Kunstgenuss	6
KRIEGSGEFAHR	KINDERLACHEN	KUNSTGENUSS	7

Die Darstellung zeigt daneben auch, dass je nach Schrift Größen von acht bis 16 Punkt in etwa zur gleichen Lesbarkeit führen können. Es lohnt sich, die Schriften auf deinem Rechner oder in deinem Präsentationstool zu durchforsten – bei zehntausenden von verfügbaren Fonts wirst du schnell merken, dass sich der Charakter deiner Präsentation und auch die Lesbarkeit erheblich beeinflussen lassen, indem du etwas anderes als deine Standardschrift verwendest. Gleichzeitig empfehle ich, sich bei Präsentationen, die nicht nur auf deinem eigenen Rechner laufen sollen, auf Webfonts zu beschränken, die auf allen gängigen Rechnern und Browsern zur Verfügung stehen. In cloudbasierten Präsentationsprogrammen kannst du gar keine anderen Schriften einsetzen.

* 1) News Gothic 9 pt (Grotesk) 2) Bernhard Modern 11,3 pt (Antiqua) 3) Blackmoor 12 pt (Fraktur), 4) Harrington 10 pt (Jugendstil), 5.) Comic Sans 9,5 pt (Handschriftähnlich), 6.) Edwardian Script 16 pt (Schreibschrift), 7.) DFB Stencil 8 pt (Stencil)

2. Minuskel/Majuskelhöhe

Die Schriftgröße wird an den Großbuchstaben gemessen, die meisten Worte in einem Fließtext bestehen aber aus Kleinbuchstaben. Deshalb ist das Verhältnis der Minuskel- zur Majuskelhöhe, also der Höhe der kleinen Buchstaben im Verhältnis zu den Großbuchstaben, von größerer Bedeutung für die Lesbarkeit als die Schriftgröße selbst. Es gibt Schriften, die dafür konzipiert sind, in kleinen Formaten durch besonders große Minuskeln besonders gut lesbar zu sein (z.B. die Compatil, hier in der exakt gleichen Schriftgröße wie der Fließtext gesetzt, in 10,5 pt). Andere haben eine besonders elegante Form und erreichen diese durch eine sehr kleine Minuskelhöhe – auf Kosten der Lesbarkeit bei gleicher Schriftgröße (z.B. die Garamond, ebenfalls in 10,5 pt). Du kannst also nicht generell sagen » Ein Text ist in zehn bis zwölf Punkt am besten lesbar« – wird er z.B. in der Compatil gesetzt, reichen locker neun (wie hier).

3. Punzen

Eine Rolle spielen auch die Größe der Punzen, also der Einschlüsse innerhalb eines Buchstabens wie in der oberen Hälfte des kleinen e. Je größer die Einschlüsse sind, desto lesbarer wird die Schrift auf Entfernung.

4. Auszeichnungen / Schriftschnitte

Versuche, ein typografisches System für deine Präsentation zu entwickeln, in dem du bestimmte Texte auch in bestimmter Weise auszeichnest: Etwa indem du grundsätzlich *»Zitate kursiv setzt«*, **Überschriften fett** oder ABK. IN SMALL CAPS. Das erhöht die Textverständlichkeit und damit die Lesbarkeit.

5. Zeilenbreite und Ausrichtung

In der Regel können wir auf einem Monitor Zeilen mit 40-60 Buchstaben am besten lesen. Je länger deine Zeile wird, desto schwerer wird es, ihr zu folgen. Wir können schließlich nicht an einem fünf Meter entfernten Monitor mit dem Finger die Zeile entlangfahren, um nicht zu verrutschen. Während du einen Titel zentriert setzen kannst, solltest du sonstige Texte linksbündig setzen und die Zeilen inhaltsgerecht umbrechen– das unterstützt die Orientierung und vereinfacht die Lesbarkeit erheblich. ***Blocksatz solltest du eher vermeiden,*** weil du in der Regel zu kurze Zeilen und zu wenig Text zur Verfügung hast, um die Wortzwischenräume ästhetisch gut auszugleichen *(das ist bei Schriftgröße und Zeichenzahl je Zeile in diesem Buch völlig anders, aber es handelt sich auch um ein anderes Medium).*

7. Zeilenabstand

Wenn zu wenig Raum zwischen einzelnen Zeilen stehen bleibt, verrutschen wir in der Zeile. Wenn es zu viel ist, finden wir den Anfang der nächsten Zeile nicht mehr so schnell: Die meisten Programme sehen, weil sie auf Effizienz und nicht auf Optik getrimmt sind, einen zu geringen Zeilenabstand als Standardeinstellung vor. Empfehlenswert für eine Präsentation ist ein Zeilenabstand mit etwa 130 % der Buchstabenhöhe.

8. Textumfeld

Apropos Raum: Lass um deinen Text ausreichend visuelle Ruhezonen (im Fachjargon Weißraum, egal in welcher Farbe) stehen, damit deine Zuschauer sich besser auf ihn konzentrieren können. Deine Präsentation wird schlechter lesbar, wenn der Text von Rand zu Rand geht oder auf einem unruhigen Hintergrund steht. Auch dieses Buch ist so gestaltet, dass um den Text auf allen vier Seiten genügend Weißraum bleibt – so kannst du es auch entspannt lesen, wenn du es auf einen unruhigen Hintergrund legst.

9. Weitere typografische Stilmittel; Großbuchstaben

Feinheiten wie z. B. die Spationierung (A b s t a n d der Buchstaben voneinander), Einzüge (Einrückungen von Zeilen), Listenstile (Bulletpoints, Pfeile etc.) oder Dicktenunterschiede (unterschiedliche Strichstärken wie z. B. bei der Bodoni) würden das Format dieses Buches sprengen*. Vor einem möchte ich dich an dieser Stelle trotzdem warnen: In GROSSBUCHSTABEN abgesetzte Texte sind nicht besser lesbar – im Gegenteil: Wir können nur deshalb etwa 2000 Zeichen in der Minute lesen, weil wir das Schriftbild eines Wortes in eine Vektorgrafik umwandeln und diese Grafik unterbewusst mit der Wortbedeutung abspeichern: Das Gehirn ist faul und muss sich dabei viel weniger merken. Deshalb können wir auch Texte gut lesen, in denen, solange der Anfangs – und Endbuchstabe eines Wortes korrekt gesetzt sind, sich aber alle anderen Buhctsaben gnaz wlid vrederht haben. Bei großen Lettern entfällt dieser hirninterne Shortcut, und wir müssen buchstabieren wie Erstklässler. ***Setze also auch deine Überschriften in Groß- und Kleinschreibung ab.***

10. Alter und Entfernung

Kommen wir zurück auf Guy Kawasaki (➻ *96*): Die kleinste Schriftgröße entspricht nach ihm dem Alter des ältesten Zuschauers geteilt durch zwei. Der Grund dafür nennt sich Presbyopie oder auch Alterssichtigkeit

* Im Verlag Hermann Schmidt findest du eine Vielzahl von Ratgebern zur Schriftwahl und -Gestaltung, z. B. »Schrift wirkt« von Gesine Hildebrand und Jan Williams oder »Der erste Eindruck zählt« von Sabrina Öttl.

und setzt ab 40 Jahren ganz automatisch ein. Denke also beim Gestalten auch an deine älteren Zuschauer. Bei einer Präsentation solltest du außerdem beachten, wie weit das Publikum von dir entfernt sitzt. Da in größeren Räumen aber oft auch größere Präsentationsflächen zur Verfügung stehen, lässt sich hierfür kein Standardmaß angeben – vor Ort ausprobieren ist hier alles.

Farbwahl, Kontraste

Über die Wirkung von Farben sind umfangreiche Bücher geschrieben worden. Ähnlich wie bei der Schriftwahl würde eine ausführliche Würdigung dieses Themas den Rahmen dieses Buches sprengen. Deshalb nur einige Bemerkungen dazu.

Farben und Projektion; Kontraste

Besonders wichtig bei einer Präsentation, die du auf einem fremden Monitor oder Projektor hältst, ist ein ausreichender Farbkontrast. Ich bin immer wieder erstaunt, mit welch merkwürdigen Farbeinstellungen manche Monitore in Konferenzräumen eingerichtet sind. Noch schlimmer verhält es sich mit Beamern: Auf Geräten, die mangels Leistung ohnehin schon Probleme mit der Lichtsituation im Raum haben, werden insbesondere Pastellfarben völlig verfälscht oder überhaupt nicht angezeigt, auch Verläufe werden abgehackt dargestellt. ***Nutze deshalb, auch wenn es dir persönlich nicht gefällt, für deine Präsentationsfolien grundsätzlich starke Farbkontraste.*** Farben, die auf deinem eigenen Monitor wunderbar aussehen, wie zum Beispiel leuchtender roter Text auf schwarzem Grund, können auch auf einem guten Monitor bei entsprechendem Lichteinfall im Raum unlesbar werden. Wirkt ein anthrazitfarbener Text in einem Ausdruck oft edler als banale schwarze Schrift auf weißem Grund, kann ein abgetöntes Schwarz auf einem schlecht eingestellten Monitor oder Beamer ins grünliche, rötliche oder bläuliche abdriften.

Das gleiche gilt für die von dir gewählten Hintergründe: Bist du dir sicher, im Präsentationsraum auf moderne Technik zu treffen, hast du die freie Wahl – und ein grauer Hintergrund wirkt beruhigender als der massive schwarz-weiß-Kontrast. Auf einem schlechten Beamer kann es dir passieren, dass er nur fleckig oder viel zu dunkel erscheint und die Lesbarkeit deiner Slides massiv beeinträchtigt. Ein schwarzer Hintergrund wird dagegen auf einem zu hellen Beamer in einem abgedunkelten Saal eher grau wirken. Im Zweifel gilt: *Keine Experimente!*

Fixierte und gelernte Farbcodes

Es gibt anerkannte Farbcodes, die du nicht verletzen solltest, wenn du nicht missverstanden werden möchtest. Das gilt insbesondere bei Zahlenwerken: Eine rote Zahl bedeutet einen negativen Wert, unabhängig davon, ob ein Minuszeichen vor ihr steht oder nicht.

Es gibt unternehmensspezifische Besonderheiten, die du ebenfalls berücksichtigen solltest: So ist in einigen Ministerien die Farbe Grün ausschließlich dem oder der Amtsinhaber:in vorbehalten.

Mindestens ebenso wichtig wie diese harten Codes sind gelernte Codes für bestimmte Bereiche, die du in deinem Kulturkreis für eine bestimmte Produktgruppe oder Stimmung so oft gesehen hast, dass feste Assoziationen dazu entwickelt wurden: Es wird z. B. schwer sein, für Kaffee oder Whisky außerhalb einer warmbraunen Farbpalette zu arbeiten, Hygieneprodukte kommen in Pastellfarben daher und wenn du im Supermarkt nach der Obsttheke suchst, suchst du in der Regel nach grünen Schildern. Solche Codes solltest du deshalb auch in deiner Präsentation nutzen und berücksichtigen.

Psychologische Wirkung

Farbe hat eine Kraft, die du bewusst in deiner Präsentation einsetzen kannst, um das Unterbewusstsein deiner Zuschauer zu erreichen. Farbe kann eine bestimmte Stimmung *(warm oder kühl, aggressiv oder soft, sympathisch oder distanziert etc.)* bewirken oder konkrete Assoziationen wecken.

Schwarz ist zeitlos und eine perfekte Bühne für farbenfrohe Inszenierungen, kann aber auch deprimierend oder bedrohlich wirken. Präsentierst du in einem dunklen Saal deine Folien mit hellem Text auf schwarzem Grund, wirkt das schnell düster statt edel.

Weiß ist pur und rein, die Farbe der Unschuld und der Unberührtheit. In Deutschland. In anderen Kulturkreisen, wie in Indien, ist Weiß die Farbe der Trauer und des Schmerzes. Auf zu kräftig eingestellten Monitoren kann der ständige Blick auf einen weißen Hintergrund schmerzen und entsprechend unangenehm wahrgenommen werden.

Rot kann Leidenschaft und Liebe vermitteln. Aber auch Scham, Aggressivität oder Warnung (insbesondere in Verbindung mit schwarz oder weiß). Als Akzentfarbe schafft es gelernte Aufmerksamkeit, als Zahlenfarbe verheißt es nichts Gutes.

Gelb ist eine warme Farbe, aber auch die Farbe des Neids, des Geizes und der *»Yellow Press«* im angelsächsischem Sprachraum. Es ist die Farbe, die mit Schwarz den stärksten Kontrast bildet. Für ein hellgelb gilt wie für alle Pastellfarben: Vorsicht bei der Beamerpräsentation!

Grün wird als Farbe der Vegetation mit Leben, Frische und Wachstum gleichgesetzt. Es ist bei uns die Farbe der Ökologie und Nachhaltigkeit. Grün ist aber auch die Farbe des Islam, da Grün die Lieblingsfarbe des Propheten Mohammed war. In einer zunehmend multikulturellen Gesellschaft solltest du das ggf. bedenken. Die internationale Farbe der Ökologie ist daher eher blau.

Blau hat eine beruhigend-angenehme Wirkung auf Menschen. Und ist die Lieblingsfarbe des überwiegenden Teils der Menschen in Deutschland. Es wirkt klar und technisch, kann aber auch als kalt empfunden werden (das hängt vom Magenta-Anteil ab). Neben Grau ist es die am häufigsten eingesetzte Corporate Colour, weil es kaum zu Missinterpretationen führt.

Farbkombinationen

Achte bei der Gestaltung deiner Slides auch auf mögliche Assoziationen zu einzelnen Farbkombinationen. Ungewollt kann eine knackige Präsentation in schwarz, weiß und rot an die Reichskriegsflagge erinnern und als politische Äußerung missverstanden werden, genauso wie eine Präsentation in Regenbogenfarben als Reminiszenz an die Pride-Bewegung interpretiert werden kann und violett die Farbe der Frauenbewegung ist. Kein Fehler, wenn du das möchtest, verwirrend, wenn es dir selbst gar nicht auffällt.

Gerade Nationalfarben und die Farben von Sportvereinen eignen sich, um bei der jeweiligen Bevölkerung oder Fangruppe starke Emotionen hervorzurufen. Eine Präsentation im amerikanischen Wahlkampf wäre undenkbar ohne die Dominanz der Farben rot, weiß und blau. Auch der Bezug auf Firmenfarben des Auftraggebers kann positive Assoziationen wecken.

Trendfarben und Texturen

Genauso kannst du Trendfarben einsetzen. Daneben hast du die Möglichkeit, Flächen eine bestimmte Textur zu geben, die zwar in einer Präsentation nicht gefühlt werden kann, aber Assoziationen hervorruft. Gute Hinweise auf zukünftige Farbtrends findest du bei der Trendforscherin Li Edelkoort, die jährlich Farb- und Texturtrends für die übernächste Saison veröffentlicht*.

Farbrange festlegen

In jedem Fall ist es empfehlenswert, vor Beginn der gestalterischen Arbeit an deiner Präsentation eine feste Farbrange zu definieren, die du innerhalb deiner Präsentation konsistent einsetzt. Du kannst Kapiteln eigene Farben zuweisen oder eine Grundstimmung erzeugen. Als Ordnungssystem kannst

* edelkoort.ch

du bestimmte Textinhalte mit Einfärbungen oder Hinterlegungen einfacher erkennbar machen, zum Beispiel, indem du Überschriften immer in der gleichen Farbe setzt. Das ermöglicht es dir auch, auf unterschiedliche Schriftgrößen oder allzu viele Auszeichnungen zu verzichten. Empfehlenswert ist auch hier eine reduzierte Farbpalette: Eine allzu bunte Präsentation lenkt von deinen Inhalten ab, statt sie zu unterstützen. ***Zwei Grundfarben und ein oder zwei Auszeichnungsmöglichkeiten für besondere Inhaltsformate reichen in der Regel völlig aus,*** zumal wenn du sie in der einen oder anderen Stufe abtönst.

Hintergründe und Präsentations-Stilvorlagen

Praktisch alle Präsentationsprogramme bieten dir eine Vielzahl von Masterfolien-Sets an, die du als Stilvorlage für deine Präsentation auswählen kannst – mit einer bestimmten Optik für den Hintergrund, Typografie und gestalterischen Elementen. Das ist praktisch, wenn du schnell eine funktionierende Layoutvorlage brauchst, sollte aber nicht zu deinem Standard werden – denn es ist auch der Standard von vielen, vielen anderen Menschen. ***Bedenke, dass z. B. Powerpoint von über einer halben Milliarde Menschen genutzt wird*– die Wahrscheinlichkeit, dass »dein« Layout dann auch das Layout eines anderen Vortrags am selben Tag ist, ist gar nicht so klein.***

Standard-Layoutstile individualisieren

Masterfolien-Sets bzw. Vorlagen kannst du individuell modifizieren. Ist die Zeit knapp, ist es ein einfacher Weg, im Bearbeitungsmodus für die Masterfolien eine Stilvorlage so zu verändern, dass sie deinen eigenen Anforderungen, der richtigen Farbkombination und Schriftwahl entspricht. Im Programm verfügbare Bildinhalte solltest du auf keinen Fall verwenden – und mit Schmuckelementen oder Schriftgrößenvarianten zurückhaltend sein.

Hintergründe

Gerade in abgedunkelten Präsentationsräumen strengt ein weißer Hintergrund die Augen an. Bist du dir sicher, dass deine technische Ausstattung keine Farbverfälschungen produziert, solltest du deinen Text tendenziell auf einen leicht abgetönten Hintergrund stellen. Nutze dafür möglichst keine Verläufe, denn je heller die Grundfarben eines Verlaufs sind, desto

* https://slidelizard.com/de/blog/powerpoint-facts-infographic

wahrscheinlicher ist es, dass ein älterer Monitor oder Projektor den Verlauf mit hässlichen Abrisskanten darstellt. Helle Schrift auf dunklen Grund kann in einer Präsentation sehr edel wirken, ist aber für längere Texte ungeeignet. Unbedingt vermeiden solltest du Komplementärkontraste (z. B. Rote Schrift auf grünem Grund), da diese extrem schwer lesbar sind und bei starkem Lichteinfall nahezu verschwinden.

Ein ständig wechselnder Hintergrund irritiert. Du kannst deiner Präsentation aber dadurch eine klarere Struktur geben: z. B. durch Agenda- und Kapitel-Startfolien auf schwarzem Hintergrund, normale Inhaltsfolien auf hellgrau und Kernaussagen auf einem farbigem Fond.

Diagramme

Viele Präsentationen beinhalten Diagramme, die ursprünglich für Printmedien geschaffen wurden: mit winzigen Skalen, einer unlesbaren Legende und viel zu viel Information auf kleinem Raum.

Denke daran, dass ein Diagramm nur dann sinnvoll ist, wenn es einen Inhalt schneller und besser erfassbar darstellt, als es ein Text zu tun vermag. Ich schätze vorsichtig, dass etwa 50 % aller in Präsentationen gezeigten Diagramme unnötig sind, weil sie diese Prämisse nicht erfüllen.

Nur ein Diagramm je Folie!

Und dann gilt: ein Diagramm je Folie. Alles andere verwirrt – es sei denn, es sollen z. B. zwei Graphen aus zwei Jahren verglichen werden – diese wirst du aber in der Regel auch in einem Koordinatensystem unterbringen können. Ein Slide mit sechs komplexen Liniendiagrammen zu diversen Business-Zielen mag vermeintlich Übersicht schaffen, erreicht aber in der Regel das Gegenteil. Während wir in einem Printprodukt gewohnt sind, unterschiedliche Inhalte der Reihe nach auf einem Blatt wahrzunehmen (z. B. auf der Titelseite einer Zeitung), erwarten wir von einem Präsentationsslide, dass es eine Hauptinformation bietet. ***Eine Präsentation schaltet Informationen in Reihe, nicht nebeneinander.***

Reduzierte Formen, klare Farben, lesbare Legende

Für eine wichtige Präsentation solltest du dir die Mühe machen, deine Diagramme nicht einfach aus Excel oder einem anderen Rechenprogramm zu exportieren, sondern im Präsentationsprogramm oder besser noch in einem Layoutprogramm selbst zu erstellen: mit dicken Linien und klaren Balken oder Torten, mit deutlich unterscheidbaren Farben, ohne unnötige

Rähmchen oder schwarze Randlinien um Farbflächen – und mit so wenig Textinformation wie nötig, dafür aber in lesbarer Größe.

Animierte Diagramme

Eine Möglichkeit, komplexe Diagramme auf einem Präsentationsslide gut erfassbar zu machen, ist die stückweise Einführung einzelner Daten bzw. deren Animation: Damit nutzt du die Vorteile des Mediums gegenüber Gedrucktem und konfrontierst deine Zuschauer nicht mit einer schwer erfassbaren Darstellung. Eine gute Benchmark für den Informationsgehalt wie auch für die Gestaltung sind Diagramme in Nachrichtenformaten im TV und online. Auch sie sind für den schnellen Überblick auf einem Screen gemacht, meistens animiert und zeigen nur wenige, prägnante Inhalte.

Infografik

Wenn du deine Präsentation gestalterisch von Standardware abheben möchtest, lohnt sich die Mühe, Inhalte über Diagramme hinaus als Infografiken individuell zu visualisieren. Auch hier würden konkrete Gestaltungstipps den Rahmen dieses Buches sprengen, es gibt aber gute Fachliteratur, die dir als Inspirationsquelle dienen kann.*

Bildinhalte und Bewegtbild

Die größte Stärke einer guten Präsentation ist die ungeteilte Aufmerksamkeit des Publikums bei Bild- und Bewegtbildinhalten. Die größte Gefahr: Zu viele davon.

Denk an dein Publikum, nicht an dich

Das gilt vor allem dann, wenn deinem Publikum der inhaltliche Bezug fehlt. Warum finden sich in der Präsentation eines Ingenieurs 15 Slides mit Ansichten und Details einer Maschine, die man auch auf einen Blick erfassen könnte? Vermutlich, weil er davon ausgeht, dass seine Betrachter ähnlich technikbegeistert sind wie er selbst. Das muss aber nicht so sein. Achte darauf, was dein Publikum wirklich interessiert, was auf Verständlichkeit und Überzeugungskraft deiner Präsentation einzahlt.

»Video killed the Radio Star«: Bilder lenken sofort vom gesprochenen Wort ab – bedenke das, wenn du eine längere Redepassage mit Bildinhalten »hintermalst«. Wir sind darauf gepolt, dass uns der Sehnerv deutlich mehr und wichtigere Informationen liefert als das Gehör – und konzentrieren uns

* z. B. • Die Welt verstehen mit 264 Infografiken, Jan Schwochow, Prestel Verlag München
• Information Graphics, Taschen Verlag Berlin

entsprechend zuerst auf die Bilder. ***Wenn du also Bildinformationen einsetzt, dann bewusst, zielführend und mit klarem inhaltlichen Bezug, auf keinen Fall als inhaltsleeres, rein schmückendes Element.***

Fotos

Ein Foto lebt vom ästhetischen Gesamteindruck – und es kann deine Präsentation realistischer und lebendiger machen. Deshalb ist gerade wenn es dir um den konkreten Inhalt eines Bildes geht, die Wahl des richtigen Bildausschnittes wichtig, um nicht zu viele unnötige Informationen anzubieten, die deine Zuhörer ablenken. Für Fotocollagen gilt: Wenn du nicht über ein Moodboard eine bestimmte Stimmung durch die Kombination mehrerer Bildinhalte vermitteln möchtest (z. B. *»nordisch«* durch blonde Menschen, Tannenwälder, Fjorde, Moos, bunte Häuser und Ikea-Möbel), konzentriere dich wenn möglich auf ein Motiv, dass dein Sujet optimal und ohne ablenkende Elemente in Szene setzt.

Bedenke dabei, dass sich Menschen immer zuerst auf Menschen konzentrieren. Möchtest du in einem Architekturvortrag den Fokus auf ein Gebäude lenken, sorge dafür, dass keine Personen im Bild sind – wir sehen zuerst sie und nicht das Haus, um das es geht.

Personenfotos

Apropos Menschen: Nicht umsonst sind Stockfotos schnell daran zu erkennen, dass sie möglichst viele Zielgruppen erreichen sollen. Eine Gruppe enthält dann meistens junge und ältere Menschen, männliche und weibliche, weiße und schwarze, asiatische und europäische. Das wirkt in den üblichen Zusammenstellungen schnell gekünstelt – für eine Präsentation, die alle Mitglieder deiner Zielgruppe gleichermaßen anspricht, solltest du aber zumindest über die Gesamtheit deiner gezeigten Bildwelt den individuellen Ausprägungen deiner Zuhörer:innen gerecht werden.

Illustrationen

Eine Illustration ist oft klarer als das Foto eines Objektes, wenn es um Details oder das Grundverständnis geht. Illustrationen sind in der Lage, nur das Wesentliche zu zeigen und alles andere wegzulassen, du kannst sie farblich optimal einbinden und über ihre Stilistik eine bestimmte Stimmung oder Assoziationswelt erzeugen. Sie haben gegenüber Fotos allerdings den Nachteil, dass sie manchmal weniger authentisch bzw. glaubwürdig wirken.

Icons und Piktogramme

Ein Sonderfall sind Icons und Piktogramme: Du benutzt sie sinnvollerweise dann, wenn du ohne Worte schnell einen bestimmten Sachverhalt klären möchtest – und auch sie können durch die Art der Gestaltung Stimmungen erzeugen, sind – individuell erstellt – ein stilbildendes Element eines Corporate-Design-Konzeptes, vor allem aber ein Mittel zur schnelleren Informationserfassung. Leisten sie das nicht, weil sie zu komplex oder für dein Publikum unverständlich sind, solltest du sie weglassen.

Schnell erfassbare Inhalte, klare Struktur

Gerade weil wir dazu tendieren, Bildern Priorität einzuräumen, solltest du bei der Wahl der Abbildungen auf klare, strukturierte, einfach zu dechiffrierende Bildinhalte setzen, damit dein Publikum schnell wieder in der Lage ist, dir zuzuhören.

Bewegtbild: Emotions- oder Informationsträger?

Filmsequenzen vermitteln Informationen oft klarer und vor allem eindringlicher und berührender als Bild- oder Textslides, können durch Bildfolgen und Schnitte eine ganz eigene Dynamik entfalten. Wenn du für die Vorstellung eines Cases eine Minute Zeit einplanst, wird dieser als Film deutlich besser in Erinnerung bleiben als mit einer Erklärung und zwei Fotos. Eine Agenturvorstellung via schnell geschnittenem Showreel mit emotionalen Bildern und Musik wird mehr Aufmerksamkeit erlangen als eine dröge Zahlen-, Daten- und Fakten-Auflistung. Allerdings gilt für beide Formate: Sie beanspruchen die Aufmerksamkeit für sich und nehmen sie dir als Vortragender:m. Deshalb solltest du darauf achten, Filminhalte nur sehr kurz zu zeigen, wenn du weiterhin den Fokus auf deiner Person haben möchtest.

Vertonung: Live oder Konserve?

Eine Möglichkeit, den Fokus des Publikums weiter auf dich zu lenken, sind Filmsequenzen ohne oder mit massiv reduziertem Ton, die du live kommentierst. Aber überlasse die Vertonung informativer Bewegtbildinhalte ansonsten, wenn es irgend geht, professionellen Sprecher:innen. Hier wie für andere Medien gilt: Die Benchmark sind professionelle Commercials oder Infotainment-Formate. Die Officemanagerin mit der netten Telefonstimme oder der Designer mit dem sonoren Bass sind nicht unbedingt auch die richtigen Sprecher für ein Video, wie auch nur ganz, ganz selten der Chef.

Gimmicks und Animationen

GIFs, Clipart und Co.

Das Internet ist voll lustiger Bildchen, GIFs, Buttons, Clipart und hübsch gestalteter Zitate, die dazu dienen sollen, Social-Media-Formate oder langweilige Präsentationen anzureichern, wenn es den jeweiligen Autoren an eigener Fantasie mangelt. Und genau das ist der bleibende Eindruck, den du mit ihnen erzeugst. Lass es einfach sein – es sei denn, der Bezug zum Thema wäre so überzeugend, dass du absolut nicht widerstehen kannst. Das gleiche gilt für Linien, Rahmen, Blümchen, Sternchen und anderen Zierrat: Weg damit! ***Nutze insbesondere Linien oder Rahmen nur, wenn du sie zwingend zur Abgrenzung von anderen Präsentationsinhalten brauchst*** – und ist das der Fall, nutze lieber zwei Slides.

Folien- und Element-Animationen

Eine noch größere Gefahr bei der vermeintlich kreativen Gestaltung von Präsentationen bieten die Animationen, die fast alle Präsentationsprogramme bieten: hineinfliegende, hüpfende oder herunterfallende Zeilen oder Buchstaben, sich in Konfetti auflösende, ein-, aus- und überblendende Seiteninhalte, hinein- und hinauswirbelnde Bilder, virtuelle Gulliabflüsse, brennende Typo und andere Formate, von denen je nach Programm 30 oder mehr zur Verfügung stehen. Überlasse das der Konkurrenz.

Sinnvoll: Überblendung und Textaufbau

Dabei sind einige, bewusst eingesetzte Animationen sinnvoll – aber nicht die inflationäre und ständig abwechselnde Nutzung zu vieler Formate. Gut für eine ermüdungsfreie Betrachtung einer Präsentation sind kurze Überblendungen (maximal eine halbe Sekunde) bzw. Ein- und Ausblendungen, die einen harten Folienübergang vermeiden. ***Wenn du dich für ein Format entschieden hast, bleibe für die gesamte Präsentation dabei*** – Wechsel auf dieser Ebene werden meistens als störend empfunden, weil wir sie nach ein oder zwei Übergängen gelernt haben und dann auch entsprechend weiterhin erwarten.

Ebenfalls sinnvoll ist der sequenzielle Aufbau von Textabsätzen oder Bestandteilen einer Auflistung, damit dein Publikum nicht schon den gesamten Textinhalt vor sich hat, während du erst bei den ersten Zeilen bist. Auch hier solltest du auf übermäßige Animation verzichten – ein simples Einblenden oder von links nach rechts Hineinfliegen bzw. Erscheinen einzelner Zeilen (also entsprechend der Leserichtung) unterstützt die

Orientierung, wilde Sturzflüge mit Abprallern werden zum eigenständigen Erlebnisfaktor und verringern die Konzentration auf den Text.

Auch andere Gimmicks wie Hineinkreiseln, Amboss (mit echter Staubwolke!), Sternenschimmer oder Flammenwerfer gehören in den visuellen Giftschrank, wenn du dich und deine Inhalte nicht vollkommen lächerlich machen möchtest.

Layout und Ästhetik

Form follows function

Geschmack hat eine stark individuelle Komponente. ***Es gibt dennoch zwei Regeln für die Gestaltung einer Präsentation, die die meisten Menschen als gelungen bewerten: Form follows function und die Reduktion auf das Wesentliche.***

Wenn alle visuellen Mittel, die du in deinem visuellen Werkzeugkasten versammelst, einen Zweck in Bezug auf die generelle Orientierung oder spezifische Unterstützung deiner Inhalte erfüllen, bist du auf dem richtigen Weg. Sind sie es nicht, werden sie schnell überflüssig – und selbst Menschen, die es im Privaten gerne eher überbordend mögen, sind dankbar, wenn sie sich in deiner Präsentation auf das Wesentliche konzentrieren können, denn hier kommt es auf die Inhalte an – und die visuelle Ausgestaltung ist lediglich Mittel zum Zweck.

Reduktion

Eine gute Präsentation schafft Reize auf der visuellen und auditiven Ebene – und hält damit das limbische System, das diese Informationen in jene zerlegt, die ins Bewusstsein und ins Unterbewusstsein fließen, ziemlich auf Trab. Du weißt es selbst: Zuhören macht müde. Je länger eine komplexe Präsentation dauert, desto weniger kannst du davon bewusst verarbeiten, die Konzentration sinkt, du hörst nicht mehr aufmerksam zu, und die Augen gehen irgendwann auf Halbmast. Das ist reiner Selbstschutz: Der Mensch fühlt sich neurobiologisch dann am wohlsten, wenn er seine Fähigkeiten nicht voll ausreizen muss. Wir sind von Natur aus faul, und eine interessante Präsentation läuft diesem Grundgefühl zuwider – jede Menge Arbeit für Bewusstsein und Unterbewusstsein.

Deshalb solltest du als Präsentator:in den Wahrnehmungsstress an anderer Stelle verringern: nämlich an der Komplexität der gezeigten Inhalte, denn der Sehnerv liefert die meisten Impulse ans Hirn. Präsentierst du eine

Folie mit Text- und Bildinhalten, die wie die Wimmelbilder unserer Kindheit wirken, benötigen deine Zuschauer maximale Konzentration, um dein Slide zu erfassen – Zuhörer werden sie dann kaum mehr sein. Dabei sollte deine Präsentation immer vor allem deinen mündlichen Vortrag unterstützen und ihn nicht outperfomen – es sei denn, er sollte bewusst im Zentrum stehen (zum Beispiel bei der Präsentation von grafischen Inhalten). Dann aber solltest du währenddessen auch nicht mehr viel sprechen.

Andere Länder, andere Sitten: Im arabischen Kulturkreis, in dem aufgrund religiöser Vorgaben kaum Bildinhalte zur Ausschmückung verwendet werden, hat die »Veredelung« von Texten in aufwendiger Kalligrafie sowie die Verwendung von grafischen Mustern eine lange Tradition. Eine Präsentation in diesem Umfeld wird dann als besonders wertig wahrgenommen, wenn sie eine für unsere Gewohnheiten überbordende Ornamentik aufweist. Auch im chinesischen Einflussbereich wird viel Wert auf schmückendes Beiwerk gelegt.

Für die westliche Hemisphäre aber gilt: Bemühe dich, wo immer es geht, um eine weitestgehende Reduktion der Inhalte: nur ein Bild, wenige Textzeilen, gut lesbare Schriften, keine »schmückenden« Elemente wie Flächen oder Linien oder gar Cliparts, wo sie nicht gebraucht werden. Dein Publikum wird es dir danken.

In a nutshell

Bei Beachtung der untenstehenden Grundsätze ist die Wahrscheinlichkeit hoch, dass deine Präsentation positiv wahrgenommen wird:

1. **KLARHEIT:** Baue deine Präsentation klar, ruhig und einfach auf.
2. **KONTINUITÄT:** Achte bei der Gestaltung deiner Slides auf regelmäßig wiederkehrende Elemente, auf Kontinuität und Rhythmus.
3. **SYMMETRIE:** Die meisten Menschen erleben Symmetrie als ästhetisch, dagegen bei Texten eine Ausrichtung zum linken Rand.
4. **GOLDENER SCHNITT:** Verlässt du die Symmetrie, wird eine Seitenaufteilung im *Verhältnis 1:1,6* oder nach den Regeln der *Fibonacci-Spirale* als ästhetisch empfunden (also wenn das Verhältnis der Gesamtstrecke zum größeren Teil so groß ist, wie das Verhältnis des größeren Teils zum kleineren Teil).
5. **FREIFLÄCHEN:** Bemühe dich um genügend Weißraum und visuelle Ruhezonen, überfrachte deine Folien nicht.
6. **FARBHARMONIE:** Entwickle ein harmonisches Farbkonzept mit ein oder zwei zentralen, auch abgetönten Farbtönen und mit einer passenden Kontrastfarbe zur Auszeichnung.
7. **LESBARKEIT:** Verwende am Bildschirm gut lesbare Schriften in einer Schriftgröße, die ohne Mühe entziffert werden kann.
8. **KONSISTENZ:** Ordne deine Inhalte konsistenten Formaten zu, etwa durch eigene Farben oder Hinterlegungen und gleichbleibende Textgrößen für bestimmte Informationseinheiten.
9. **SATZQUALITÄT:** Sorge für ein sauberes Satzbild ohne Satzfehler wie Schusterjungen oder Hurenkinder *(überhängende oder »übrig gebliebene« Zeilen)*, Treppen im Flattersatz oder Blocksatz mit zu großen Wortzwischenräumen. Verwende nur wenige Schriftgrößen.
10. **POSITION:** Kümmere dich um eine gleichbleibende Ausrichtung von Inhalten und Zeilenhaltigkeit deines Schriftbildes auch über mehrere Seiten (Textanfang oder Bildkanten immer an der gleichen Position).
11. **FUNKTIONALITÄT:** Sorge dafür, dass jedes Element, das du einsetzt, eine sinnvolle Funktion hat.
12. **REDUKTION:** Verzichte auf alles Unnötige und Ablenkende, vor allem auf Cliparts, unnötige Rahmen und Hintergründe.

III.

Reden lernt man nur durch reden.

Marcus Tullius Cicero hat sein Wissen
um die Redekunst 55 v. Chr. in drei Büchern verewigt.
Und weiß bei alldem ganz genau:
Grau ist alle Theorie.
Also rauf auf die Bühne!

Vor, während und nach deiner Präsentation:

It's Showtime!

Deine Präsentation ist fertig – sie muss nur noch gehalten werden. Worauf es dabei ankommt, steht in diesem Buchteil. Was ist kurz davor, bei der Anreise und direkt zum Start zu beachten, vom letzten Aktualitätscheck über die Wartezeiten an der Pforte bis zum Ausschalten deines Handys?

Wie sieht es in der laufenden Präsentation mit Flexibilität und Interaktion, deiner Selbst- und Publikumsreflexion, Unsicherheit oder Aufregung und dem Umgang mit Störungen aus? Und wann sind kurze Pausen sinnvoll?

Im dritten Block geht es um das Präsentationsende, dein Verhalten in einer Feedbackrunde und die Nachbereitung: Wie beeinflusst du die Stimmung? Wie gehst du mit Kritik um? Wie kann aus einer Diskussion ein Folgeauftrag werden?

III.1

Davor

Kurz davor

Organisation

It's Showtime: Du bist perfekt vorbereitet, deine Präsentation steht, Morgen ist der große Tag. Was gibt es am letzten Tag, in den letzten Stunden zu tun?

Zunächst einmal solltest du sicher sein, dass du alle wesentlichen organisatorischen Themen erledigt hast – von der Wegbeschreibung zum Kunden und Anmeldedokumente (bei Firmen mit entsprechendem Sicherheitscheck wichtig) bis hin zur Wegbeschreibung innerhalb eines Firmengeländes, dem richtigen Raum und der richtigen Uhrzeit. Die Technik vor Ort hast du abgeklärt, die eigene darauf abgestimmt, alle Tickets beisammen und ggf. bei frühen Terminen ein Hotelzimmer gebucht und die Vorabend-Anreise organisiert. Es hilft auch, am Vortag noch einmal den Termin rückzubestätigen – es kann durchaus vorkommen, dass ausgerechnet die externen Gäste bei einer kurzfristigen Terminverschiebung nicht informiert wurden oder die E-Mail im Spam gelandet ist.

Check- und Packliste

An ein Laptop mit aufgespielter Präsentation und Cloud-Backup, deine Tickets, Geld und Reiseproviant hast du gedacht? Dann kann es auf die Reise gehen, wenn du nicht online präsentierst. Falls du jedoch wie ich zu den Leuten gehörst, denen erst nach ungefähr 300 km Fahrt alles einfällt, was sie unbedingt hätten mitnehmen wollen, hilft dir die umseitige Packliste für Veranstaltungen und Events.

20 GEGENSTÄNDE, DIE DU NICHT VERGESSEN SOLLTEST

- → Wenn es dir einmal passiert, ist es einmal zu viel: Schon mal am Werkseingang ohne Personalausweis gestanden?
- → Handynummer deines Ansprechpartners für Probleme oder Verspätung
- → USB-Stick mit Back-up-Präsentation (besser: Cloud-Back-up)
- → Presenter mit Ersatzbatterien
- → ggf. Beamer mit passenden Anschlusskabeln
- → Smartphone mit Ladekabel und Akku für evtl. Online-Connectivity
- → Lautsprecherbox für Audiowiedergabe, ggf. mit Kabel
- → Adapterset für die Laptop-Anschlüsse (VGA, HDMI, ggf. Auslandsadapter etc.)
- → Verlängerungskabel, Mehrfachsteckdose (lieber fünf als drei Meter)
- → ggf. Saalmikro mit Mikroständer für Hybridpräsentationen
- → ggf. zusätzliche Webcam(s) für Hybridpräsentationen
- → Handouts, USB-Sticks (falls kein Download-Link)
- → Moderationskärtchen / Manuskript
- → ggf. Modelle / Ansichtsexemplare / Dummies / Pappen
- → ausreichend Visitenkarten
- → Stifte und Notizblock
- → Ersatzhemd oder -bluse, falls dir zu viel Angstschweiß den Rücken herunterläuft
- → Deo, aus dem gleichen Grund
- → für Damen: Laufmaschen kommen immer zum dümmsten Zeitpunkt. Ersatzstrumpfhose! Und: Bequeme Schuhe (du stehst lange!)
- → für Medientermine: neutraler Puder (auch für die Herren) und ggf. andere Schminkutensilien

Sicher fällt dir noch etwas ein, um diese Liste individuell zu ergänzen. Ein kurzer Vorabend-Check ist immer sinnvoll, zumal wenn es vor der Präsentation hektisch wird (und wo wird es das nicht?).

Actuality Check

Wenn es eine Weile her ist, dass du dich zum letzten Mal mit deinem Kunden oder deinem Zielpublikum auseinandergesetzt hast, empfehle ich dir einen Blick auf die Website, auf die Social-Media-Kanäle oder in die allgemeinen News: Könnte in der Zwischenzeit etwas passiert sein, was die Umstände oder Kernaussagen deiner Präsentation noch verändern oder sogar infrage stellen könnte? Gibt es etwas, auf das du zum Beispiel im Intro deiner Präsentation an aktuellen Unternehmensentwicklungen eingehen kannst, das deine Gedanken bestätigt oder sogar verstärkt? Gibt es eine aktuelle Nachricht aus dem Wirtschaftsteil deines Nachrichtenportals, die du noch in deine Gedanken einfließen lassen kannst? ***Aktuell top informiert zu sein kommt dir spätestens in der Diskussion nach deiner Präsentation mit Sicherheit zu Gute.***

Personen: Namen und Bilder

Menschen, die du mit ihrem Namen ansprichst, fühlen sich besser angesprochen als mit einer allgemeinen Begrüßungsfloskel – und du kannst sie bei einer späteren Diskussion oder Bitte um Feedback direkt adressieren, ohne *»der Herr da hinten in der Mitte«* sagen zu müssen, was im Falle des ehrwürdigen Unternehmensgründers im alteingesessenen Mittelstand genauso uncool ankommt wie beim CEO eines hippen Startups in Friedrichshain.

Es gibt unzählige Möglichkeiten, seine Gesprächspartner:innen vorab kennenzulernen: Die Bildersuche bei Google ist nur eine davon, oft sind es die Unternehmenswebsites, die ihre Mitarbeiter:innen vorstellen. Der Aufwand ist gering, und selbst bei einem schwachen Kurzzeitgedächtnis sollte ein kurzer Check wenige Stunden vor der Präsentation ausreichen, um deine Ansprechpartner:innen mit ihrem Namen zu begrüßen – oder wenigstens den Namen bei einer Vorstellungsrunde nicht falsch zu verstehen. Schön ist es z. B. auch, jemanden, der oder die an diesem Tag Geburtstag hat, mit einem kleinen Blumenstrauß zu überraschen. Solche Gesten bleiben lange in Erinnerung, zeugen von guter Vorbereitung und damit von einem Niveau, das sich die meisten Kunden von ihren Dienstleistern wünschen. Voraussetzung dafür ist natürlich, dass dir im Vorfeld die Teilnehmer:innen genannt werden. Auch das ist wenig Aufwand und wird von den Organisator:innen eines Meetings meist gerne weitergegeben.

Last-minute Änderungen

Ich gehöre zu den Menschen, die gerne bis zur letzten Minute an einer Präsentation feilen, statt sich entspannt zurückzulehnen. Dabei kommt mir Cloudworking-Software zu Gute, die es mir ermöglicht, letzte Änderungen an einer Präsentation nicht nur auf meinem Laptop, sondern an allen Ablageorten umzusetzen – oder auch andere darum zu bitten, noch Änderungen, Korrekturen oder Ergänzungen einzupflegen, während ich schon auf dem Weg ins Foyer des Kunden bin. Auch während laufender Präsentation haben wir das schon per heimlicher Handy-Nachricht ans zuhause standby stehende Team hinbekommen, aber das ist nur etwas für starke Nerven, eine solide Online-Verbindung und einen kurzen Restart.

Bei aller Hektik: Last-minute-Änderungen sollten nicht die Regel sein – und wenn, nur mit Sorgfalt geschehen – allzu schnell verschwinden Querverweise, eine Blitzidee zerstört eine minutiös geplante Dramaturgie oder nimmt die an anderer Stelle geplante Pointe der Kollegin vorweg.

Kleiner Tipp am Rande: Viele Kunden halten nicht allzu viel von Dienstleistern, die ihnen eine PDF-Datei einer Präsentation, die sie um 9:00 Uhr gehalten haben, mit einem Dokumentdatum 04:35 Uhr überreichen – das spricht für suboptimales Zeitmanagement. Die Lösung: Vor dem Abspeichern die Zeiteinstellungen des eigenen Rechners um einen Tag oder ein paar Stunden zurücksetzen, und schon ist alles in time fertig geworden.

Erste Slides auswendig lernen

Wenn du aufgeregt bist, ist besonders der Beginn einer Präsentation hartes Brot. Zur ungewohnten Situation (fremder Konferenzraum oder gar große Bühne) kommen die Ablenkung durch den Technikaufbau, die Begrüßungsformalitäten oder auch die quälende Wartezeit, bevor es endlich losgeht – und dann der Moment, in dem alle Augen auf dich gerichtet sind und die Minuten laufen, auf die du wochenlang hingearbeitet hast.

Kein Wunder, wenn du dann ausgerechnet bei den wichtigen ersten Slides, in denen das Auditorium deine Kompetenz erstmals kennenlernt, ins Stottern gerätst. Dagegen gibt es einfache Abhilfe am Vorabend: ***Lerne die ersten paar Minuten dessen, was du sagen möchtest, auswendig. Hast du so die ersten Hürden übersprungen und die ersten Stolpersteine erfolgreich umschifft, läuft der Rest wie von selbst.***

Testen, testen, testen – der Dry Run

Selbst wenn es jetzt zu spät ist, noch Grundsätzliches zu ändern, ist es sinnvoll, noch einmal zu überprüfen, ob alle Links zu externen Daten (zum Beispiel Videos oder Webseiten) aktuell sind und funktionieren, und ob alle Schriften geladen sind, sofern du ein Programm verwendest, das darauf angewiesen ist.

Hilfreich bei einer Team-Präsentation ist ein letzter Dry Run, also ***eine Art Generalprobe, bei der alle Beteiligten ihren Part übernehmen und man noch einmal überprüft, ob die Übergänge und das Zusammenspiel reibungslos klappen.*** Das kann auch problemlos online passieren, wenn die Teilnehmer aus unterschiedlichen Richtungen anreisen oder sowieso über das Web präsentiert wird. Ein letzter Check, von wem welche Folien am besten vorgetragen werden, ist so noch kurz vor der Präsentation möglich. Wenn alles gut läuft: Prima! Wenn es nicht ganz so läuft, kannst du dich entweder auf die alte Theaterregel verlassen, dass eine schlechte Generalprobe eine gute Premiere bedeutet, oder noch ein wenig nachschärfen – obwohl echter Schauspiel-Fan, tendiere ich bei wichtigen Präsentationen zu Letzterem.

Ausschlafen bitte!

Was du auf keinen Fall tun solltest: Für letzte kleine Änderungen deinen Nachtschlaf opfern. Eine klassische Management-Regel besagt, dass du für 80 % des Aufwandes bis zum perfekten Ergebnis 20 % der Zeit benötigst, und für die restlichen 20 % dann 80 % deiner Zeit. Wenn du am Abend vor der Präsentation nicht mindestens bei 80 % gelandet bist, wird dir die Zeit, um auf 100 % zu gelangen, nicht mehr reichen. Und für ein paar Prozent mehr darauf zu verzichten, am nächsten Morgen fit, munter, voller Energie und schlagfertig zu sein, ist die falsche Rechnung: Denn genau das kann die fehlenden 20 % ausmachen. Als junger Unternehmensgründer habe ich das anders gesehen und zahllose Nächte durchgearbeitet – gebracht hat es in der Rückschau in Summe wenig.

Zur Not: Absagen.

Eines allerdings habe ich aus dieser Zeit beibehalten: Wenn ich das Gefühl habe, dass kurz vor der Präsentation die Schwelle von gut zu sehr gut noch immer nicht erreicht ist, sage ich die Präsentation ab. Auch wenn es unhöflich ist, das am Vorabend zu tun – noch mehr schadet es, mit Mittelmaß unterwegs zu sein. Im besten Fall fordert einen der Kunde zur Nacharbeit auf, im schlechten Fall bist du den Job los und im schlechtesten Fall ist der Kunde mit 60 oder 70 Prozent tatsächlich zufrieden und du bist dazu verdammt, Halbgares abzuliefern. So ruinierst du dir mittelfristig den Ruf – was definitiv schlimmer ist als die Verärgerung über einen kurzfristig verschobenen Termin oder einen verlorenen Job.

Web-App

Bist du zu einer Online-Präsentation eingeladen, mache dich im Vorfeld mit dem Konferenztool vertraut. Mein persönlicher Rekord auf dem Höhepunkt der Corona-Pandemie 2020 lag bei sieben verschiedenen Konferenz-Anwendungen an einem einzigen Tag. Dabei kam ich mir mehr wie mein eigener System-Administrator vor, als dass ich mich tatsächlich ausschließlich den Inhalten hätte widmen können. Zumindest die Buttons für Screensharing, Ton- und Videoeinstellungen sollten dir auch bei selten genutzten Formaten geläufig sein, wenn du dich darauf einlässt, live darin zu präsentieren. Tutorials und Vorab-Tests helfen dir dabei.

In jedem Fall solltest du rechtzeitig vor der Session die benötigte Software auf deinem Rechner installieren und die Anmeldeprozedere durchlaufen – und nicht erst zu Beginn des Präsentationsslots.

Anmeldenamen

Wenn du schon lange in einem System unterwegs bist und deinen Account auch privat nutzt, schau doch kurz in deine Einstellungen – ich habe viele Präsentationen erlebt, in denen es von Spitznamen nur so wimmelte oder vier »Markus« statt ihres Nachnamens lieber ihr Geburtsjahr, Glückszahlen oder sexuelle Vorlieben als Zahlencode für ihr Konto nutzen und für Verwirrung bei der Ansprache sorgten. Es mag ein aussterbendes deutsches Problem sein, aber wenn diese Markusse dann auch noch Wert darauf legen, gesiezt zu werden, macht das die Sache nicht einfacher.

Webzugang

So sehr ich an anderer Stelle Werbung für Online-Präsentationstools gemacht habe, so wenig gilt das für Regionen mit instabilem Internet. Auch wo dies nicht der Fall ist, kann dich ein Internet-Zugang vor ungeahnte

Probleme stellen: Es kann eine echte Herausforderung darstellen, in abgeschirmten Firmennetzen einen Gastzugang ins Internet zu erhalten – wertvolle Präsentationszeit geht verloren, bis jemand gefunden ist, der einen entsprechenden Code beschaffen kann. ***Oder es ist gar nicht möglich, als externer Gast WLAN-Anschluss zu erhalten, vom LAN gar nicht erst zu sprechen. Da hilft nur die Verbindung über das eigene Handy.***

Anreise

Anfahrt, Verkehrsmittel

Öffentlicher Nahverkehr

Hast du das Glück, am gleichen Ort zu präsentieren, lass das Auto stehen. Das spart dir Nerven und Parkplatzsuche. Vermeide nur, dich noch mit deinen Kolleg:innen über Details der Präsentation oder gar die Sympathiewerte einzelner Kund:innen zu unterhalten – es kann sein, dass ein Teil deines Publikums einen Platz weiter sitzt.

Auto

Für das eigene Nervenkostüm ist es eine gute Wahl, Verkehrsmittel zu wählen, in denen du arbeiten oder dich entspannen kannst, anstatt entnervt am Steuer zu sitzen. ***Das gilt auch für das eigene Auto: Bitte eine:n Kolleg:in, dich zu fahren.*** Wenn du doch selbst fahren willst, plane jede Menge Zeit dafür ein – und denke auch daran, z. B. in der Nähe deines Ziels einen Parkplatz zu finden, wenn der Besucherparkplatz seit sieben Uhr bereits ausgelastet ist oder dein Gastgeber seinen Sitz im Zentrum einer Großstadt hat.

Außerdem solltest du darauf achten, mit was für einem Fahrzeug du vorfährst. Ein Edelschlitten hat in Zeiten des Klimawandels als Statussymbol ohnehin ausgedient.

Es gibt allerdings eine Ausnahme: Solltest du für einen Automobilkonzern arbeiten, nutze möglichst ein Fahrzeug der Marke deines Kunden. Aus eigener Erfahrung weiß ich, dass in der Mercedes-Zentrale jahrelang die Besucherscheine von Personen, die mit einem Fahrzeug ohne Stern auf der Haube auf den Besucherparkplatz fuhren, mit einem kleinen *x* versehen wurden – damit jeder Ansprechpartner von Beginn an wusste, dass du deine Hausaufgaben nicht gemacht hast. ***Die beste Lösung für all diese Fälle sind Mietwagen oder Carsharing-Fahrzeuge, die der jeweiligen Situation (und Marke) gerecht werden.***

Bahn

Ich empfehle statt Stress mit Stau und Status die Deutsche Bahn – mit zwei Einschränkungen. Erstens: Gönne dir mindestens Montags und Freitags den Luxus eines Erste-Klasse-Tickets, willst du nicht auf dem Fußboden vor dem verstopften WC hockend und ständig angerempelt deine Präsentation nochmals checken. Das kostet bei früher Buchung unwesentlich mehr, bringt aber wesentlich mehr Komfort. Als Bahncard-100-Nutzer mit Noise-Cancelling-Kopfhörer habe ich unzählige Präsentationen in meinem »mobilen Büro« ganz entspannt geschrieben und überarbeitet, und freundliche Menschen servieren dir dazu noch einen Cappuccino am Platz.

Die zweite Einschränkung: Nutze in der Bahn-App die Option, deine Umsteigezeiten auf mindestens 30 Minuten zu stellen. Während in Japan Zugführer, deren Shinkansen-Züge mit mehr als einer Minute Verspätung in einem Bahnhof einlaufen, mit empfindlichen Lohnkürzungen zu rechnen haben, gilt in Deutschland ein Zug, der bis zu 15 Minuten nach Fahrplan einläuft, offiziell noch als pünktlich. Und das galt wiederum 2022 für gerade einmal 65 % aller Fernverkehrszüge*. Züge wohlgemerkt – nicht Verbindungen! Die »normalen« Umsteigeoptionen liegen im Fahrplan aber bei drei Minuten (Gleis gegenüber) bis sechs Minuten (Gleiswechsel zum anderen Bahnhofsende). Noch Fragen?

Flugzeug

Unsere Agentur und viele andere Arbeitgeber auch lassen Inlandsflüge aus ökologischen Gründen nur noch in seltenen Fällen zu. Und selbst auf wirklich langen Strecken sitze ich lieber in der Bahn, klappe meinen Laptop auf und irgendwann wieder zu, als mich mühsam aus der Innenstadt heraus und später wieder in eine Innenstadt herein bis zum Flughafen zu kämpfen, dort erst die Krise beim überfüllten Check-in, dann bei der Sicherheitskontrolle und schließlich beim Einsteigen zu bekommen, um in der Luft die Hälfte der Zeit mit Steig- und Sinkflug zu verbringen und bestenfalls 30 Minuten noch einmal mit der konzentrierten Vorbereitung für meine Präsentation füllen zu können.

Ganz abgesehen also von der schon durch die ökologischen Folgen eindeutig zu beantwortenden Frage nach der Sinnhaftigkeit, zu einer Präsentation einzufliegen, hat die Corona-Pandemie hier das Verständnis für einen Online-Termin anstelle klima-, budget- und nervenschädlicher Reisetätigkeit massiv ausgeweitet. Den Flieger solltest du deshalb nur noch für unabdingbare, wirklich weit entfernte Vor-Ort-Termine nutzen.

* https://www.deutschebahn.com/de/konzern/konzernprofil/zahlen_fakten/puenktlichkeitswerte-6878476

Auf Nummer sicher: Am Vorabend anreisen

Welches Verkehrsmittel du auch immer nimmst: Bei den aktuellen Verkehrsverhältnissen könnte es knapp werden, solltest du dich auf die Angaben in deinem Navi, Fahrpläne oder Flugpläne verlassen. ***Tue dir den Gefallen und reise am Vortag an.*** Im Zweifelsfall hast du noch eine spannende Zeit auf unbekanntem Terrain, einen Museumsbesuch, ein gutes Restaurant am Abend und ein entspanntes Hotelfrühstück am Morgen gewonnen und präsentierst definitiv pünktlich und mit ein paar Stunden gewonnener Quality Time allemal besser als nach dem Rote-Augen-Flieger.

Sichtschutz und Codesprache

Nutzt du an irgendeinem Punkt deiner Reise öffentliche Verkehrsmittel, solltest du dir angewöhnen, dein Laptop mit einem Sichtschutz für neugierige Blicke auszustatten und dich mit Kolleg:innen nur so über die anstehende Präsentation oder über deine Kunden zu unterhalten, dass dein Gespräch für zufällig zuhörende Mitreisende nicht zugeordnet werden kann.

Pünktlichkeit, Pufferzeit

Physisch: Be in time!

Als junger Designer hatte ich einen Kunden im von Stuttgart eine gute Fahrstunde entfernten Bad Mergentheim. Dass aus der geschäftlichen Verbindung eine Freundschaft wurde, ist nur mit dessen unglaublicher Langmut und Gutherzigkeit zu erklären – denn ich bin in Dutzenden Terminen höchstens ein- oder zweimal rechtzeitig erschienen. Und das dann zur großen Überraschung meines Gastgebers, der aus Erfahrung frühestens eine halbe Stunde später mit mir gerechnet hätte. Apropos Gastgeber: Besagter Kunde ist Gastronom, und als solcher gewohnt, seinen Gästen vieles zu verzeihen. Andere Kunden sehen das völlig anders .

So oder so gilt: ***Deine Unpünktlichkeit ist Ausdruck mangelnder Wertschätzung, Raubbau an der Zeit deines Gastgebers und Ausdruck schlechter Organisation. Drei gute Gründe, nicht mit dir ins Geschäft zu kommen.*** Eine entspannte Zeitplanung mit auskömmlicher Pufferzeit kommt deshalb nicht nur deinen Gesprächspartnern, sondern auch dir und deinem Anliegen zu Gute. Inzwischen bemühe ich mich, eher überpünktlich zu Präsentationen und geschäftlichen Terminen zu erscheinen – und freue mich über allfällig entstandene Pausen, um davor noch entspannt einen Kaffee zu trinken.

Online: Be in Time!!!!!!!

Was physisch schon gilt, gilt online um so mehr: Selbst bei einer Minute Verspätung erwarten die anderen Teilnehmer:innen bereits eine Entschuldigung. Bemühe dich deshalb, Online-Meetings nur 50 statt 60 Minuten dauern zu lassen – überzogen wird ohnehin, aber deine Chancen steigen, die nächste Präsentation pünktlich zu beginnen.

Technische Vorbereitungszeit einplanen

Bist du pünktlich, bist du eigentlich schon zu spät. Denn du benötigst Zeit, deine Technik aufzubauen bzw. einzurichten. Während es online in einem dir einigermaßen vertrauten Programm nur ein bis zwei Minuten dauern mag, kann der Aufbau von Präsentationstechnik in einem fremden Environment gerne auch einmal eine Viertelstunde dauern, bis der Netzzugang steht, alle Steckdosen gefunden und die Monitoreinstellungen optimiert sind. Davor hast du noch einen Parkplatz gesucht, eine halbe Stunde am Empfang gewartet, dich auf dem Firmengelände verirrt, den letzten freien Platz im Aufzug verpasst und zehn Minuten den Konferenzraum nicht gefunden. Gut, wenn das alles vor deiner Präsentationszeit und nicht während ihr passiert.

Formalitäten

In den meisten Unternehmen wirst du mit einem freundlichen *»Hallo, schön dass Sie da sind, ich gebe gleich mal Ihren Ansprechpartnern Bescheid«* begrüßt werden, es kann aber auch zu einer umfangreicheren Anmeldeprozedur kommen. In jedem Fall solltest du einen Personalausweis dabei haben, ggf. auch eine Visitenkarte, sowie die Kontaktdaten der Person, die du besuchst. Am besten gleich mit Raumnummer, Durchwahl etc., denn die Frage am Besuchereingang des Volkswagenwerks nach einem Herrn Müller vom Vertrieb kann dich vor größere Probleme stellen.

In einigen Unternehmen mit sehr hohem Sicherheitsstandard benötigst du eine Sicherheitsüberprüfung, die du vor deinem Besuch beantragen musst. Hier gilt dann selbst bei gegengezeichneter Anmeldung: Ist dein Personalausweis auch nur einen Tag abgelaufen, bleibst du draußen.

Empfang, Werkszugang

Ein Bummelstreik des Empfangspersonals mit zwei Stunden Wartezeit, eine falsch beantwortete Frage zu Sirenensignalen im Werksgelände und ein daraufhin verweigerter Einlass: Beides ist mir schon passiert. Aber auch in ganz normalen Zeiten habe ich zu Stoßzeiten an Werkstoren schon eine halbe Stunde auf den Besucherausweis gewartet und eine weitere bis zum Gebäude mit dem Konferenzraum gebraucht. Es heißt also: Zeit einplanen.

Empfangslisten

Manchmal lohnt sich ein Blick über den Tresen – wenn du nicht herausfinden konntest, wer deine Konkurrenz bei einer Wettbewerbspräsentation ist, ist der Empfang die beste Quelle dafür. Sei es, dass Listen zum Eintrag offen ausliegen und du frühere Firmenbesucher ganz einfach nachlesen kannst, sei es, dass deine Ankunft in einem Terminblatt mit Nennung der anderen Wettbewerber abgehakt wird. Sei also freundlich bei der Anmeldung und schau dich gut um.

Sekretariate und Vorzimmer

Unterschätze das Wissen und die Macht der Sekretariate nicht. Niemals! In einer Wettbewerbspräsentation ist der organisatorische Kontakt oft die einzige tatsächliche Form alltäglicher Zusammenarbeit. Bist du dabei oder während Begrüßung und Wartezeit dem agierenden Personal gegenüber arrogant, fahrig oder unfreundlich, kann eine entsprechende Bemerkung deiner Kontaktperson mitentscheidend sein. Ob von ihr aktiv eingebracht *(»Na Chef, wie war denn der Termin - das war ja mal ein unangenehmer Typ ...«)* – oder auch vom eigentlichen Präsentationsgremium bewusst im Vorzimmer abgefragt. Gib also auch dort dein Bestes!

Foyer / Wartezeit

Ich treffe mich regelmäßig mit den Geschäftsführungen unserer geschätzten Konkurrenz. Das ist kein kartellrechtliches Problem, sondern der Organisation von Pitches geschuldet, bei denen in der Regel wenig darauf geachtet wird, wer sich beim Betreten oder Verlassen der Präsentationsräume im Wartebereich begegnet. Nutze ein solches Aufeinandertreffen für einen freundlichen Austausch und nicht für eine grimmige Miene – wenn du auf ebenbürtige Wettbewerber triffst, ist es eher ein Zeichen dafür, dass sich dein Kunde sinnvolle Gedanken bei der Agenturauswahl gemacht hat.

Ansonsten kann es auch hier zu längeren Wartezeiten kommen – viele Organisator:innen von Pitches unterschätzen die Tendenz der meisten Präsentator:innen, die Zeit etwas zu überziehen, genauso wie den Diskussionsbedarf der Gremien direkt nach einer Präsentation. Nimm es entspannt, trink noch einen Kaffee oder unterhalte dich mit dem Office Management – wie oben schon gesagt, eine wertvolle Quelle für Informationen einerseits und den Eindruck, den du hinterlässt, andererseits.

Webzugang, Smartphone

Eine sinnvolle Beschäftigung für etwaige Wartezeiten ist die Organisation eines Webzugangs. Die kurze Bitte *»Können Sie mir eben mal das Passwort fürs WLAN geben«* führt schon einmal zu 15 Minuten hektischer Aktivität.

Und denke spätestens jetzt daran, dein Smartphone auf lautlos oder ganz aus zu stellen.

Zum Start

Adrenalin und Aufregung

Die Tür geht auf, du wirst hereingebeten – und bekommst prompt einen roten Kopf. Gut so! Denn das liegt an deinem Adrenalin-Spiegel, der bei Stress in die Höhe schnellt. Adrenalin ist ein Hormon, das die Energiereserven im Körper mobilisiert und die Leistungsbereitschaft steigert. Es sorgt dafür, dass dein Herz schneller schlägt und dein Blutdruck ansteigt – deswegen die roten Ohren oder rote Flecken am Hals. Auch Schweißausbrüche oder sogar Zittern sind Effekte, die ein starker Adrenalinausstoß mit sich bringen kann: Du stehst unter Hochspannung, bist viel aufnahmefähiger und schneller – nicht nur beim Herzschlag. ***Keine Angst also vor etwas Aufregung: Sie hilft dir, besser zu werden.*** Wer ohne Lampenfieber auf die Bühne geht, muss sich anderweitig motivieren. Deshalb muss dir Aufregung auch nicht peinlich sein: Für deinen Gastgeber ist sie eher ein Zeichen dafür, dass dir der Termin wirklich wichtig ist, als dafür, dass du unprofessionell agierst. Allerdings solltest du zu einem gesunden Maß finden – dabei hilft Bewegung, denn die baut Adrenalin wieder ab. Also: eine flinke Begrüßungsrunde durch den Raum, Technikaufbau und alles ist gut.

Wenn du merkst, dass deine Aufregung dir über den Kopf wächst und das Zittern in der Stimme partout nicht aufhören möchte, hilft bewusst ruhiges Atmen und vor allem langes Ausatmen – das beruhigt den Kreislauf sofort. ***Ein guter Trick und außerdem ein sehr sympathisches Intro ist auch, die Aufregung offen zum Thema zu machen:*** beginne einfach mit den Worten: *»Puhhh – Ich bin ganz schön aufgeregt – der Termin ist mir einfach sehr wichtig.«* Wenn dein Publikum nicht aus unsensiblen Klötzen besteht, werden sie dir dabei helfen, die Aufregung abzubauen und dir sagen, dass es keinen Grund dafür gibt. Das mag zwar eine Floskel sein, laut ausgesprochen verfehlt sie aber die Wirkung auf dein Unterbewusstsein nicht. Vor allem aber werden sie mit dir fühlen – denn die meisten Menschen kennen die Situation, in der du dich befindest, und sind dankbar dafür, gerade nicht selber vorne stehen zu müssen.

Selbst nach einer vierstelligen Zahl von Präsentationen und schon lange ohne rote Flecken am Hals zu Beginn, merke ich immer noch nach dem Ende eines Termins, wie mein Adrenalinspiegel wieder sinkt und der Körper auf Entspannung umschaltet – und die hat er sich dann auch verdient.

Online: Intro / Wartezeitüberbrückung

Fast schon schade ist dagegen, dass der kleine Aufregungskick bei virtuellen Präsentationen weit weniger ausgeprägt ist. Schließlich bist du in deinem gewohnten Umfeld, und die Menschen, die dich in Aufregung versetzen könnten, sind lediglich kleine Bildchen auf dem Screen. Auch wenn Online-Präsentationen in aller Regel sehr pünktlich beginnen, ist ein wenig Wartezeit zu Beginn üblich – ein oder zwei Minuten, bis alle Teilnehmer:innen anwesend sind, werden es meistens sein. Nutze diese Zeit, um zumindest den Ansatz einer persönlichen Beziehung herzustellen, ohne schon offiziell zu begrüßen: Vielleicht sprichst du eine:n Teilnehmer:in, den du persönlich kennst oder schon einmal (Orga-)Kontakt hattest, direkt an und freust dich besonders, ihn oder sie wiederzusehen oder erstmals mit Bild zu sehen, du machst jemandem für seinen besonders kreativen Bildschirmhintergrund Komplimente oder ihr unterhaltet euch über das Wetter an den zugeschalteten Orten. Nur: Bitte noch nicht über dein Thema sprechen, wenn noch nicht alle zugeschaltet sind oder der/die Gastgeber:in den offiziellen Startschuss noch nicht gegeben hat.

Vor Ort: Small Talk

Auch in Präsenzterminen beginnt eine Präsentation selten, sobald du den Raum betreten hast. In kleinen Runden wirst du zuerst die einzelnen Teilnehmer begrüßen, ansonsten ist auch hier zunächst etwas Small Talk angesagt. Überfliege kurz den Raum und achte auf leere Plätze – möglicherweise nutzt jemand dein Eintreffen für eine kurze Biopause oder eine kleine Erledigung.

Wenn du nicht ohnehin ein in der Wolle gefärbter Menschenfänger bist, ***mache dir im Vorfeld Gedanken, über welche Themen du locker ins Gespräch kommen könntest.*** *»Schön haben Sie es hier«* oder ein kurzer Talk über die Anreise gehören zum Standard – punkten kannst du aber eher mit Themen, die deine Gegenüber persönlich bewegen. Dabei hilft dir gegebenenfalls auch eine gute Recherche.

Praxisbeispiel

Obwohl ich kein großer Fußballfan bin, versorge ich mich bei »Auswärtsspielen« gern mit den neuesten Nachrichten über den lokalen Fußballverein. Ein Intro mit einem Glückwunsch über den kürzlichen Sieg der Mannschaft vor Ort lockert die Atmosphäre auf – und hat mir im Fall des Vorstands eines großen Unternehmens im Ruhrgebiet prompt einen Logenplatz für die nächste Begegnung eingebracht: Zwei Stunden Quality Time mit dem Big Boss im »halbprivaten« Bereich. Ein Schelm, wer mir Böses unterstellt, nur weil ich recherchiert hatte, dass der Mann Ehrenpräsident eines Clubs und damit für Fußballthemen sicher ansprechbar sein würde. Nachdem mein Heimatverein das Match dann 4:0 für sich entschied, war die Stimmung etwas getrübter, aber da war die Geschäftsbeziehung längst so gefestigt, dass uns nichts mehr rauskicken konnte.

Technikaufbau

Etwas weniger trivial wird die Small-Talk-Situation, wenn du zeitgleich noch dabei bist, dein Equipment aufzubauen. Gut, wenn du nicht alleine bist und sich ein:e Kolleg:in um das Reden und der oder die andere um die Verkabelung kümmert. Und noch besser beziehungsweise unabdingbar, dass du deine Technik absolut aus dem Effeff beherrscht.

Das dümmste Intro, das du liefern kannst, ist, den Eindruck zu hinterlassen, dass du nicht einmal dazu in der Lage bist, ein Laptop an einen Beamer

oder Monitor anzuschließen: Wer wollte da noch zu komplexeren Sachverhalten mit dir ins Geschäft kommen)? Ähnlich verhält es sich mit Fragen nach einem meist nicht vorhandenen Verlängerungskabel. Bei aller freundlichen Hilfestellung bleibt vor allem der Eindruck bestehen, dass du mit unvollständigem Equipment angereist bist (➳ *Check- und Packliste, 186*).

Etikette: Wer begrüßt / eröffnet

Ein Grundsatz, der gerade von forschen Kreativen und coolen Vertriebler:innen oft missachtet wird: ***Ein Meeting wird vom Gastgeber eröffnet. Punkt.*** Und dort je nach Firmenkultur vom sogenannten Project Owner oder von dem oder der ranghöchsten Mitarbeiter:in. Gib den Adressat:innen also die Chance für einleitende Worte und eine freundliche Begrüßung und falle nicht gleich mit der Tür ins Haus à la *»Cool dass wir heute hier präsentieren dürfen, legen wir am besten gleich los.«*

Begrüßung, Visitenkarten, Anrede, Titel

Sofern es sich um eine Präsenzpräsentation handelt, empfehle ich dir, in einem Raum mit bis zu sechs Personen einmal die Runde zu machen, jede:n persönlich zu begrüßen und auch deine Visitenkarte zu überreichen (in Asien ist das einfache Ablegen eine Beleidigung, hier wird mit beiden Händen und Verbeugung überreicht und entgegengenommen – und die Visitenkarte ausführlich betrachtet).

In Mitteleuropa sind wir nicht immer ganz so höflich – deshalb empfiehlt es sich, wenn du davor nicht ausreichend recherchiert hast und keine Karte zurück erhältst, nach den Namen deines Ansprechpartners bzw. deiner Ansprechpartner:in zu fragen und zur Not bei schlechtem Verständnis auch noch einmal nachzuhaken. Professioneller ist es, wenn du gleich mit Namen begrüßt. Jedenfalls wirst du später kaum noch eine Chance haben, ihn in Erfahrung zu bringen – und vergibst dir damit direkte Ansprachemöglichkeiten, die im späteren Verlauf deiner Präsentation wichtig werden können.

Mehr als sechs Personen: keine Karten

Bei mehr als sechs Personen empfehle ich, auf eine einzelne Vorstellung zu verzichten – hier ist eine kurze Vorstellungsrunde zu Beginn des Meetings wie auch online der übliche Weg. In einer klassischen Vortragssituation entfällt die Vorstellung oder persönliche Begrüßung – bestenfalls wirst du selbst anmoderiert. Wie du dann deinen Vortrag startest – von einem biederen *»Sehr geehrte Damen und Herren«* bis zum *»Hallo zusammen – Schön, hier zu sein«*, bleibt dir überlassen.

Honoratior:innen und Titel

Eine Sonderform möchte ich aus gutem Grund beleuchten: Die des öffentlichen oder halb öffentlichen Vortrages mit einem Stapel Honoratior:innen in der ersten Reihe. Auch hier ist es dir unbenommen, einfach *Hallo* zu sagen. Du solltest aber zumindest kurz darüber nachdenken, dass in manchen Kreisen die falsche Reihenfolge der Begrüßung oder das Weglassen von Titeln für die Rezeption deines Vortrags entscheidend sein kann. ***Insbesondere Politiker:innen und Adelige reagieren höchst empfindlich auf das Ignorieren protokollarischer Unterschiede*** – du erreichst im Zweifel dein Ziel nicht und hast beim nächsten Mal keine Gäste aus diesem Bereich mehr im Publikum. ***Im Zweifel solltest du Menschen mit ihren Titeln ansprechen*** (insbesondere wenn sie offizieller Namensbestandteil sind– so etwa beim Doktortitel oder höheren Adelstiteln), sie können dann selbst darauf hinweisen, dass du darauf verzichten kannst. Wer sich in einer Vorstellungsrunde mit *»Ich bin der Doktor Müller«* vorstellt, legt aber offensichtlich Wert darauf und empfindet es als Unverschämtheit, wenn du den Titel weglässt.

Deutsche Professor:innen und italienische Admiräle

Professor:innen sind dabei eine ganz spezielle Spezies: Der Professor ist eigentlich eine Amtsbezeichnung und kein Namensbestandteil. Manch eine:r möchte aber trotzdem mit diesem Titel angesprochen werden (insbesondere bei Ehrentiteln - der »Prof.« kann in einigen deutschen Bundesländern auch als Auszeichnung vergeben werden). Wenn also alle Mitarbeiter:innen nur vom »Professor Soundso« sprechen, solltest du das auch tun. Und natürlich gilt: In Österreich und auch Teilen der Schweiz ist der Verzicht auf Titel in der Anrede völlig undenkbar, und sei es nur die Frau Magister. Kleine Ausnahme: Adelstitel sind in Österreich seit 1919 komplett abgeschafft. Zumindest offiziell.

In Italien schließlich machst du dir Freunde mit völlig überdrehten Amtsbezeichnungen: Den einfachen Abteilungsleiter mit »Commendatore« (einem hohen Ordensrang) oder den Freizeitsegler mit »Ammiraglio« (Admiral) anzusprechen, gehört zum freundschaftlichen Umgangston.

Vorstellungsrunde

In größeren Meetings ist eine kurze Vorstellungsrunde üblich. Fehlt sie, solltest du darum bitten – es hilft, später die handelnden Personen richtig einzuordnen. Es gilt hier noch mehr als an anderer Stelle der Grundsatz: Fasse dich kurz!

Meistens ist es sinnvoll, nur den Namen und die Funktion im jeweiligen Unternehmen zu nennen - das dauert fünf Sekunden. Hin und wieder darf es auch etwas persönlicher werden – in 20 Sekunden kannst du schon einiges über dich erzählt. Am besten orientierst du dich daran, wie sich der oder die Initiator:in des Termins präsentiert, und vermeidest eine allzu lange Selbstdarstellung. Wer das für nötig hält, verkürzt seine spätere Präsentationszeit und zeigt vor allem seine Selbstgefälligkeit und wenig Interesse an anderen Menschen.

Online ist es hilfreich, für das Präsentationsteam Onepager mit Foto, Position, Werdegang und ggf. auch einem kurzen Statement mit Bezug zum Präsentationsthema einzublenden.

Spielregeln, Timing, Sprache, Aufzeichnung

Spielregeln und Höflichkeit

Nach der freundlichen Begrüßungsrunde ist es üblich, sofern nicht schon von deinen Gastgebern vorab festgelegt, noch einmal kurz auf die Spielregeln einzugehen: Am besten verbindest du das mit der Vorstellung der Agenda.

Rückfragen

Dazu gehört vor allem die Entscheidung, ob du Rückfragen direkt während deines Vortrages oder erst am Ende zulassen möchtest. Entwickelst du komplexe Gedankengänge, mag es hilfreich sein, um Fragen erst nach Ende eines Abschnitts deiner Präsentation zu bitten. Ansonsten empfehle ich, Fragen jederzeit zuzulassen, damit du nicht z. B. fehlerhafte Inhalte weiter extemporierst oder einzelne Zuhörer:innen dir nicht mehr folgen können.

Sprache

Wenn du es nicht im Vorfeld abgeklärt hast, ist jetzt der Zeitpunkt dazu: ***Du solltest unbedingt fragen, ob alle im Raum deine präferierte Sprache verstehen.*** In größeren Unternehmen erstellen wir unsere Slides meistens auf Englisch und präsentieren auf Deutsch, sofern alle im Raum ausreichend Deutsch verstehen. Ist das nicht der Fall, solltest du in der Lage sein, auf Englisch umzuschwenken.

Eine Frage der Höflichkeit: »Sprechen Sie Dialekt!«

Ein Sonderfall sind Präsentationen in der deutschsprachigen Schweiz: Schriftdeutsch spielt in der Schweiz im Alltagsgebrauch praktisch keine Rolle und wird in der Regel nur aus Höflichkeit verwendet. Insofern ist das Wort »Dialekt«, mit dem die Schweizer selbst ihr Schwyzerdütsch bezeichnen, ein Euphemismus. ***In der Regel wird in der Schweiz erwartet, dass alle Beteiligten Dialekt sprechen.**** Versuche aber nicht, als Nichtschweizer so zu tun, als könntest du selbst Schwyzerdütsch, wenn du es nicht wirklich gut gelernt hast. Du solltest aber, wenn es dir irgend möglich ist, auch harte Dialektausprägungen wie aus Appenzell oder dem Berner Raum ansatzweise zu verstehen, bei deiner Präsentation darauf hinweisen, dass *»gerne Dialekt gesprochen«* werden kann. Das wird dir viele Pluspunkte einbringen, schon allein weil die Deutschen als arrogant gelten und du damit zeigst, dass du als Gast und nicht als Oberlehrer unterwegs bist.

Erwartungshaltung

Zu Beginn deiner Präsentation solltest du fragen, ob die von dir vorgestellte Agenda den Erwartungen deine Zuhörerschaft entspricht oder ob sie noch andere Punkte diskutieren möchten – auch auf die Gefahr hin, dass dich das vor Probleme stellt, besser jetzt als später. Dann sind deine Improvisationskünste gefragt, und vor allem eine Veränderung deiner Zeitplanung.

Aktualisierter Zeitrahmen

Apropos: ***Frage nach, ob der dir mitgeteilte Zeitrahmen nach wie vor steht.*** Erfährst du an dieser Stelle, dass die Geschäftsführerin leider nach 30 Minuten das Meeting verlassen muss, solltest du um ein paar Minuten Zeit bitten, um deine auf 60 Minuten geplante Präsentation so umstellen zu können, dass du die wesentlichen Inhalte innerhalb dieser Zeitspanne unterbringen kannst. Am besten tust du das, indem du einige Folien ausblendest oder ganze Kapitel nach hinten stellst – wenn du es dir zutraust, kannst du kürzbare Slides während der Präsentation schlicht mit zwei schnellen Klicks

* Siebenhaar, Beat und Wyler, Alfred (1997): Dialekt und Hochsprache in der deutschsprachigen Schweiz Zürich (Edition »Pro Helvetia«). 5., vollständig überarbeitete Auflage, 12

überspringen. Und darauf verweisen, dass du dich zum Thema X oder Y in der zweiten halben Stunde noch einmal ausführlicher äußern wirst.

Schließlich kannst du auch zu Beginn klären, wie mit möglichen Unterbrechungen verfahren werden soll, etwa ob du fortfahren sollst, wenn jemand den Raum verlassen muss. In der Regel kannst du das aber auch spontan regeln, sollte sich diese Situation ergeben.

Protokoll: ja! Aufzeichnung: nein!

Abgesehen davon, dass es illegal ist, Menschen ohne ihre Zustimmung bei einer Online-Session oder während einer Präsentation aufzuzeichnen, solltest du auf dieses Format auch dann, wenn ein ausführliches Protokoll gewünscht wird, nach Möglichkeit verzichten. Wenn es dir selbst wichtig ist, bitte ausdrücklich darum, dass keine Aufzeichnungen angefertigt werden. Es trägt gerade online zu Diskussionsoffenheit und Hygiene bei, explizit darauf hinzuweisen, dass die Session nicht aufgezeichnet wird.

Dagegen ist es hilfreich, vor Beginn eines Meetings zu klären, von wem ein Protokoll angefertigt wird. Dass du das während deines Vortrags nicht selbst erledigen kannst, dürfte klar sein – wenn du im Team auftrittst, mache gerne den Vorschlag, dass ein Protokoll von eurer Seite aus geführt wird.

Ansprache (Du/Sie)

Der angelsächsische Sprachraum hat es so viel einfacher: Du bist beim Du und dem Vornamen, und fertig. Und niemand verwechselt das mit intimer Nähe. In vielen deutschsprachigen Firmen, auch über den kreativen Bereich weit hinaus, ist inzwischen ein kollegiales »Du« ebenfalls der übliche Umgangston. Das heißt aber nicht unbedingt, dass das auch für dich als Gast gilt. Wenn du diese Frage nicht im Vorfeld abgeklärt hast, solltest du zu Beginn der Präsentation entweder genau darauf achten, wie dein Publikum untereinander agiert und dich entsprechend anpassen, oder aber, wenn du das Gefühl hast, dass es der Situation und deinem Umfeld entspricht, das »Du« gleich bei der Begrüßung durch Nennung deines Vornamens aktiv einbringen. Neutral bleibst du, indem du dich mit Vor- und Nachnamen vorstellst. Siezen forderst du durch Vorstellung nur mit Nachnamen ein.

Eine weitere Möglichkeit, ist, in die Runde zu fragen: *»Bleiben wir beim Sie oder sollen wir uns duzen – wie ist das bei Euch oder Ihnen üblich?«* – Wer auf ein »Sie« Wert legt, wird es an dieser Stelle äußern können, ohne sich überfahren zu fühlen.

Golfplatz-Du

Eine dritte Möglichkeit, die wir gerne bei Workshops anwenden, ist das sogenannte Golfplatz-Du. Ich spiele kein Golf, habe aber gelernt, dass man sehr wohl bei einem Sie sein kann, bei einer Runde Golf und im Clubrestaurant aber selbstverständlich auf Du wechselt. So entsteht Vertrautheit (und auch Hierarchiegrenzen bröckeln etwas) während des Termins, ohne dass dies Folgen für die weitere Kommunikation haben muss.

Einbindung und Flexibilität

Versuche immer, deine Gastgeber und prospektiven Kunden so intensiv wie möglich in deine Präsentation einzubinden. Durch die Abfrage der Erwartungen, aber auch ganz konkret während deines Vortrags. Du hast vielfältige Möglichkeiten innerhalb und insbesondere zu Beginn deiner Präsentation, konkrete Rückfragen an ein Publikum zu stellen, um Einschätzungen zu bitten oder Bezüge zu Hintergrundwissen zu ziehen, das du über deine Gesprächspartner gesammelt hast. Je interaktiver deine Präsentation ist, je mehr eine pure Präsentation in eine Gesprächssituation mündet, desto eher seid ihr bereits in der gemeinsamen Arbeit und nicht erst in der Bewerbungsphase dafür. Wenn bei der Vorstellung einer Lösungsidee direkt danach eine intensive Diskussion darüber in Gang kommt, wie diese konkret zu realisieren sei, vergiss gegebenenfalls deine restlichen vorbereiteten Slides, klappe das Laptop zu und punkte in einer direkten Aussprache.

Anwesenheit aller wichtigen Entscheider:innen

Es gibt eine Situation, in der du dir für dein Intro alle Zeit der Welt nehmen kannst und nicht schnell zum Wesentlichen kommen solltest. Nämlich die, wenn nicht alle wesentlichen Entscheider:innen anwesend sind.

»Der Chef kommt gleich, fangen Sie ruhig schon mal an« ist ein Satz, bei dem du dein Timing sofort entschleunigen solltest – denn es macht überhaupt keinen Sinn, ohne den oder die zentrale Entscheider:in mit deinen heranführenden Gedanken zu starten und dann, wenn die Hauptperson erscheint, mitten in der Lösungsvorstellung zu stecken, die ohne diese Erläuterungen blass oder sogar völlig unverständlich bleibt. In der Regel wird beim verspäteten Eintreffen sowieso von dir erwartet, dass du das bisher Gesagte noch einmal zusammenfasst.

Kommt der Chef oder die Chefin später, gehe einfach ausführlicher auf deine Selbstdarstellung und Best Practice Cases ein als du es sonst tun würdest (dafür hast du Back-up-Slides dabei!) und versuche, die Wartezeit mit weniger relevanten Inhalten zu überbrücken. Du kannst z. B. den Teil deiner Präsentation mit dem Projektablauf vorziehen – denn der wird meistens ohne Beteiligung der Top-Entscheider laufen, aber wichtig für die sonstigen Anwesenden sein.

Sollte es sich herausstellen, dass entgegen der vereinbarten Teilnehmerrunde lediglich Menschen im Raum sind, die mit Sicherheit nicht über deinen Präsentationserfolg zu entscheiden haben, solltest du freundlich (und dennoch respektvoll gegenüber den Anwesenden) anbieten, den Termin abzubrechen und einen Ersatztermin auszumachen, oder die Präsentation separat für den oder die Entscheider:in nochmals, gerne auch online, zu wiederholen. Du sparst allen damit unnötig verbrachte Zeit und dir das Risiko, dass deine Präsentation intern schlecht weitergegeben wird.

III.2

Während

Kommunikationssituation

Selbst- und Publikumsreflexion

Deine Präsentation läuft – aber läuft sie auch gut?

Jetzt ist Multitasking gefragt, zumindest wenn du alleine vorträgst. Denn während du deinen Vortrag hältst, hast du Zeit, Publikumsreaktionen einzufangen und darauf zu reagieren. Genauso solltest du auf deine Wirkung achten: So wird aus einer guten Präsentation eine sehr gute Präsentation.

Präsentierst du im Team, ist es ein Stück einfacher: Ihr könnt im Vorfeld Slots vereinbaren, die primär von einem spezifischen Teammitglied vorgetragen werden – euch aber immer vorbehalten, nach der Pingpong-Methode den einen oder anderen Satz zu ergänzen. Das passiert dann, wenn ein gerade nicht vortragendes Teammitglied den Eindruck hat, dass im Saal weiterer Klärungsbedarf herrscht.

Blickkontakt und Sensibilität

Blickkontakt

Du kennst deine Präsentation aus dem Effeff, du hast sie geübt und kannst sicher sein, dass sie dir jetzt leicht von der Hand geht. Nachdem sich die Aufregung der ersten zwei oder drei Minuten gelegt hat, solltest du jetzt besondere Sensibilität dafür entwickeln, wie dein Auditorium oder auch einzelne Personen auf deine Inhalte reagieren. Dazu benötigst du Blickkontakt zu jeder und jedem Einzelnen in der Gruppe. Der ist ohnehin empfehlenswert, weil sich mit dem direkten In-die-Augen-Schauen automatisch eine Beziehung ergibt. Siehst du dagegen alleine auf deine Notizen, auf irgendeinen fernen Punkt im Raum oder online auf die Videobilder statt in die Kamera, fühlt sich niemand angesprochen. Besonders wenn du dich unsicher fühlst, erliegst du schnell der Versuchung, immer wieder in diejenigen Gesichter zu schauen, von denen positive Signale für dich ausgehen. Widerstehe diesem Impuls nach Möglichkeit und suche den Blickkontakt gerade zu Menschen, bei denen du den Eindruck hast, dass sie dir kritisch gegenüberstehen.

Achtsamkeit und Sensibilität

Wenn du während deiner Präsentation in die Gesichter schaust, kannst du gut überprüfen, wie die Aufmerksamkeitskurve deines Publikums verläuft und wie das Gesagte ankommt. Auch bei einem größeren Auditorium ist das möglich, indem du dir zwei oder drei Gesichter merkst, die du immer wieder kurz anschaust und als Ankerpunkte im Publikum nutzt, das so für dich nicht gänzlich anonyme Masse bleibt. Folgen dir alle Teilnehmer:innen aufmerksam? Gibt es Menschen, die bestätigend nicken oder solche, die stirnrunzelnd oder fragend schauen? Letztere solltest du in kleineren Runden wenn möglich direkt ansprechen und fragen, ob etwas unklar geblieben ist, um sie im weiteren Verlauf der Präsentation nicht zu verlieren. Das gleiche gilt für allgemein einsetzende Müdigkeit – in diesem Fall solltest du überlegen, ob du an der Art deiner Präsentation etwas ändern kannst. Ist das nicht möglich, biete eine Pause an: *»Wenn ich so in Ihre Gesichter schaue, habe ich das Gefühl, dass ich Ihnen gerade schwer verdauliche Kost serviere. Sollen wir eine kurze Pause machen und einmal kräftig durchlüften – einverstanden?«*

Hierarchien erkennen

Achte besonders bei zentralen Punkten deiner Präsentation, klaren Meinungsäußerungen deinerseits oder provokativen Inhalten nicht nur darauf, wie die einzelnen Zuhörer:innen reagieren, sondern auch wen sie in solchen Fällen, oft unbewusst, direkt anschauen: Das gibt dir wertvolle Hinweise darauf, wem eine besondere Kompetenz zugetraut wird bzw. bei wem sich die anderen Zuhörer:innen versichern wollen, dass sie in ihrer Wertschätzung oder Ablehnung deiner Inhalte gerade richtig liegen.

Oft sind diese unbewussten »Zielobjekte« auch die hierarchisch ranghöchsten Menschen im Raum – aber nicht immer. Es ist gut möglich, dass der mächtige Geschäftsführer fragend zu seiner Assistentin oder dem jungen Marketingmanager blickt, um deren Reaktionen abzuschätzen, wenn er sich selbst nicht sicher ist. Jedenfalls lernst du während der Präsentation, wer die entscheidenden Menschen sind, wenn es um die Bewertung geht – und möglicherweise kannst du sie besonders zu begeistern versuchen.

Überzeugungskraft und Unsicherheit

Apropos begeistern: Genau dazu bist du da. Das gelingt am besten, wenn du von dem, was du vorstellst, überzeugt bist und das dem Publikum auch vermittelst. Deine Körperhaltung, Formulierungen, Gestik und Mimik (➳ *87*) sollten eine souveräne, selbstbewusste, aber nicht arrogante Sprache sprechen. Du bist die Expertin oder der Fachmann: Es gibt keinen Grund, der

Qualität deiner Ergebnisse zu misstrauen, wenn du auf Qualität im Vorfeld Wert gelegt hast. Falls du jetzt noch an deiner eigenen Arbeit zweifelst, ist es ohnehin zu spät.

Unterbewusst wird dein eigenes Auftreten die Bewertung durch dein Publikum beeinflussen. Trittst du unruhig von einem Bein auf das nächste, wendest du dich häufig vom Publikum ab oder vermittelst du unbewusst Schutzbedürfnis oder sogar Aggression (verschränkte Arme, geballte Fäuste etc.), wird auch dein Publikum das Gefühl haben, dass irgendetwas mit deiner Präsentation nicht stimmt. Stehst du souverän und offen vor einem Auditorium, können dir auch kleine Schnitzer nichts anhaben, ***denn auch das gehört zu echter Souveränität: Fehler aushalten und zugeben zu können.***

Bei manchen inhabergeführten Unternehmen oder solchen mit einer ausgeprägt gelebten Hierarchie habe ich erlebt, dass sich selbst die engsten Mitarbeiter:innen der Top-Entscheider:innen kaum trauen, Kritik an einer Meinungsäußerung ihrer Vorgesetzten zu äußern. Als externe:r Präsentator:in kannst und solltest du dir das dennoch leisten, denn für deine Expertise wirst du bezahlt – aber finde das richtige Maß dafür und überschreite die Grenze von der Affirmation zum Überverkaufen nicht.

Begeisterung und Verbissenheit

Begeisterung, Freude, Flirt mit dem Publikum

Je überzeugender du auftrittst, je leidenschaftlicher du vorträgst, je mehr du deinem Publikum deine Begeisterung vermitteln kannst, desto mehr Freude wirst du an deinem eigenen Auftritt haben. Und dein Publikum ebenso, denn gute Laune ist ansteckend. Dieses Momentum solltest du für deinen Vortrag nutzen.

Hast du das Gefühl, dass dein Publikum mit deinen Gedanken innerlich mitgeht, dass der Funke überspringt, kannst du es auch aktiv einbinden und – sei es rhetorisch oder ernst gemeint – noch einmal positive Bestätigung einfordern. Am besten von Menschen, die ihre Zustimmung mimisch und gestisch unbewusst bereits zum Ausdruck gebracht haben: *»Sie sehen, dass das wunderbar funktioniert, nicht wahr?«* Oder *»Dass ich Sie mit dieser Aussage zum Lächeln bringen konnte, macht meinen Tag perfekt.«* Mit einem leichten Augenzwinkern vorgetragen, können solche Sätze eine positive Stimmung noch weiter vertiefen und festigen.

Schaffst du es, deine Zuhörer:innen hin und wieder zum Lachen, vor allem aber zu einem dauerhaften Lächeln zu bringen, hast du definitiv gewonnen. Achte deshalb auch auf deine eigene Wirkung: Über die eigenen Scherze am lautesten zu lachen, kommt nicht besonders überzeugend an, lächelnd und mit einem offenen Gesichtsausdruck zu präsentieren ist dagegen genauso ansteckend wie gute Laune.

Verbissenheit

Das Gegenteil ist übrigens auch der Fall: Die meisten Menschen haben ein gutes Sensorium dafür, wenn jemand nur vortäuscht, von etwas begeistert zu sein. Versuchst du krampfhaft und verbissen von etwas zu überzeugen, das einfach nicht überzeugend ist, wird es schnell peinlich. Es tut dir selbst und deinem Publikum viel besser, wenn du bei Zweifeln an deinen eigenen Aussagen diese zumindest relativiert äußerst: *»Ich möchte Ihnen einen Gedanken mitgeben, der sicherlich diskussionswürdig ist – ich habe selbst noch keine gefestigte Meinung dazu. Trotzdem wollte ich ihn nicht verschweigen: ...«*. Wenn du allerdings an deinem gesamten Präsentationsinhalt zweifelst, hättest du den Termin besser abgesagt.

Berührendes / Emotionales

Hast du die Möglichkeit, das Thema deines Vortrages nicht nur sachlich überzeugend zu vermitteln, sondern auch emotional, solltest du das unbedingt tun: ***Wirklich wichtige Entscheidungen treffen wir mit dem Herzen, nicht mit dem Hirn,*** und auch ein betont sachorientiertes Gremium in einer Wettbewerbssituation besteht aus Menschen, die Gefühle entwickeln können.

Vielleicht gibt es hinter deinem Lösungsansatz ein persönliches Erlebnis, das dich nicht nur auf logischer Ebene, sondern auch auf Gefühlsebene überzeugt hat: Nutze das als Einstieg oder binde es an passender Stelle ein – du wirkst dadurch menschlicher und nicht etwa unprofessionell.

Übertreibung und Ehrlichkeit

Ein bisschen Übertreibung darf sein – schließlich willst du etwas verkaufen, und ein wenig Würze gehört zu einem guten Gericht dazu. H.K. McCann hat Werbung einmal wunderbar in drei kurzen Worten zusammengefasst: *Truth well told.*

Das darf auch für nicht-werbliche Präsentationen gelten: Klappern gehört zum Geschäft – solange die Basis dafür gegeben ist. ***Versprechе nichts,***

was du nicht halten kannst. Äußere nichts, schon gar nicht öffentlich, das du nicht belegen kannst. Aber abgesehen von diesen beiden Grundsätzen ist ein wenig dramaturgische Schminke für den einen oder anderen Sachverhalt nicht schädlich und kann mit einem Lächeln vorgetragen durchaus amüsant sein – vor allem, wenn alle Beteiligten wissen, dass du gerade etwas dick aufträgst, aber auch merken, dass du dich dabei selbst nicht so ernst nimmst.

Sollte wirklich etwas schief gehen, versuche dagegen nicht, dich wortgewaltig herauszureden: Dass die Konkurrenz eine ähnliche Idee wie die von dir gerade präsentierte schon vor zwei Jahren auf den Markt gebracht hat, ist nicht, wie du es vielleicht spitzfindig zurechtbiegen könntest, ein gutes Argument dafür, dass die Idee offensichtlich Marktpotenzial hat, sondern ein dicker Recherchefehler. Irren ist menschlich: Denke daran, wenn du auf etwas hingewiesen wirst, was in deinem Vortrag nicht stimmig ist. Nobody is perfect – es ist viel besser, einen Fehler offen zuzugeben und darum zu bitten, an dieser Stelle nacharbeiten zu dürfen, als ihn schönzureden.

Kooperation und Interaktion

Je mehr und je besser du dein Publikum in deinen Vortrag einbindest, mit ihm zusammenarbeitest und auf Interaktion setzt, desto intensiver wird sein Vortragserlebnis. Achte deshalb auch während eines laufenden Vortrages darauf, an geeigneten Stellen dein Publikum bewusst zu involvieren.

Workshopatmosphäre schaffen

Eine zwei und mehr Stunden dauernde Präsentation sollte zumindest in Ansätzen Workshopcharakter haben – sonst schläft dir dein Publikum ein, so spannend dein Sujet auch sein mag. Dabei sind Interaktionsmodule zwingender Bestandteil. Nach einem fachlichen Intro kannst du beispielsweise in einem zehnminütigen Slot deine Zuhörer bitten, eigene Erfahrungen zum Thema zu sammeln und zu kommunizieren, sei es über Kärtchen, sei es auf der Tonspur. Oder du bittest dein Auditorium darum, die Auswirkungen von Teilergebnissen mit ihrer Kompetenz zu beurteilen. Du solltest dich allerdings bemühen, in der Folge die Ergebnisse auch aktiv in deinen Vortrag einzubinden, an passender Stelle auf einzelne Beiträge zu verweisen und so eine direkte Beziehung mit deinem Publikum aufzubauen. Einen Workshop zu moderieren, zumal wenn du selbst wesentliche Inhalte dazu beiträgst, ist deshalb nichts für Anfänger:innen. Auch hier gilt: Wenn du im Team arbeitest, gelingt dir das Zusammenspiel mit dem Publikum besser.

Wertschätzung, Sympathie, Offenheit

Wertschätzung und Know-How

Alle Äußerungen in einer Präsentationssituation oder der Diskussion danach sollten von gegenseitiger Wertschätzung und Respekt geprägt sein. Wird dir dies nicht entgegengebracht, präsentierst du vermutlich am falschen Ort und vor den falschen Menschen. Bringst du sie deinem Publikum nicht entgegen, ebenfalls.

Genauso wie du erwarten darfst, dass deine Expertise vom Publikum nicht grundsätzlich infrage gestellt wird, solltest du das Wissen deines Publikums nicht unterschätzen. Gerade durch Fragestellungen ins Auditorium zu Beginn deines Vortrages kannst du die gemeinsame Basis besser einschätzen – und kannst darauf reagieren, indem du einzelne vorbereitete Slides mit Basisinformationen überspringst bzw. sehr schnell abhandelst oder andersherum vor komplexeren Präsentationsbestandteilen eine ausführlichere Erläuterung vorschaltest.

Sympathie und Offenheit

Wir haben in aller Regel ein gutes Sensorium dafür, ob uns jemand in seinem grundsätzlichen Verhalten sympathisch ist oder nicht. Das gilt auch für eine Vortragssituation. Ich habe Präsentationen erlebt, bei denen ich schon beim Betreten des Raumes wusste, dass das kein guter Tag für mich werden würde. Und zum Glück auch das Gegenteil davon. Vieles kannst du durch gute Vorbereitung abfedern – indem du Faktoren minimierst, die dich von deinem Publikum von vorneherein abgrenzen könnten, vom Sprachduktus bis zur Wahl der Kleidung.

Ich habe dennoch im Laufe der Jahre eine Handvoll Präsentationen abgebrochen, weil ich das deutliche Gefühl hatte, dass mir gegenüber eine Atmosphäre der absoluten Gleichgültigkeit oder Langeweile herrschte, dass das Publikum übermüdet oder desinteressiert war oder wir von Anfang an mit unangemessener Arroganz behandelt wurden. Ein solcher Abbruch ist nicht einfach, spart aber ggf. allen Seiten wertvolle Zeit und muss gar nicht in beleidigtem Tonfall passieren, sondern kann eine offene, sachliche Feststellung sein, für die jeder insgeheim dankbar ist *(»Lassen Sie uns ehrlich sein: Ich glaube, wir kommen bei diesem Thema einfach nicht zusammen, wenn ich Ihre Reaktionen richtig interpretiere«).*

Vertrauen

Umso wichtiger ist es, bereits im Vorfeld alles dafür zu tun, in einer positiven und vertrauensvollen Atmosphäre agieren zu können. Auch während deines Vortrages kannst du dazu beitragen: Je mehr du dich auch persönlich öffnest, desto mehr zeigst du, dass du bereit bist, Vertrauen entgegenzubringen. Das darfst du dann auch von deinen Gegenübern erwarten.

(Rede)Geschwindigkeit, Zeitnot, Milestones

(Rede)Geschwindigkeit überprüfen

Ich rede meistens deutlich zu schnell – erst recht dann, wenn ich in Zeitnot gerate. Das ist keine besonders schlaue Lösung des Problems. Das Publikum merkt, dass ich hektisch agiere und wird ebenfalls unruhig. Das senkt das Aufmerksamkeitslevel im Raum, und da ich schneller rede, kommt noch weniger von dem, was ich eigentlich sagen wollte, tatsächlich an.

Zeitmanagement: Milestones setzen!

Verschärft werden Zeitprobleme dann, wenn du erst im letzten Viertel oder Fünftel deines Vortrages merkst, dass es eng werden wird – schließlich möchtest du besonders zum Ende hin überzeugend wirken, und genau dort fehlt jetzt die Zeit. Oder noch schlimmer: Du merkst überhaupt nicht, dass du zu viel Zeit verbraucht hast, und wirst extern gestoppt. Es gibt Gremien, die peinlich genau auf exakte Zeiteinhaltung achten, um allen Teilnehmer:innen gleiche Chancen zu bieten und im Falle etwaiger Beschwerden unangreifbar zu sein. Es kann dir passieren, dass dir das Wort schlicht abgeschnitten wird – mitunter ohne Vorwarnung. Gleiches gilt für Prüfungen, etwa eine Thesispräsentation an einer Hochschule. Dort ist spätestens eine Minute nach offiziellem Zeitfenster Schluss.

Du fährst viel besser, wenn du deinen Vortrag im Vorfeld mindestens einmal laut durchsprichst, dabei die Zeit stoppst und insbesondere Zwischenzeiten für die einzelnen Milestones oder Kapitel deiner Präsentation notierst (das hilft übrigens auch bei der Überprüfung der Frage, ob du dramaturgisch mit den einzelnen Themenblöcken richtig liegst). Du solltest dabei ***von einem Probevortrag hin zur realen Veranstaltung mit etwa 10-15 % mehr Zeit vor Ort rechnen,*** da du individuelle Inhalte noch ergänzen oder an der einen oder anderen Stelle auf das Publikum eingehen wirst. Merkst du bei diesem Probedurchlauf, dass die Zeit nicht reicht, streiche einzelne Folien und kürze deine Redezeit vorab.

Während deiner Präsentation kannst du dann entweder über die Zeitangabe in deiner Präsentationssoftware oder über dein Smartphone (lautlos gestellt, Energiesparmodus ausgeschaltet) überprüfen, ob du bei einzelnen Kapiteln in Verzug geraten bist und dein Tempo frühzeitig etwas anpassen, bevor es zum Schluss wirklich hektisch wird.

Zur Not: Um Verlängerung bitten oder neu ordnen

Falls alles nicht hilft, solltest du zum frühestmöglichen Zeitpunkt deine Zuhörerinnen darauf hinweisen und um Erlaubnis bitten, etwas zu überziehen *(»Hat jemand von Ihnen ein hartes Ende – ich denke, ich würde etwa fünf Minuten länger brauchen, ist das ok?«)*. Ist das nicht ok, solltest du eine kurze technische Pause einlegen und deine Slides daraufhin überprüfen, was du weglassen kannst *(»alles klar – dann bitte ich Sie kurz um Geduld, damit ich meine Folien etwas konzentrieren kann«)*. Verlasse dich nicht darauf, dass du das ganz automatisch während des Vortrages erledigen kannst – du bist ja bereits in Hektik. Die 30 Sekunden, die du jetzt benötigst, um richtig wichtige von weniger wichtigen Slides zu trennen, sind gut investierte Zeit, die der Qualität der letzten Minuten zu Gute kommt.

Zu schnell gesprochen?

Natürlich kann es dir beim Abgleich einer Zwischenzeit auch passieren, dass du schneller fertig wurdest als gedacht. In diesem Fall hast du entweder etwas Wichtiges vergessen, oder du hast zu schnell gesprochen.

Ein guter Maßstab ist dein eigener Atem: Je ruhiger und je gleichmäßiger dein Atemrhythmus funktioniert, desto besser wirkt dein Vortrag. ***Kommst du während des Redens in Atemnot, redest du definitiv zu schnell und machst zu wenig Pausen.*** Manchmal hilft es, dir für solche Fälle in deinem Manuskript bzw. deinen Moderatorenkärtchen dick und rot die Worte *»Pause«*, *»Luftholen«* oder *»Atmen«* zu notieren – ganz nach Gusto. Auch ein Wasserglas, aus dem du alle paar Minuten einen Schluck nimmst, bewirkt eine kurze Pause (und tut dir beim Reden ohnehin gut).

Langsamer als sonst sprechen

Denke immer daran, dass du etwas längere Pausen zwischen deinen Inhaltsblöcken oder längeren Sätzen lassen solltest, weil die Vortragsinhalte für dein Publikum komplett neu sind. Zudem muss es sowohl dir als auch deinen Slides folgen und braucht für die Verarbeitung des Gehörten und Gesehenen Zeit. Sprichst du in einer Sprache, die für einige oder alle Anwesenden eine Fremdsprache ist, solltest du die Pausen nochmals deutlich verlängern und insgesamt langsamer sprechen – nicht jeder wird möglicherweise so gut sprechen können wie du und muss das Gehörte dann zunächst für sich übersetzen.

Unterbrechungen, Störungen

Niemand wird gerne unterbrochen. Hast du am Anfang deines Vortrages dazu aufgefordert, Rückfragen sofort zu stellen, darfst du dich nicht wundern, wenn dies auch passiert. Wenn du jedoch vereinbart hast, deine Präsentation en bloc zu halten und Fragen auf die Diskussionsrunde danach zu verschieben, muss es schon einen gewichtigen Grund geben, dich zu unterbrechen – oder es passiert aus eitler Selbstdarstellung oder gar Bösartigkeit.

Unterstützende Fragen

Wenn sich jemand zu Wort meldet, weil etwas unverständlich war, und um Klärung bittet, ist das eher Hilfestellung als Bösartigkeit – und du solltest das nutzen, um dich zu fragen, wo du vielleicht auch sonst bisher unklar geblieben bist oder das Wissensniveau deines Publikums falsch eingeschätzt haben könntest. Oft ist es so, dass der oder die Fragende dir wohl gesonnen sind und dich mit einer Nachfrage unterstützen möchten, weil sie den Eindruck haben, dass du spezifische Vorteile noch nicht ausreichend herausgearbeitet oder die genannten nicht ausreichend gewürdigt hast.

Neutrale Kritik

Wenn jemand eine ernsthafte Kritik anbringt, dich auf Widersprüche hinweist oder ein Versäumnis anmahnt, muss das ebenfalls nicht negativ gemeint sein, sondern ist in der Regel eine sachliche Meinungsäußerung, auf die du ebenso sachlich reagieren solltest.

Die feine Linie zwischen sachlicher und persönlicher Kritik solltest du in einer Vortragssituation eher zu Gunsten der sachlichen Kritik auslegen – du bist in einer emotional angespannten Situation und nimmst möglicherweise Einwände persönlich, die es gar nicht sind oder sein sollen. Wie bereits gesagt: Ehrlichkeit siegt. Hast du etwas falsch oder gar nicht recherchiert, einen Widerspruch nicht aufklären können oder Dinge fehlinterpretiert: Sei offen für eine entsprechende Kritik und ***gib Fehler zu. Das eröffnet dir die Möglichkeit, nachzuarbeiten, ist Ausdruck der Wertschätzung gegenüber deinem oder deiner Kritiker:in und hält dich im Geschäft.*** Eine faule Ausrede dagegen kostet dich Vertrauenspunkte.

Destruktive Unterbrechungen

Dann gibt es da noch die Gegenspieler: Menschen, die aus irgendeinem Grund nicht möchten, dass du erfolgreich bist. Vielleicht, weil du mit deinem Beitrag bewusst oder unbewusst ihre eigene Karriere gefährdest, vielleicht, weil sie eifersüchtig sind, vielleicht, weil sie dich einfach nicht mögen.

Bei destruktiven oder unsachlichen Unterbrechungen deines Vortrages, offensichtlich in die Irre führenden Fragestellungen oder Unterstellungen sollte es dir im Idealfall gelingen, die Frage als solche zu enttarnen und damit den oder die Fragestellerin selbst in eine peinliche Situation zu bringen. Bist du firm in deinem Thema, wird das möglich sein. Aber auch falls nicht: Wenn du nicht gerade völlig aus dem Konzept kommst, fällt eine negativ konnotierte Fragestellung in der Wahrnehmung des Publikums oft auf ihre:n Urheber:in zurück und schadet dir weniger, als du denkst. In jedem Fall solltest du die Contenance wahren und nicht sofort mit gleichen Waffen zurückschlagen: ***Unsachlichkeit wirkt unsouverän.***

Wenn du in eine rhetorische oder inhaltliche Falle getappt sein solltest, kannst du zumindest Sympathiepunkte mit einer anerkennenden Antwort sammeln: *»Da haben Sie mich jetzt wirklich gut aufs Glatteis geführt – Punkt für Sie!«*. Und versuchen, die Scharte in der Folge deines Vortrages auszuwetzen.

Im Übrigen hilft dir eine gute Recherche über die anwesenden Personen, Konfliktpotenziale im Vorfeld zu erkennen und gut vorbereitet zu sein.

Selbstdarstellung

Besonders ärgerliche Störungen sind solche, die dazu dienen, den oder die Frager:in selbst in Szene zu setzen. Selbstverliebte Fragesteller:innen gibt es in beliebiger Kombination – und sie kosten dich viel Zeit. Außerdem ermüdet der Rest des Publikums, der eigentlich dich anhören wollte. Hast du das Gefühl, dass eine Frage ausufert, abschweift oder andere Ziele verfolgt, als deinen Vortrag zu unterstützen, ist Fingerspitzengefühl, aber auch Durchsetzungskraft gefragt. Online lässt sich derlei verhindern, indem du für Fragestellungen auf die Chatfunktion verweist. Vor Ort solltest du eine oder zwei Minuten abwarten, dann aber eine Atempause des Spontan-Referenten nutzen, um wieder die Wortführerschaft zu gewinnen, dich für die Fragestellung bedanken und kurz und knackig antworten.

Wenn das nicht hilft oder ohne Punkt und Komma geredet wird, solltest du hart unterbrechen *»Entschuldigen Sie – mit Verweis auf die Zeit, die wir gemeinsam haben, schlage ich vor, dass wir Ihre sicher spannende Frage im Nachgang noch genauer erörtern. Darf ich fortfahren?«*. Das macht dich in den Augen des Fragers nicht sympathischer, alle anderen werden es dir aber danken.

Technische Störungen

Auch das gibt es: Die Beamerlampe, die durchbrennt. Das Mikrofon, das nicht funktioniert. Das Laptop, das einfach nicht mehr neu starten möchte. Da hilft, wenn du keinen adäquaten Ersatz dabei hast, nur eines: Improvisation. ***Es ist müßig, über die Technik zu schimpfen oder ewig auf Reparaturversuche zu warten. Mache einfach mit einer Prise Spontaneität das Beste daraus*** – sowohl Mitleid als auch Wertschätzung des Publikums werden dir sicher sein.

Zu den zahllosen Möglichkeiten für Online-Pannen findest du Hinweise im entsprechenden Kapitel (➻ *147, S. 232*) – aber auch hier gilt: Läuft unvermittelt dein Kleinkind in eine wichtige Präsentation, werden das die meisten Teilnehmer:innen eher als sympathisch empfinden. Schießt du dich dagegen durch Unkenntnis deines Präsentationsprogramms oder eine unzuverlässige Verbindung aus dem Meeting, liegt das an deiner schlechten Vorbereitung und trifft auf weniger Verständnis.

Sollbruchstellen

Wenn du es dir zutraust, baue Sollbruchstellen in deine Präsentation ein – also ganz offensichtliche Fehler, die dein Publikum erkennen sollte. Das kann erheitern, dem einen oder anderen aber auch das Gefühl geben, einen wichtigen Beitrag geleistet zu haben. Was kann es Schöneres geben, als wenn dein Kunde glaubt, er hätte die Präsentation zum Erfolg geführt und nicht du? Wenn dein:e Ansprechpartner:in abends nach Hause kommt und sagt: *»Schatz, wenn ich heute nicht gewesen wäre, wäre die Präsentation ganz schön in die Hose gegangen. Zum Glück habe ich gerade noch rechtzeitig eingegriffen – die waren wirklich dabei, sich um Kopf und Kragen zu reden«,* dann hast du jemandem intern zu einem großen Moment verholfen – und möglicherweise mehr gewonnen als mit einem astreinen Vortrag.

Spontaneität

Interaktionselemente, Zwischenfragen, aktuelle Tagesereignisse: Es gibt vieles, was du in einen gut vorbereiteten Vortrag spontan noch einweben kannst. Nicht umsonst solltest du mehr Zeit einplanen, als ein Testdurchlauf ergeben hat. Bist du mit deiner Präsentation Teil einer Vortragsreihe, gehe auf deine Vorredner:innen ein. Kannst du Bezüge zur aktuellen Nachrichtenlage herstellen, wirkt dein Thema nochmals relevanter. Und redest du tatsächlich spontan, zumindest in Teilen, wird das von vielen wertgeschätzt werden.

Dazwischen

Getränke und Snacks

Konferenzräume bieten Verlockungen: Neben Heiß- und Kaltgetränken triggern die berühmten Kundenkekse, süße Riegel, Gebäck, belegte Brötchen oder sogar Fingerfood.

Lass die Finger vom Essen! Nimm dir zu trinken, was du brauchst – aber lass die Hände von den Snacks. Nicht nur, dass dein Kreislauf sich sofort mehr auf die Verarbeitung der Kohlenhydrate konzentriert als auf die Versorgung deines Gehirns – du wirst auch die einzige Gräte in allen Lachsbrötchen erwischen, dir die Remoulade aufs Hemd tropfen, und Teile des Salatblattes vom Käse-Sandwich werden den Weg zwischen deine Vorderzähne finden und dein Lächeln verschönern. Das gilt auch für kleinere Pausen – lieber ein Wasser und einen Espresso als ein süßes Stückchen. Bei Online-Präsentationen macht es ebenfalls nur begrenzt Spaß, anderen Menschen beim Vespern zuzusehen, auch wenn die Präsentation ausgerechnet zur Mittagszeit angesetzt ist. Da musst du durch.

Wenn du vor Ort unbedingt etwas essen willst, bediene dich nur dann, wenn es dir auch explizit angeboten wird. Oft genug ist die Verpflegung eher für das beurteilende Gremium deiner Präsentation gedacht und weniger für dich, und die halben Butterbrezeln sind peinlich genau abgezählt.

Iss auf keinen Fall etwas während einer Diskussion: Mit vollem Mund wirkt das beste Argument wie ausgespuckt. Solltest du dagegen als Vortragende:r kein Glas Wasser angeboten bekommen, darfst du danach fragen.

Müdigkeit

Nicht nur Snacks zur falschen Zeit machen müde – auch die intensive Vorarbeit, die letzte Nacht mit unruhigem Schlaf, die lange Anreise und das Aufstehen um 3:00 Uhr morgens, weil der Kunde partout um 8:00 Uhr deine Präsentation ansehen wollte.

Gegen den letzten Punkt hilft eine Anreise am Vortag. Bei allem anderen am besten starker Kaffee, dunkle Schokolade – und eine kurze Pause. Bevor dir beim Vortrag selbst die Augen zufallen, kannst du im Sinne aller eine kurze Lüftungspause vorschlagen und dich heimlich direkt ans Fenster mogeln, und besonders tief durchatmen.

Zoom fatigue

Die Corona-Pandemie hat uns nicht nur Lungenkrankheiten beschert, sondern auch ganz andere Krankheitsbilder. Eines davon, ganz offiziell anerkannt, ist die so genannte *Zoom Fatigue.* Das soll der Firma Zoom und ihrem Conferencing Tool keinen Zacken aus der Krone brechen: Zoom klingt nur einfach besser als Video Conferencing und *Zoom Fatigue* steht hier als Synonym für Müdigkeit, die durch lange oder zu viele Videokonferenzen hervorgerufen wird. Im Prinzip handelt es sich um einen Erschöpfungszustand, der die Konzentrationsfähigkeit beeinträchtigt. Das liegt im Wesen von Online-Konferenzen, die dich mehr noch als Vor-Ort-Termine im Multitasking an vielen unterschiedlichen Fronten fordern: Du bist nicht nur Vortragende:r, sondern hast gleichzeitig mit technischen Herausforderungen zu kämpfen. Durch die Rückspiegelung deines eigenen Bildes übst du dich in permanenter Selbstkontrolle. Bild- und Tonstörungen zwingen dich zu erhöhter Aufmerksamkeit, und das permanente Starren auf die immer gleiche Entfernung ermüdet deine Augen. Dazu kommt, wenn du keine Brille trägst, der ständige Beschuss deiner Augen mit elektrostatisch aufgeladenen winzigen Staubteilchen, die vom Monitor abprallen. Schließlich musst du gleichzeitig mehrere Kommunikationskanäle im Blick behalten: Handzeichen via Emoticons, Handzeichen in der Videoübertragung, Nachfragen im Chat. Wenn du dazu noch hybrid präsentierst, gilt das Gleiche auch noch im Saal. All das macht, zumal wenn du zahlreiche Konferenzen hintereinander und keine wirklichen Pausen hast, müde, und kann zu dauerhafter Erschöpfung oder sogar zum Burn-out führen. Also: Achte auf dich selbst und dein Zeitmanagement. Auf der nächsten Seite folgt eine kleine Checkliste, was du dagegen tun kannst:

Maßnahmen gegen Zoom fatigue

- → Begrenze Sessions, die normalerweise auf eine Stunde angesetzt sind, auf 50 Minuten – und nutze die Pause für aktive Entspannung – weg vom Bildschirm. Auch im Büro würdest du jetzt mit Kollegen reden, zur Kaffeemaschine laufen oder frische Luft schnappen, um fit ins nächste Meeting zu gehen. Genauso solltest du bei längeren Online-Sessions regelmäßige Pausen einplanen und dabei die Videokamera und Ton ausschalten.
- → Checke nicht nebenher deine Mails, nur weil es so gut funktioniert. In einem physische Meeting würdest du das auch nicht tun.
- → Begrenze die Videokonferenzen pro Tag auf ein vernünftiges Maß, und bemühe dich aktiv um Zeiten mit Bewegung und ohne Monitor.
- → Nutze das gute alte Telefon: Es fordert dich nicht zeitgleich auf auditiver, visueller und technischer Ebene – und wirkt, obwohl ohne Bild, manchmal sogar privater als ein Videocall.

Lüften und Pausen

Neben Zoom fatigue hat uns Corona auch echte Verbesserungen beschert: Zum Beispiel die Angewohnheit, einen stickigen Raum auch im Winter kräftig zu lüften. Insbesondere als Vortragende:r solltest du darauf achten, dass deine Konzentrationsfähigkeit (und die deines Publikums) durch ausreichend Sauerstoffzufuhr erhalten bleibt. Wenn du nicht gerade an einer sechsspurigen Durchgangsstraße präsentierst, schadet es nicht, ein Fenster offen zu lassen – am besten direkt neben dir und nicht an der anderen Seite des Raumes. Deine Zuhörer:innen werden in der Regel sitzen und sich nicht bewegen, du dagegen kannst dem einen oder anderen Kälteschock durch Bewegung begegnen, was deiner Präsentation ohnehin zuträglich ist.

Ob online oder physisch: Sorge regelmäßig für Pausen! Nicht nur zum Lüften, sondern auch zur mentalen Entschlackung. Vor allem gibst du dir und deinen Kunden so die Möglichkeit zu einem zwanglosen Austausch außerhalb des formellen Rahmens im Präsentationsraum. Sei es, um einfach Small Talk zu betreiben, sei es aber auch, um Hintergründe oder direkte Feedbacks zu erhalten, die du beim zweiten Teil deines Vortrages integrieren kannst. Gerade in den Pausen wirst du anhand von Menschen, die auf dich zugehen oder sich abwenden, schnell erkennen, wen du bislang schon positiv erreichen konntest und wo noch ein wenig Nacharbeit notwendig ist.

III.3

Danach

Das Präsentationsende

Abschlussfolie

Deine Präsentation endet mit einem Slide, das deine wesentlichen Assets noch einmal plakativ und übersichtlich zusammenfasst. Das hilft bei der nachfolgenden Feedbackrunde oder Diskussion. Eine gute Möglichkeit ist es auch, diese Inhalte auf einer oder mehreren Präsentationspappen ausgedruckt mitzubringen. Nach 60 oder mehr Minuten haben viele Menschen genug davon, ständig auf den Monitor zu starren. Pappen können anders als ein Bildschirm auch herumgereicht werden und dienen bei der Präsentation von Entwürfen einer noch genaueren Betrachtung deiner Arbeit, sofern du einen hochauflösenden Drucker benutzt.

Dank

Selbstverständlich gehört es sich, dass du dich für die Aufmerksamkeit des Publikums bedankst. Sicher wirst du auch selbst ein Dankeschön, wohlwollendes Tischklopfen oder freundlichen Beifall erhalten, aber bleibe bescheiden und wertschätze die Konzentration und die Zeit deines Publikums. Außerdem solltest du die Möglichkeit eines freundlichen Abschlusses auch gleich dafür nutzen, in eine Feedbackrunde *(siehe Folgeseite)* überzuleiten.

(Keine) Handouts

Handouts sind mittlerweile unüblich und durch Download-Links ersetzt worden. Hin und wieder bietet es sich dennoch an, Präsentationsbooklets zu erstellen und auszuteilen, oder es wird sogar explizit gewünscht. Wenn das der Fall ist, achte auf die Verständlichkeit deiner Handouts und teile eher eine Lese- als den Ausdruck einer Live-Präsentation aus. Oder du fertigst ein Management Summary an, das deine wichtigsten Inhalte auf wenigen Seiten zusammenfasst. Das schont Ressourcen und erfüllt meistens den Zweck eines dicken Booklets, manchmal sogar besser, weil konzentrierter.

Niemals solltest du ein Handout bereits während einer laufenden Präsentation verteilen. Das Ergebnis lässt sich im wahrsten Sinne des Wortes ablesen: Ein Großteil des Publikums wird deinem Vortrag nicht mehr folgen, sondern im Booklet blättern. Dann kannst du deine Präsentation auch gleich ganz bleiben lassen und einfach einen Link zu deiner Datei schicken. Das wolltest du aber nicht? Eben!

Feedback

Abschließende Worte

Das wars: Geschafft – deine Präsentation ist vorbei. Das, was du erarbeitet und eingeübt hast, hast du mit mehr oder weniger Pannen hinter dich gebracht, jetzt kann nichts mehr passieren. Oder doch? ***Neben der Qualität deiner Präsentation entscheidet nicht zuletzt auch deine Performance in einer Feedback-Runde, ob du als strahlende:r Sieger:in oder geknickte:r Verlierer:in den Platz verlässt.***

Zunächst solltest du deinen Gastgebern das letzte Wort überlassen: Wie zu Beginn ist es Usus, dass nicht du die Eckpunkte des Meetings definierst, sondern diejenigen, die eingeladen haben. Gib ihnen die Chance, ihrerseits Wertschätzung für deinen Auftritt auszudrücken und vielleicht sogar eine erste Einschätzung abzugeben. Nur wenn die nicht kommt, solltest du noch einmal nachhaken, denn eigentlich hast du ja genug geredet.

Feedback und Bauchgefühl abfragen

Feedback erbitten

Bei Wettbewerbspräsentationen werden deine Gastgeber zum Ende in der Regel ein paar freundliche Worte finden, dich darauf hinweisen, dass sie noch einige Vorträge anhören werden und sich dann mit ihrer Entscheidung bei dir zurückmelden.

An dieser Stelle wäre das Meeting eigentlich zu Ende, wüsstest du nicht, wie wertvoll und wie wichtig eine konkrete Feedback-Runde für den Erfolg oder Misserfolg deines Auftritts sein kann. ***Gibt es direkt nach deinem Vortrag explizites Lob aus berufenem Munde, wirkt sich das auch auf die Meinung derer aus, die noch unentschlossen sind.*** Daneben hast du die Möglichkeit, Unverstandenes zurechtzurücken und Missverständnisse zu korrigieren, die ansonsten in deiner Abwesenheit diskutiert würden. ***Deshalb solltest du unbedingt um Feedback bitten, auch wenn dies von deinen Gastgebern zunächst abgelehnt wird.*** Die übliche Begründung dafür wird sein, dass sie erst nach der Gesamtheit aller Vorträge zu einer Entscheidung kommen können und deswegen leider jetzt kein direktes Feedback abgeben möchten.

An dieser Stelle kommt deine Überzeugungskraft ins Spiel: Selbstredend hast du allergrößtes Verständnis dafür, dass es an diesem Punkt des Verfahrens noch keine offizielle Rückmeldung geben kann, aber möglicherweise ein erstes Bauchgefühl, das dich sehr interessiert – und nicht nur dich, sondern auch dein Team im Hintergrund, das in den letzten Wochen intensiv an dieser Präsentation gefeilt hat und nun zu Hause gebannt auf ein Feedback wartet. Gerne würdest du deshalb dort berichten, wie der Termin gelaufen ist. Auch du bist der Meinung, dass man die Inhalte zunächst einmal sacken lassen sollte, aber letztlich ist es ja auch so, dass die Kunden deiner Kunden in den wenigen Sekunden, in denen sie die vorgestellten Botschaften wahrnehmen, nicht viel mehr als ein Bauchgefühl entwickeln können – weshalb dieser Faktor nicht zu unterschätzen ist. Darüber hinaus gibt es sicher auch an der einen oder anderen Stelle noch Fragen, die jetzt viel einfacher zu klären sind als im Nachgang. Insofern hoffst du darauf, die Chance für ein spontanes, ganz unverbindliches Feedback zu erhalten und bedankst dich dafür ganz herzlich im Voraus …

So freundlich gebeten, dürfte es auch den härtesten Verfechtern einer No-Feedback-Policy schwer fallen, dir nicht wenigstens in aller Kürze noch etwas mit auf den Weg zu geben. Jetzt zahlt sich auch aus, dass du während deines Vortrages dein Publikum immer wieder beobachtet hast: Menschen, die dir aktiv und positiv zugehört haben, sind tendenziell eher bereit, dir im Nachgang ihre Eindrücke zu spiegeln – und genau diese Menschen solltest du jetzt entweder direkt um ein Feedback bitten oder bei einer generellen Bitte zufällig ansehen. Denn die erste Meinung, die geäußert wird, prägt die gesamte Diskussion.

Kritik und Kritikfähigkeit

Wenn du dich bei deiner Bitte schlau angestellt hast, wird die erste Rückmeldung vermutlich eine positive sein. Aber auch eine negative Stimmung sollte dich nicht davon abhalten, um Feedback zu bitten – im Gegenteil. Du solltest eine kritische Äußerung wertschätzen und dich für den Hinweis oder die Nachfrage bedanken. Denn so kommst du dem wirklichen Sinn einer Feedback-Runde neben dem psychologischen Aspekt, positive Meinungen zu verstärken, näher: ***Kritische oder unverständliche Punkte geben dir die Möglichkeit, sie direkt noch einmal aufzugreifen, anders zu beleuchten und besser zu erklären.*** Bei einer nachfolgenden Diskussion ohne dich bleiben sie unwidersprochene Kritikpunkte – so dagegen kannst du sie ggf. drehen und dabei nochmals deine Kompetenz unter Beweis stellen.

Daneben zeigst du eine weitere Eigenschaft, die deinen potenziellen Auftraggebern für eine mögliche Zusammenarbeit wichtig sein wird: Bist du offen für Anregungen, bist du kritikfähig? Oder beharrst du darauf, dass allein du die richtigen Ideen hast und verschließt dich oder bist sogar persönlich beleidigt, falls der eine oder die andere bei deinen Vorschlägen nicht mitgehen?

Fehlerkorrektur, Nacharbeit

Auch dein Angebot, Missverständliches oder Falsches nachzuarbeiten, spricht für dich als mögliche zukünftige Partnerin oder Partner. ***Wenn das Thema Nacharbeit oder Nachreichung akzeptiert wird, hat dies höchste Priorität*** – denn hier sehen deine Ansprechpartner erstmals, wie du tatsächlich arbeitest beziehungsweise wie schnell du in der Lage bist, Kritik zu verarbeiten.

Diskussion und Moderation

Kommt es, ob auf Einladung deiner Gastgeber oder auf deine Bitte hin, zu einer Diskussion, an der sich mehrere Feedbackgeber:innen beteiligen, solltest du, sofern es nicht der oder die Project-Owner:in unter den Gastgebern tut, aus der reinen Zuhörerrolle in eine Moderationsrolle schlüpfen. Mache dir kurze Notizen über Wortmeldungen oder eröffne online eine Warteschlange und bitte dein Publikum aktiv, sich zu äußern. Das gibt dir die Möglichkeit, immer wieder über kurze Einwürfe Missverständnisse auszuräumen oder Kritikpunkte zu klären.

Auch wenn es dir schwer fällt: Du hast gerade lange gesprochen. Gib deinem Publikum jetzt die Möglichkeit, in Ruhe ihre Fragen zu formulieren, hetze nicht, und drücke deine Wertschätzung aus *(»vielen Dank für die sehr gute Frage«)*. Sorge dafür, dass dein Publikum ausreden kann, achte auf die Reihenfolge der Fragestellungen und vor allem auf deren komplette Abarbeitung bei deiner Antwort.

Hast du das Gefühl, dass sich für dich besonders wichtige Menschen an der Diskussion nicht beteiligen, kannst du sie gegebenenfalls auch aktiv ansprechen: *»Sehen Sie das auch so, Frau XY?«* – Oder du bittest von vorneherein darum, dass der Reihe nach Feedback gegeben wird, am besten entlang der Sitzordnung und nicht hierarchisch. Erfahrene Chefinnen und Chefs werden ohnehin ihre Mitarbeiter zunächst ihre Meinung äußern lassen und nicht selber vorpreschen.

Puffer einplanen

Eine Feedbackrunde kann länger dauern als die eigentliche Präsentation – und sie kann wertvoller sein als die Präsentation an sich. In den meisten Fällen wirst du aufgrund von Terminkollisionen aber nicht davon ausgehen können, dass die Teilnehmer:innen allzu viel Zeit im Nachgang mitbringen. Auch deshalb solltest du Pufferzeiten am Ende einplanen und den Timeslot nach Möglichkeit nicht ganz ausreizen. ***Es bringt dir viel mehr, 50 statt 60 Minuten zu sprechen und dafür 10 Minuten qualifiziertes Feedback und die Möglichkeit, Missverständnisse zu klären, zu erhalten, statt ohne jede Interaktion die Stunde selbst voll zu machen*** (➳ *3 Minuten oder ein Tag: die optimale Dauer, 96*).

Next Steps / Folgetermine

Irgendwann endet auch die schönste Feedback-Runde. Jetzt liegt der Ball für abschließende Worte wieder bei deinen Gastgeber:innen. In jedem Fall solltet ihr aber noch definieren, wie es nun weitergeht: Wann kannst du mit einem konkreten, konsolidierten Feedback rechnen? Was sind konkrete Ableitungen und nächste Schritte?

Hast du mit dem einen oder anderen Zusatzimpuls bereits den Boden für eine Vertiefung in anderer Zusammensetzung bereitet? Versuche, wenn möglich, verbindliche Folgetermine zu vereinbaren – das geht in der gemeinsamen Runde schneller als im Nachgang.

Entspannung herstellen

Ein paar warme Worte zum Schluss, beim Zusammenpacken und Abbau der Technik oder beim Gang nach draußen helfen, die konzentrierte Atmosphäre und Anspannung einer Präsentation auf beiden Seiten zu lösen. Auch diese ein, zwei oder drei Minuten dienen noch einmal dem Aufbau einer persönlichen Beziehung und funktionieren dann besonders gut, wenn du über deine Ansprechpartner im Vorfeld gut recherchiert hast. *»Stimmt es eigentlich, dass Sie früher Leistungssportler waren? Ist ja spannend …«*

Vermeide es, bis zur letzten Sekunde über »dein« Thema zu sprechen – das Meeting ist zu Ende. Nutze stattdessen nochmals die Gelegenheit, dich von Mensch zu Mensch auszutauschen, zeige dich persönlich an deinem Gegenüber interessiert.

Geschenke / Compliance

Beim Zusammenpacken solltest du auch klären, was zurückbleibt. Können Modelle oder Dummys behalten werden oder hättest du sie gerne irgendwann wieder? Vielleicht hast du auch noch ein kleines Geschenk, das du zum Abschluss überreichen möchtest – einen Notizblock mit deinem Logo, um sich die Gedanken zur Präsentation zu machen, etwas jahreszeitlich Passendes oder andere kleine, nützliche Dinge. Verzichte aber gerade in einer Wettbewerbssituation unbedingt darauf, höherwertige Geschenke zu machen: Schon wenige Euro können hier als Bestechungsversuch gewertet werden.

Dann aber geht es endgültig zu Hause, und das Nickerchen in der Bahn oder das Feierabend-Bier zur Nachbetrachtung mit den Kolleg:innen hast du dir redlich verdient – es sei denn, du hast noch die Kraft, gleich ein Protokoll zu schreiben und zu versenden.

Nachbereitung

Rückmeldung und Protokoll

Die Tür zum Präsentationsraum ist zu und dein Adrenalinspiegel wieder auf Normalnull. Wie auch das Aufmerksamkeitslevel deiner Zuhörer:innen. Bekommen sie aber noch am gleichen Tag das ggf. erbetene Protokoll oder irgendeine Information, um die du während der Präsentation gebeten wurdest, wird das Eindruck machen. Vergehen dagegen mehrere Tage, ist das Thema schon weit weg und zum Teil aus den Köpfen.

Es ist eine schöne Geste, am Abend des Präsentationstages noch eine kurze Rückmeldung zu verfassen und sich noch einmal für die Zeit, den Termin und die spannende Diskussion zu bedanken.

Was du auch nicht vergessen solltest: Internes Feedback und ein Dank an alle, die deinen Auftritt unterstützt haben – ganz unabhängig davon, ob du erfolgreich warst.

Protokoll: Je schneller, desto besser.

Falls du gebeten wurdest, ein Protokoll zu erstellen, solltest du abklären, ob es um ein Verlaufs- oder Ergebnisprotokoll geht und dies dann entsprechend zu Papier bringen. Besser ist es natürlich, wenn bereits während deiner Präsentation eine Kollegin oder ein Kollege mitgeschrieben hat und dies jetzt nur noch ins Reine bzw. in eine klare Struktur bringen muss.

Geschwindigkeit ist hier allerdings nicht der einzige Maßstab – ***bedenke, dass ein Protokoll, dem nicht nach angemessener Frist widersprochen wurde, Vertragskraft zukommt.***

Nachfragen und Entscheidung

Schließlich beginnt das Warten auf das finale Feedback. Auch hierfür ist es sinnvoll, einen konkreten Termin noch im Meeting vereinbart zu haben. Wird der um einige Tage überzogen, solltest du dich nicht scheuen, nachzufragen. Gerade bei großen Firmen dauern interne Entscheidungen oft deutlich länger als geplant.

Hörst du längere Zeit nichts und deine Ansprechpartner sind für dich nicht erreichbar, kann das ein Zeichen dafür sein, dass möglicherweise mit einem Konkurrenten über den konkreten Auftrag verhandelt wird und sich deine Gastgeber die Option offen lassen wollen, für den Fall des Scheiterns dieser Verhandlungen auf dich zugehen zu können. Das ist zwar nicht das Ergebnis, das du dir wünschst, aber wenn du jetzt auf ein Feedback drängen würdest, bekämest du garantiert ein Nein – so hast du noch eine Chance auf den Nachrückerplatz. Ich habe es aber auch nach monatelanger Wartezeit erlebt, dass wie aus dem Nichts eine Zusage kam – ohne dass in der Zwischenzeit andere Verhandlungen stattgefunden hätten, schlicht nur deswegen, weil auf Kundenseite anderes Priorität hatte.

Wenn du alles gegeben hast, gibt dir das allen Grund, auf den Erfolg deiner Präsentation zu hoffen. Hast du im Wettbewerb mit einem, zwei oder drei gleichwertigen Marktteilnehmern präsentiert, liegen deine Chancen aber auch dann nur bei 50, 33 oder 25 % – es ist also keine Schande, zu verlieren, und je mehr Konkurrenten am Start waren, desto wahrscheinlicher ist es. Eine Siegquote von einem Drittel der durchgeführten Präsentationen gilt in den meisten Agenturen als durchaus erfolgreiche Bilanz. Dazu kommt: Auch verlorene Präsentationen können Aufträge einbringen – wenn du dabei einen guten Eindruck hinterlässt, qualifizierst du dich dadurch möglicherweise für ganz andere Etats.

Mit anderen Worten: ***Think positive!***
Wenn es diesmal nicht klappt, dann beim nächsten Mal. Und wenn doch, dann mach dich an die Arbeit – aber feiere erst einmal deinen Triumph.

Michel de Montaigne wusste schon im
16. Jahrhundert: Klappern gehört zum Geschäft.
Für viele besonders dann nicht einfach, wenn es
um Selbstdarstellung geht. Aber die Mühe wert.

Geringer von sich zu sprechen, als es die Wahrheit verlangt, ist Dummheit.

Don't worry:

50 Tipps & Tricks

Ein kleines Summary:
Fünfzig praktische Ratschläge
zur Vermeidung von Online-Bugs,
für die perfekte Technik vor Ort,
für eine entspannte Präsentation,
einen souveränen Auftritt
und die richtige Grundeinstellung.

12 TIPPS ZUR VERMEIDUNG VON ONLINE-BUGS

→ **PEINLICH, WENN DU DICH ALS TECHNIK-LAIE OUTEN MUSST:** Installiere, wo möglich, die Desktop-App und nicht die browserbasierte Version deines Kommunikationstools, und mache dich mit den wichtigsten Funktionalitäten vertraut.

→ **NICHTS IST STÖRENDER ALS EINE HAKIGE VERBINDUNG:** Stelle sicher, dass du in einem Bereich mit sehr guter Netzabdeckung bist und bleibst. Nutze zur Not das Handynetz statt des lokalen WLAN.

→ **NICHTS IST DÜMMER ALS NICHT TEILNEHMEN ZU KÖNNEN:** Stelle in Firmenräumen als externer Gast sicher, dass du problemlos und rechtzeitig einen Online-Zugang erhältst.

→ **REIZÜBERFRACHTUNG UND ZU VIEL IM HINTERGRUND STÖRT:** Überprüfe Kamera-Einstellungen und Ton rechtzeitig vor dem Meeting, sorge für einen ruhigen Hintergrund – sowohl optisch als auch akustisch.

→ **ZU SPÄT KOMMEN NERVT ONLINE NOCH MEHR ALS VOR ORT:** Beginne absolut pünktlich. Schon zwei Minuten gelten als deutlich zu spät.

→ **SCHAU NICHT IN DIE AUGEN, UM IN DIE AUGEN ZU SCHAUEN:** Versuche, in die Kamera zu sprechen und nicht in die Gesichter auf deinem Screen.

→ **»DEIN TON IST AUS«:** Schalte deinen Ton aus, wenn andere sprechen, um Rückkopplungen zu vermeiden – und danach für deine Worte wieder ein. Für kurze Statements nutze die Leertaste, um hörbar zu werden – das funktioniert in den meisten Conferencing-Programmen.

→ **LANGE ZWISCHENFRAGEN IRRITIEREN DICH UND ANDERE:** Behalte die Chat-Funktion im Blick und nutze sie gegebenenfalls als Feedback-Kanal, damit du nicht durch lange Fragen im Redefluss unterbrochen wirst.

→ **CHAOS BEI DEN WORTMELDUNGEN SORGT FÜR UNMUT:** Nutze für Diskussionsrunden die Möglichkeit, eine Rednerliste zu erstellen (zum Beispiel durch Handheben).

→ **ACHTE AUF DIE SICHTWEISE DEINER GESPRÄCHSPARTNER:** Gestalte die Schriftgröße auf deinen Slides tendenziell etwas kleiner als für eine Beamer- oder Monitor-Präsentation vor Ort. Deine Zuschauer sitzen meist nur 50-60 cm von den Slides entfernt.

→ **VERMEIDE HAKIGE UND RUCKELIGE BILDSEQUENZEN:** Nutze für die Wiedergabe von Bewegtbildsequenzen einen Streaming-Dienst oder externe Links, oder lade die Daten mindestens auf deinen Rechner, bevor du sie wiedergibst.

→ **PRÄSENTIERE NICHT IM LEEREN RAUM:** Bitte deine Adressaten, ihre Kamera an zu lassen, um ihre Reaktionen wahrnehmen zu können – eine Frage des Respekts und der Höflichkeit dir gegenüber.
Nur im Falle einer schlechten Netzabdeckung sollten die Kameras ausgeschaltet sein.

12 TIPPS FÜR PERFEKTE TECHNIK VOR ORT

- → **FEHLENDE ANSCHLÜSSE SIND AUSDRUCK FEHLENDER PROFESSIONALITÄT:** Habe immer ein Set mit allen nötigen Adaptern für deine Geräte dabei – und überprüfe es vor Abfahrt auf Vollständigkeit.
- → **AUF DEM BODEN KRIECHEN IST KEINE GUTE AUSGANGSPOSITION:** Nimm ein Verlängerungskabel mit mindestens 5 m Länge mit – Niemand findet es witzig, wenn du den Boden im Konfi nach naheliegenden Steckdosen absuchen musst.
- → **PEINLICH, WENN DU DEINE EIGENE TECHNIK NICHT KENNST:** Übe den Anschluss deines Laptops an diverse Monitore und Projektoren (und insbesondere deinen eigenen Beamer), um Schwierigkeiten beim Bildschirmformat souverän ausschließen zu können.
- → **SUPPORT VOR ORT IST ALLES!** Bitte deine Gastgeber entweder um einen Vorab-Check deiner Technik oder darum, dass ein:e Mitarbeiter:in mit technischer Expertise anwesend ist, um ggf. bei Anschlüssen an hauseigene Kommunikationstechnik zu helfen.
- → **DUMM, WENN DIR ALLE BEIM AUFBAU ZUSEHEN MÜSSEN:** Reise so rechtzeitig an, dass du deine Technik in Ruhe aufbauen kannst, bevor deine Gastgeber:innen den Konferenzraum betreten. Oder stelle sicher, dass wenn nur ein Raum bei einer Wettbewerbspräsentation zur Verfügung steht, genügend Zeit zum Aufbau vor deinem Slot bleibt.
- → **DIE WELT IN ROSAROT?** Verwende für deine Präsentationsslides klare Kontraste, die auch auf einem schlechten Monitor oder Projektor sichtbar bleiben. Vermeide aus dem gleichen Grund zarte Verläufe.
- → **VERTRAUE IM ZWEIFEL NICHT DER TECHNIK DEINER GASTGEBER:** Manche Projektoren in alten Konferenzräumen oder fehlende Lautsprecher machen deine Präsentation zur sensuellen Katastrophe. Ein Bluetooth-Lautsprecher und ein leistungsstarker Projektor im Gepäck vermeiden vergebliche Kämpfe mit veralteter Vor-Ort-Technik.
- → **DOPPELT HÄLT BESSER:** Sorge für Soft- und Hardwareback-ups deiner Kommunikationstools und deiner Präsentation. Das mindeste ist ein USB-Stick mit den Präsentationsdaten oder noch besser ein Cloud-Back-up. Echte Profis nehmen ein zweites Laptop und einen Ersatzprojektor mit.

- → **KÜMMERE DICH RECHTZEITIG UM EINE INTERNETVERBINDUNG:** Eine cloudbasierte Präsentation ohne wirklich starkes Internet ist ein zweifelhaftes Vergnügen. Kläre im Vorfeld Zugangsmöglichkeiten zum Web ab oder nimm ein Handy als Ersatz-Onlineserver mit.
- → **ÜBERSPIELE KEINE DATEN AUF FREMDE RECHNER, WENN DU NICHT MUSST:** Präsentierst du auf einem cloudbasierten Tool, musst du dir keine Sorgen machen (bis auf die Internetverbindung). Bei allen anderen Präsentationsprogrammen mit Ausnahme einer PDF-Datei sieht das Ergebnis auf einem anderen Rechner vermutlich anders aus – oder läuft erst gar nicht, wenn eine veraltete Version installiert ist.
- → **CHECKE DEINEN BILDSCHIRMSCHONER:** Dumm, wenn der Rechner in den Ruhezustand geht und du zum Vergnügen aller deinen privaten Fotostream als Bildschirmschoner verwendest. Stelle am besten die Energiespareinstellungen deines Bildschirms aus und vermeide so das Wechseln in den Ruhezustand bei längeren Wartezeiten oder Erklärungen.
- → **CHAOS AUF DEN ERSTEN BLICK:** Spätestens bei der Installation wird es passieren, dass dein Publikum einen Blick auf deinen Bildschirm-Hintergrund erhascht. Lass dort keine Dateien liegen, die nicht für andere Augen bestimmt sind – oder räume alles in einen separaten Ordner.

12 TIPPS FÜR EINE ENTSPANNTE PRÄSENTATION

→ **ZEIGE NUR, WAS DU SELBST WIRKLICH GUT FINDEST:** Wenn du wirkliche Qualität dabei hast, kann dir nichts passieren – du kannst höchstens falsch verstanden werden. Wenn du deine Inhalte außerdem gut eingeübt hast, kannst du ganz entspannt präsentieren.

→ **BLOSS KEIN STRESS BEI DER ANREISE:** Wähle entspannte Verbindungszeiten oder reise gleich am Vortag an. Und nutze die Anreise zur Entspannung – das geht am besten wenn du nicht selbst am Steuer sitzt oder gleich die Bahn nimmst (dann allerdings mit der Option auf großzügige Pausen zwischen den einzelnen Zügen).

→ **WER ZEIT HAT, KANN SICH ZEIT LASSEN:** Plane deine Ankunft so rechtzeitig, dass dir auch die längste Schlange am Empfang keine Schweißperlen auf die Stirn treibt. Im Zweifel kannst du immer noch einen Kaffee trinken gehen.

→ **FÜR KLEINE NOTFÄLLE GUT GERÜSTET:** Mache dir eine Packliste für die benötigten Utensilien zur Präsentation und für dich persönlich – von der Ersatzstrumpfhose bis zum Deo. So bist du gefeit gegen die kleinen Katastrophen des Alltages.

→ **ADRENALIN HILFT:** Bist du aufgeregt, lass es einfach zu – denn Adrenalin macht dich aufmerksamer und leistungsfähiger. Außerdem ist es keine Schande, einfach zuzugeben, dass einem der Termin wichtig ist und man deswegen etwas aufgeregt ist: Die Sympathien deines Publikums werden mit dir sein.

→ **NACH ZWEI MINUTEN IST DER STRESS VORBEI:** Bist du erst einmal störungsfrei über die ersten Slides hinweggekommen, stellt sich ganz automatisch Entspannung ein. Lerne deshalb die ersten Minuten deines Vortrages auswendig, dann kann nichts passieren.

→ **WISSEN, MIT WEM DU SPRICHST:** je besser du recherchiert hast, wer deine Zuhörer:innen sind, desto besser kannst du ihre Reaktionen einschätzen und dich darauf vorbereiten – und in desto weniger Fettnäpfchen wirst du tappen.

→ **LÄCHELN HILFT:** Suche dir einige aufmerksame Zuhörer:innen im Publikum, die du immer wieder fixierst: Ihre positiven Reaktionen bestärken dich, selbst positiv zu denken und zu sprechen. Und das färbt wiederum auf alle anderen ab.

→ **FREIE REDE MIT HILFSMITTELN:** Gestalte deine Slides so, dass du sie als Hilfsmittel für freie Rede nutzen kannst: Stichworte, auf deren Basis du formulierst, kommen viel authentischer an als abgelesener Text.

→ **MILESTONES SETZEN:** Definiere vorab Zeitfenster für einzelne Teile deiner Präsentation und überprüfe die Zeit, die du bis dahin tatsächlich gebraucht hast. So kannst du deine Vortragsgeschwindigkeit anpassen, anstelle am Ende in Zeitnot zu geraten.

→ **EINMAL TIEF EIN- UND AUSATMEN BITTE:** Wenn du in Hektik gerätst, sprichst du meistens zu schnell. Mache dir Notizen in deinem Manuskript oder deinen Moderationskärtchen, wann es Zeit ist, eine kurze Atempause einzulegen oder einen Schluck Wasser zu trinken. Atmest du entspannt, redest du auch entspannt.

→ **ZEITBESCHRÄNKUNG SCHAFFT FREIRÄUME:** Gestalte deine Präsentation so, dass du nicht den gesamten dir zur Verfügung stehenden Timeslot ausnutzt. Lass Zeit für Diskussionen und Nachfragen – und nutze sie ganz zur Not als Puffer für etwaige Überziehungen.

12 TIPPS FÜR EINEN SOUVERÄNEN AUFTRITT

→ **WER, WENN NICHT DU?** Du hast allen Grund, an dich selbst zu glauben. Schließlich bist du bewusst eingeladen worden, über dein Thema zu sprechen. Ein bisschen Selbstvertrauen schadet auf keinen Fall.

→ **SAG MIR DEINEN NAMEN:** Wenn du schon bei der Vorstellungsrunde weißt, wie deine Gegenüber heißen, werden sie das zu schätzen wissen. Wenn nicht, frag nach und merke dir die Namen: Später kannst du Menschen, die besonders positiv oder kritisch reagiert haben, persönlich ansprechen.

→ **FRAGEN HALTEN WACH:** Baue in deine Präsentation besonders zu Beginn einige Interaktionselemente ein – so involvierst du das Publikum und hältst es bei der Stange, statt in Augen auf Halbmast zu blicken.

→ **REDUCE TO THE MAX:** Gestalte deine Slides möglichst einfach, mit hoher Kontinuität, wenigen Stilmitteln und mit möglichst wenig Text. Mehr als fünf Zeilen in einer Minute kann niemand lesen, zumal wenn du dabei auch noch redest.

→ **SCHAFFE KLARE STRUKTUREN:** Baue deine Präsentation in eindeutigen Abschnitten mit einer wiederholten Agenda auf, so dass Spezialist:innen im Publikum ggf. erst zu einem späteren Zeitpunkt einsteigen können und alle jederzeit wissen, woran sie sind.

→ **LET ME ENTERTAIN YOU:** Bedenke, dass eine dröge Präsentation ihre Ziele in der Regel verfehlt. Du sollst begeistern! Ein bisschen Show darf deswegen sein – und vor allem eine gute Dramaturgie. Gib deiner Präsentation einen oder mehrere Höhepunkte und arbeite auf sie hin.

→ **SEI MENSCHLICH:** Baue in deine Präsentation persönliche Erfahrungen und emotionale Momente mit ein. Du bist Mensch unter Menschen, nicht der arrogante Superstar oben auf der Bühne. Wenn du Offenheit gibst, darfst du auch Offenheit erwarten.

→ **BLACKOUT? BACK ON TRACK!** Du weißt auf einmal nicht mehr weiter? Bitte um etwas Geduld, sage, dass du den Faden verloren hast und dich kurz sammeln musst. Schau auf deine Moderationskärtchen, hole Luft – und dann geht es ganz in Ruhe weiter.

- → **NIMM DICH SELBST NICHT ZU ERNST:** Es gibt nur wenige Präsentationen ohne Versprecher oder den Tritt in Fettnäpfchen. Bei guter Selbstreflexion merkst du das sofort, falls nicht, an der Reaktion des Publikums – es hilft, über sich selbst zu lachen, um der Sache die Ernsthaftigkeit zu nehmen.
- → **SEI EHRLICH:** Wer viel arbeitet, macht viele Fehler. Ein Fehler in einer Präsentation ist kein Beinbruch – solange du nicht versuchst, ihn schön zu reden, sondern ihn offen zugibst. Auch das lässt dich menschlich und sympathisch wirken und gib dir die Chance zur Nacharbeit.
- → **LASS MIESMACHER EINFACH AUSREDEN:** Wenn dir jemand Übles will oder dich unsachlich attackiert: Wahre Contenance und schlage nicht mit denselben Waffen zurück. Dein Publikum hat in der Regel ein gutes Gespür dafür, was sachliche Kritik und was unangemessen ist – Störer diskreditieren sich selbst. Keine Panik also – bedanke dich freundlich für die offene Kritik und mache ganz entspannt weiter.
- → **FREUNDLICHKEIT SIEGT!** So wie du in den Wald rufst, so schallt es heraus: Wenn du freundlich, höflich, und bei allem Selbstbewusstsein und aller Überzeugungskraft auch bescheiden auftrittst, wirst du auch auf wohlgesonnene Zuhörer:innen treffen. Schließlich stehst du vorne – und es ist dein Ton, der die Musik macht. Lass dir deine gute Laune deshalb von niemandem vermiesen.

2 TIPPS FÜR DIE RICHTIGE GRUNDEINSTELLUNG

→ **DU KANNST ES!**

Du schaffst es. Du bist gut. Du bist fit. Und du weißt jetzt alles über eine gute Präsentation und mögliche Stolpersteine. Und: Du bist nicht perfekt, denn Perfektion ist langweilig, Fehler machen dagegen menschlich.

→ **DON'T WORRY!**

Die meisten Menschen haben eine überkritische Selbstwahrnehmung und wundern sich, wie gut sie eigentlich ankommen. Mit den Tipps in diesem Buch kann deine Präsentation eigentlich nicht mehr schiefgehen, wenn du gute Inhalte im Gepäck hast. Aber auch wenn es einmal nicht zum ersten Platz reicht, zum überragenden Erfolg, zu Glanz, Gloria und Standing Ovations:

Don't worry. Was kratzt es dich? Eine Präsentation zu versemmeln ist kein Beinbruch. Es ist niemand gestorben, es ist niemand krank geworden, das Leben geht weiter. Du hast höchstens einmal einen Job oder etwas Reputation zu verlieren, aber auch dabei wirst du immer etwas lernen, wirst reicher an Erfahrungen.

Anhang

Stichwortregister

Hier findest du die wichtigsten Begriffe, Kapitel und Textabschnitte in alphabetischer Ordnung.

A

Abschließende Worte 223
Abschlussfolie 222
Abschlussprüfung 19
Accessoires, Kleidung 82-83
Actuality Check 187
Adapter, Webzugang 153-154
Adrenalin 196-197
Akademische Vortragsreihe 18
Animationen 178-179
Anmutungskriterien, Moodboards 40
Anfahrt 191-193
Anreise 191-196
Anschlüsse, Adapter 153-154
Anrede, Titel, Begrüßung 199-200
Ansprache (Du / Sie) 203-204
Ansprechpartner:innen 27-33, 58-60
Anwesenheit aller wichtigen Entscheider:innen 204-205
App- / Moduldownloads 146
Archiv 114-115
Aufgabenstellung 33-40
Aufregung 196-197
Auftragssituation, Unklare 70
Auftreten 71-91
- Souveränes 238-239
Auftritt
- Konferenz / Fachvortrag 17
- Outfit 81-83
Aufzeichnung
- Streaming 59-60
- Sprache 201-203
Ausschreibung, Öffentliche 46-47
Ausstattung 158
Ausstrahlung, Mentale Basis 71-80
Authentizität 79
Änderungen, Last-minute 188
Ästhetik 179-181

B

Bandbreite 149-150
Bauchgefühl 223-224
Beamer / Monitor 157
Begeisterung 209-210
Begrüßung, Anrede, Titel 199-200
Best Practice / Referenzen 115-116
Berührendes 210
Bescheidenheit 80
Besondere Präsentationssituationen 16-19
Bewegtbild 175-178
Bild, Kamera, Blickrichtung 147-149
Bilder,
- Personen: Namen 187
- Mehr als nur Text! 164-165
Bildgröße 162-163
Bildinhalte 175-178
Bildschirmhintergrund 149
Bildschirmschoner und -hintergrund, Desktop 156
Blickkontakt 207-208
Blickrichtung 147-149
Breakout-Sessions 151-152
Breite Öffentlichkeit 30
Briefing 33-40, 35-37, 70
- Abweichen vom 108-109
- und Zielgruppe 26-40
- Mündliches und schriftliches
- Rebriefing 35-38
- Termin / Workshop 39

C

Cases / Best Practice 115-116
Chatfunktion 150-151, 159
Check- und Packliste 185
Chemistry Meeting 21
Compliance 227
Copyright 60
Creative Brief 40

D

Dateiname 95
Daten 44-45, 113-114
Dauer 96-97
Design 165-181
Desktop, Bildschirmschoner und -hintergrund 156
Diagramme 174-175
Diskussion und Moderation 225
Dokumentation 135
Dubletten 112-113
Dramaturgie 138

E

Effizienz 67
Ehrlichkeit 210-211
Einbindung und Flexibilität 204
Einkauf 53-55
Einkaufstermin 22
Einladungsausschreibung 47-48
Emotionales, Berührendes 210
Empfang, Werkszugang 195
Empfangen 150
Energie 75
Entertainment 121
Entscheider:innen 31
- Anwesenheit aller wichtigen 204-205
Entscheidungen / Nachfragen 228
Entspanntes Präsentieren 236-237
Entspannung herstellen 226
Erfahrung 75-76
Ethos 74-75
Etikette 199
Examen 19
Executive Summary 99, 122
Externe Links 152
Externe Präsentation
- auf Einladung 13
- Impuls 14
- Regeltermin 14
Expertise, Erfahrung 75-76

F

Fachbegriffe 98
Fachsprache 98
Fachabteilung 53-55
Fairness 66
Fake-Pitch 50
Fantasie,
Kreativität 76-77
Farbwahl,
Kontraste 170-173
Feedback 223-227
Fehlerkorrektur 225
Finanzielles 63-65
Flexibilität,
Einbindung 204
Flipcharts 141
Folgetermine /
Next Steps 226
Folienanzahl 95-96
Foliensprache vs.
Vortragssprache 98
Formalitäten 194
Forum 18
Foyer / Wartezeit 195-196
Freie Rede 83-84
Freies Thema 34
Fremdsprachliches,
Phonetik 101
Funktionalität
der Tools 145-146

G

Gamification 119
Gendergerechte
Sprache 100
Geschäftsessen 23
Geschenke /
Compliance 227
Gestik 87-88
Getränke 218
Gimmicks 178-179
Gleichberechtigung 159
Goldene Zahlen 110-111
Gruppe 89
Grundlagen 95-111

H

Herzblut 74
Hierarchien erkennen 208
High-Level-Termin 17
Hintergrund
– Bild 147-149
– Präsentations-
Stilvorlagen 173-174
Honorarkalkulationen 64
Humor 102-104
Hybridpräsentation
43-44, 158-159

I

Innovation, Vision 120
Informationsmenge 163-164
Insider 66-67
Inspiration 119
Interaktion
– Breakout-Sessions,
Workshoptools 151-152
– Kooperation 211-217
– Gamification 119
Interne Präsentation 15
Involvement 117-118
Ironie 102-104

K

Kabbalisitk 110-111
Kamera, Blickrichtung 147-149
Kennenlernen 21
Klassische Präsentations-
situationen 12-15
Kleidung 82-83
Kolleg:innen 30-31
Kommunikations-
– richtung 158
– situation 207-217
Kompetenz des
Publikums 117-118
Konferenz 17
Konkurrenz 68-69
Kontraste,
Farbwahl 170-173
Konzeption 116-122
Kooperation
und Interaktion 211-217
Körpersprache 86-87
Kreativität 76-77
Kritik und
Kritikfähigkeit 224-225
Kulturspezifika 81-82

L

Last-minute Änderungen 188
Layout 161-162, 179-181
Leitgedanke 116-117
Lesbarkeit 165-170
Lesepräsentation 99
Level 117-118
Live-Präsentation 99
Location 45, 152-153
Locationcheck 152-153
Logik 101-103
Logopädie 85-86
Lüften und Pausen 220

M

Manipulation und
Unterbewusstsein 109-110
Manuskript 136-139
Masterfolien 142-143
Medientermin 23
Medienwahl 141-144
Medium 141-144
Mehrstufiger Pitch 50
Mentale Basis 71-80
Mimik 87-88
Modalitäten 41-70
Moderation,
Diskussion 225
Moderatorenkärtchen 136-137
Modulation / Stimme 88-89
Moduldownloads, App- / 146
Monitor / Beamer 157
Moodboards 40
Müdigkeit 218-219
Mut 77-78

N

Nacharbeit,
Fehlerkorrektur 225
Nachbereitung 227-229
Nachfragen 52-53
– Entscheidungen 228
Nachhaltigkeit 144
Namen 187
Nebenkosten, Spesen 65
Next Steps 226
Nutzungsrechte 61-62

O

Offenheit 212-213
One on One 22
One more thing 120
Online
- Intro / Wartezeit-überbrückung 197
- Präsentationen 43, 145-152, 197, 232
Optik 160-181
Optimieren 136-139
Organisation 185
Organisatorisches 55-63
Outfit und Auftritt 81-83
Öffentliche Ausschreibung 46-47
Öffentlichkeit 30

P

Packliste, Check- 185
Pappen 141
Pathos 80
Pausen, Lüften 220
Peer-Group-Abgleich 112-113
Penetration /Wiederholung 110
People-Back-up 155
Perfekte Slides 161-165
Perfektionismus 78
Personen 187
Personenzahl 27-29
Persönlichkeit 73-74
Perspektivwechsel 138
Phonetik und Fremdsprachliches 101
Pitch 48-52
- Fake 50
- Mehrstufiger 50
Plagiate 112-113
Positive Kommunikation 102-104
Poster 141
Powerpoint 141
Präsentieren 236-237
Präsentation
- besondere 16-19
- die offiziell keine sind 20-23
- Einzeln 89
- Interne 15
- ohne Entscheider:in 69
- One on One 22
- Online- 43, 145-152, 197, 232
- Quick and dirty? 104-105
- Schriftlich 44-45
- Sonderformen und -formate 142
- Typischer Aufbau 123-135
- vor Ort 42, 152-159
- Wettbewerbs- 13, 63-64
- zur Weitergabe 31-33
Präsentations-
- ende 222
- module 143-144
- situationen, klassische 12-15
- Stilvorlagen, Hintergründe 173-174
Protokoll 227-228
Publikum 25, 33
Publikums-
- reflexion 207
- kompetenz 117-118
Pufferzeit 193-194, 226
Pünktlichkeit 193-194

Q

Qualität 72-73
Quellen 114
Quellenangaben 61, 114
Quick and dirty? 104-105

R

Recherche 33, 112-116
Recycling 112-116
Rechtliches 60-63
Rechtschreibung 100
Rede-Geschwindigkeit 213-215
Rede, Freie 83-84
Reduce to the Max 138-139
Referentenslides 136
Reihenfolge 55-56
Rhetorik 85-86
Risikobereitschaft 77-78
Rollenverteilung 90
Rückmeldung 227-228

S

Saalkommunikation 159
Schlagfertigkeit 77
Schriftliche Präsentation 44-45
Schulterblick 21, 52-53
Screensharing 149
Seitenformat 162-163
Sekretariate und Vorzimmer 195
Selbstreflexion 207
Selbstbewusstsein / -vertrauen 79
Selektion 138-139
Seminararbeit 19
Senden 150
Set-up 42-46
Showtime 183-229
Slides 161-165
Small Talk 198
Snacks 218
Sollbruchstellen 217
Sonderformen 142
Sound 156
Souveränes Auftreten 238-239
Spesen, Nebenkosten 65
Spielregeln 201-203
Spontanität 217-218
Sprache 45-46, 201-203
- Gendergerechte 100
- Aufzeichnung 201-203
- und Stimme 83-89
Stimme / Modulation 88-89
Streaming 59-60
Stringenz 101-103
Struktur 101-103
Sympathie 212-213
Störungen, Unterbrechungen 215-217

T

Tabus 102
Team 89-90
– Gewünschtes 58-59
Tech-Back-up 154-155
Technik 140-159
– Kenne deine 144-145
– aufbau 198-199
Termin, High-Level- 17
Testen 136-139
– testen, testen 158
– der Dry Run 189-190
– Optimieren 136-139
Text / Informationsmenge 163-164
Themenbereiche 105-106
Thesis 19
Timing 201-203
Tipps und Tricks 230-240
Ton 147
Tonalität 101
Typischer Aufbau / Dramaturgie 123-135
Typografie 165-170

U

Uhrzeit 56-57
Unbekanntes Publikum 33
Unklare Auftragssituation 70
Unsicherheit 208-209
Unterbewusstsein 109-110
Unterbrechungen 215-217
Unterstützer:innen 66-67
Unzureichende Vergütung 70
Übertreibung und Ehrlichkeit 210-211
Überzeugungskraft 208-209
Übung 139

V

Verbissenheit 209-210
Verkehrsmittel 191-193
Vergabebedingungen 46-55
Vergütung 63-65
Vermittler 31-33
Versammlung 18
Versprechungen 66
Verständnis fremder Dritter 137-138
Visitenkarten 199-200
Vertragsverhältnis 62-63
Vision 120
Vorbereitung, Grundlagen 95-111
Vorlagen 114-115
Vorabaufbau 157
Vorabeinreichung 48
Vorbereitung 139
Vorgesetzte 30-31
Vor-Ort-Präsentation 152-159
Vorstellungsrunde 201
Vortragsreihe 18
Vortragssprache, Foliensprache vs. 98
Vorzimmer 195

W

Wann du auf jeden Fall absagen solltest 68-70
Wartezeit / Foyer 195-196
Wartezeitüberbrückung 197
Was habe ich davon? 67
Was hat mein:e Ansprechpartner:in davon? 68
Webzugang 153-154
– Smartphone 196
Weg zum Ziel 93
Werkszugang, Empfang 195
Wertschätzung 212-213
Wettbewerbspräsentation 13, 63-64
Wiederholung / Penetration 110
Wochentag 57
Workshop 15
– tools 151-152

Z

Zeitnot 213-215
Zoom fatigue 219-220

In diesem Buch wird weitgehend gegendert.
Wo nicht, geschieht das zugunsten des Leseflusses.
Wo nicht explizit geschlechterspezifisch argumentiert wird,
sind jedoch stets alle Menschen gleich welchen
Geschlechts und welcher sexuellen Identität gemeint.

Über den Autor

Jochen Rädeker gehört als Designer, Stratege, Lehrender und Autor zu den profiliertesten Kreativen in Deutschland. Er studierte Grafikdesign an der Kunstakademie Stuttgart und machte sich noch im Studium selbstständig. 1996 gründete er neben einer Eventagentur zusammen mit Kirsten Dietz die Designagentur STRICHPUNKT (www.sp.design) und 2013 das Designlabel TYPE HYPE. Bis heute ist er Geschäftsführer von Strichpunkt, die mit Hauptsitzen in Stuttgart und Berlin zu den größten und meistausgezeichneten Designagenturen der Republik gehört und Markenauftritte u.a. von Audi, DHL, DFB, F.A.Z., next125, Otto Group oder von Kulturinstitutionen betreut. Seit 2021 ist Strichpunkt Teil der MYTY GROUP AG, deren Strategy Board Jochen leitet.

Seit 2012 ist er außerdem Professor für Corporate Design und Corporate Identity an der HOCHSCHULE KONSTANZ, forscht u.a. zur Wahrnehmungspsychologie und ist seit 2019 Dekan der Fakultät für Architektur und Gestaltung. Zuvor war er neun Jahre Vorstandsmitglied des Art Directors Club für Deutschland (ADC), von 2009-2012 als dessen Präsident.
Jochen Rädeker berät Unternehmen und Institutionen in der Marken- und Kommunikationsstrategie, gibt Seminare und führt Workshops durch. Er hat unzählige Präsentationen und Vorträge gehalten, mehrere Bücher geschrieben, ist regelmäßig Keynote Speaker bei internationalen Kongressen und Juror bei diversen Awards. Er ist verheiratet und hat drei Kinder.

Bei Interesse an Seminaren, Vorträgen und Beratung: jochen@raedeker.com

Gestaltung: Jochen Rädeker
Satz: Laura Eckes, Hannah Antes
Lektorat: Karin Schmidt-Friderichs
Korrektorat: Julia Gilcher
Verwendete Schriften:
Marat von Ludwig Übele, DIN Pro
Papier: 120 g/m² Tauro Offset
Umschlagsmaterial: AppleSkin
in Apfelgrün von Mable, Florenz
Siebdruck: Kreye Siebdruck, Koblenz
Gesamtherstellung: Beltz,
Bad Langensalza

verlag hermann schmidt
Gonsenheimer Straße 56

55126 Mainz
Tel. 0 61 31 / 50 60 0
info@verlag-hermann-schmidt.de
facebook: Verlag Hermann Schmidt
twitter/instagram: VerlagHSchmidt

Alle zwei bis vier Wochen versenden wir Newsletter, in denen wir über aktuelle Neuerscheinungen, Veranstaltungen und Aktionen informieren. Abonnieren auf www.verlag-hermann-schmidt.de

ISBN 978-3-87439-924-1
Printed in Germany with Love.

Wir übernehmen Verantwortung.
Nicht nur für Inhalt und Gestaltung, sondern auch für die Herstellung. Das Papier für dieses Buch stammt aus sozial, wirtschaftlich und ökologisch nachhaltig bewirtschafteten Wäldern und entspricht deshalb den Standards der Kategorie »FSC Mix«.

Die Druckerei ist FSC- und PEFC-zertifiziert. Forest Stewardship Council und Programme for the Endorsement of Forest Certification Schemes sind Organisationen, die sich weltweit für eine umweltgerechte, sozialverträgliche und ökonomisch tragfähige Nutzung der Wälder einsetzen, Standards für nachhaltige Waldwirtschaft sichern und regelmäßig deren Einhaltung überprüfen. Durch die Zertifizierung ist sichergestellt, dass kein illegal geschlagenes Holz aus dem Regenwald verwendet wird, Wäldern nur so viel Holz entnommen wird, wie natürlich nachwächst, und hierbei klare ökologische und soziale Grundanforderungen eingehalten werden.

Bücher haben feste Preise!
In Deutschland hat der Gesetzgeber zum Schutz der kulturellen Vielfalt und eines flächendeckenden Buchhandelsangebotes ein Gesetz zur Buchpreisbindung erlassen. Damit haben Sie die Garantie, dass Sie dieses und andere Bücher überall zum selben Preis bekommen: In Ihrer engagierten Buchhandlung vor Ort, im Internet, beim Verlag. Sie haben die Wahl. Und die Sicherheit. Und ein Buchhandelsangebot, um das uns viele Länder beneiden.